普通高等学校“十二五”规划教材

VBA 任务驱动教程

主编　李政

副主编　郑月锋　司雨　刘刚　华振兴

国防工业出版社

·北京·

内容简介

本书以任务驱动形式，通过丰富的案例，介绍 Windows7 环境下 Office 2010 的 VBA 应用技术和技巧。涵盖了从基础知识到高级应用的内容，给出了所有案例的技术要点和全部源代码。读者可以分析、改进、移植这些案例，拓展应用领域，开发自己的作品，提高应用水平。

本书既可作为高等院校或高职高专计算机以及相关专业教材，又可作为办公自动化培训教程，还可供其他计算机开发和应用人员参考。

图书在版编目(CIP)数据

VBA 任务驱动教程/李政主编.—北京：国防工业出版社，2022. 8 重印
普通高等学校“十二五”规划教材
ISBN 978-7-118-09615-6

Ⅰ.①V… Ⅱ.①李… Ⅲ.①BASIC 语言-程序设计-高等学校-教材 Ⅳ.①TP312

中国版本图书馆 CIP 数据核字(2014)第 145614 号

※

国防工業出版社 出版发行
（北京市海淀区紫竹院南路 23 号 邮政编码 100048）
北京虎彩文化传播有限公司印刷
新华书店经售

*

开本 787×1092 1/16 **印张** 15 **字数** 370 千字
2022 年 8 月第 1 版第 2 次印刷 **印数** 3001—3300 册 **定价** 32.00 元

（本书如有印装错误，我社负责调换）

国防书店：(010)88540777 发行邮购：(010)88540776
发行传真：(010)88540755 发行业务：(010)88540717

前 言

Microsoft Office 是全球最流行的办公软件,拥有广泛的用户群。作为一个集成办公系统,Office 同时也提供了一个开放、高效和强大的开发平台,即 VBA 组件。利用它可以编写程序,在 Office 基础上进行二次开发,制作出符合特定需要的软件,实现繁琐、重复工作的自动化,进一步提高工作效率和应用水平。

在 Office 下用 VBA 编程有着其他语言或开发工具所不具备的优点:第一,程序只起辅助作用,大部分功能可以使用 Office 已有的,减轻了软件开发的工作量;第二,通过录制宏,可以部分地实现程序设计的自动化,即使不会编写的代码也可以通过录制获得;第三,软件的形式是含有 VBA 代码的文档或工作簿,无需安装,直接打开就可以使用,不用时可以直接删除,属于绿色软件;第四,VBA 是最易学习、上手极快的一种编程语言,即使非计算机专业人员,也可以很快编出需要的软件。

VBA 是正在兴起的、很有前途的技术平台,受到人们的关注和喜爱。在 Office 环境下用 VBA 开发应用软件,已经成为软件开发人员和计算机应用人员的重要方式之一。VBA 已经出现在许多企事业单位自动化应用的案例中。微软公司也对 Office 2010 版和最新的 2013 版的 VBA 进行了升级,进一步增强了功能。

作者经过多年研究,结合教学和工作实际,用 VBA 开发了大量应用软件,并且不断积累、改进和完善。先后出版了《Office XP 编程基础与开发实例》、《VBA 应用基础与实例教程》、《Excel 高级应用案例教程》、《VBA 应用案例教程》等著作。

为适应技术发展,更新教学内容,优化教材结构,更好地满足教学需要和专业人员需求,我们编写了这本《VBA 任务驱动教程》。

本书以应用案例为核心,采取任务驱动方式,介绍 Windows7 环境下 Office 2010 中 VBA 的基础知识和开发技术。书中大量原创内容都有实际应用背景,有很强的实用性。

与同类图书相比具有以下特点:

(1) 以应用为主线。有利于提高读者的应用意识、应用能力和学习效率。

(2) 以任务为动力。通过任务驱动激发读者学习兴趣,便于直接进入创造。

(3) 以实践为重点。理论联系实际,突出实践环节,每章都配有一定数量的上机实验题目。

(4) 以案例为载体。将基本知识、技术、技巧融合到应用案例中。

很多与计算机、信息技术相关的专业人员都有这样的认识:对一些有实际应用背景的软件案例进行剖析,然后带着新的问题,开发自己的作品或改进别人的成果,是最好的学习形式。本书就是要为读者提供这样一种学习形式。

本书有配套的案例文件、电子教案等教学资源，可以从网站 http://web. jlnu. edu. cn/jsjyjs/xz/下载，也可加入 VBA 学习与交流群(QQ 群号:369786984)进行交流。

本书第 1 章由华振兴执笔；第 2 ~3 章由司雨执笔；第 4 ~5 章由刘刚执笔；第 6 ~9 章由郑月锋执笔；第 10 ~17 章由李政执笔。参加本书代码调试、资料整理、文稿录入和校对等工作的还有陈卓然、陆思辰、杨久婷、常秀云、赵佳慧、莫立华、吕品、方利、左明星、刘宝瑞等同事，在此对他们的支持和帮助表示感谢。

由于作者水平所限，难免有不足和错误之处，请读者批评指正。

作者

目 录

第 1 章　VBA 应用基础

VBA(Visual Basic for Applications)是 Microsoft Office 集成办公软件的内置编程语言，是新一代标准宏语言。它是基于 VB(Visual Basic)发展起来的，与 VB 有很好的兼容性。它寄生于 Office 应用程序，是 Office 的重要组件。利用它可以将繁琐、机械的日常工作自动化，从而极大提高用户的办公效率。

VBA 与 VB 主要有以下区别：

(1) VB 用于创建标准的应用程序，VBA 是使已有的应用程序(Office)自动化。

(2) VB 具有自己的开发环境，VBA 寄生于已有的应用程序(Office)。

(3) VB 开发出的应用程序可以是可执行文件(EXE 文件)，VBA 开发的程序必须依赖于它的父应用程序(Office)。

尽管存在这些不同，VBA 和 VB 在结构上仍然十分相似。如果我们已经掌握了 VB，会发现学习 VBA 非常容易。反过来，学完 VBA 也会给学习 VB 打下很好的基础。

用 VBA 可以实现如下功能：

(1) 使重复的任务自动化。

(2) 对数据进行复杂的操作和分析。

(3) 将 Office 作为开发平台，进行应用软件开发。

用 Office 作为开发平台有以下优点：

(1) VBA 程序只起辅助作用。许多功能 Office 已经提供，可以直接使用，简化了程序设计。比如，打印、文件处理、格式控制和文本编辑等功能不必另行设计。

(2) 通过宏录制，可以部分地实现程序设计的自动化，大大提高软件开发效率。

(3) 便于发布。只要发布含有 VBA 代码的文件即可。无需考虑运行环境，因为 Office 是普遍配备的应用软件。无需安装和卸载，不影响系统配置，属于绿色软件。

(4) Office 界面对于广大计算机应用人员来说比较熟悉，符合一般操作人员的使用习惯，便于软件推广应用。

(5) 用 VBA 编程比较简单，即使非计算机专业人员，也可以很快编出自己的软件。而且 Office 应用软件及其 VBA 内置大量函数、语句、方法等，功能非常丰富。

在 Office 2010 各个应用程序中(如 Word、Excel、PowerPoint 等)使用 VBA 的方式是相同的，语言的操作对象也大同小异。因此，只要学会在一种应用程序(如 Excel)中使用 VBA，也就能在其他应用程序中使用 VBA 了。

本章通过几个案例介绍在 Excel 和 Word 环境下使用 VBA 的基础知识。

1.1　在 Word 文档中快速设置上标

在 Word 应用中，经常会遇到输入上标、下标等问题。比如，要输入 X^2，一般的操作方法是，先输入 X2，然后用鼠标或者键盘把要转化为上标的 2 选中，接下来在功能区“开始”

选项卡的“字体”组中，单击“上标”按钮。

如果偶尔需要输入上、下标，用这种方法还是比较方便的，但遇到需要录入大篇幅的上、下标情况时，这种操作方法就显得太繁琐和低效了。

下面给出一种方法，可以通过一个快捷键，将光标左边的字符设置为上标，然后恢复格式和光标位置，从而大大提高工作效率。

首先，做一下准备工作，在Word功能区中显示“开发工具”选项卡。

Office 2010在默认情况下，不显示“开发工具”选项卡。为了使用VBA，需要将该选项卡添加到功能区中。方法是：

(1) 依次单击“文件”选项卡、“选项”按钮、“自定义功能区”按钮；或者在功能区中单击鼠标右键，在快捷菜单中选择“自定义功能区”项。

(2) 在对话框“自定义功能区”的“主选项卡”列表框中，选中“开发工具”复选框。

然后，在Word当前文档中，任意输入两个字符，如X2。

接下来，在“开发工具”选项卡的“代码”组中，单击“录制宏”按钮。在“录制宏”对话框中单击“键盘”按钮，设置一个快捷键，如Ctrl＋Z，点击“指定”按钮确认快捷键，再点击“关闭”按钮开始进行宏录制。

用“Shift＋←”键选中光标左边的一个字符，在如图1.1所示的“开始”选项卡“字体”组中，单击“上标”按钮。

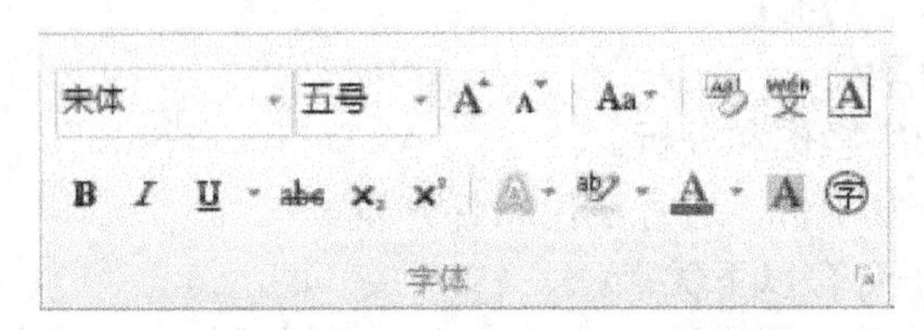

图1.1 “开始”选项卡的“字体”组

按“→”键，取消对字符的选中状态，恢复光标位置。

再次单击“上标”按钮，取消“上标”状态，恢复原格式。

最后，在“开发工具”选项卡的“代码”组中，单击“停止录制”按钮。

此后，在任意时刻，只要按快捷键Ctrl＋Z，就可以将光标左边的字符设置为上标，然后恢复格式和光标位置，以便继续输入其他内容。

例如，输入$2^3+2^4=24$，可以通过以下操作完成：

输入“23”，按Ctrl＋Z；再输入“+24”，按Ctrl＋Z；最后输入“=24”。

之所以能实现这样的功能，是因为我们通过录制宏的方法编写了一个VBA程序，并且指定用快捷键Ctrl＋Z来执行这个程序。

该程序的具体功能是：

(1) 选中光标左边的一个字符；

(2) 将选中的字符设置为上标；

(3) 恢复光标位置；

(4) 恢复字体格式。

作为第一个例子，我们暂时先不关心程序的具体代码，也不考虑程序的编写和完善，这些内容留待以后逐步学习。

目前，我们已经知道：

(1) VBA 程序可以通过录制宏的方法获得；

(2) 通过指定快捷键可以执行 VBA 程序；

(3) 通过 VBA 程序可以提高 Office 的自动化程度和操作效率。

1.2 在 Excel 工作表中插入多个图片

本节我们的任务是：利用 VBA 程序，自动在 Excel 工作表中插入多个图片。围绕这个应用，进一步介绍宏的概念、宏的录制与运行，并且讨论宏的编辑方法。

首先来了解一下宏的概念。所谓宏(Macro)，就是一组 VBA 语句，可以理解为一个程序段，或一个子程序。在 Office 2010 中，宏可以直接编写，也可以通过录制形成。录制宏，实际上就是将一系列操作过程记录下来并由系统自动转换为 VBA 语句。这是目前最简单的编程方法，也是 VBA 最具特色的地方。用录制宏的办法编写程序，不仅使编程过程得到简化，还可以学习语句、函数、属性、方法等程序设计技术。当然，实际应用的程序不能完全靠录制宏，还需要对宏进一步加工、优化和扩展。

1.2.1 宏的录制与保存

首先做一下准备工作。在 D 盘根目录下创建一个文件夹“照片”，将需要的图片文件复制到该文件夹。各图片文件要顺序命名，以便于程序控制。这里我们准备 12 个图片文件，文件名分别为 0433101.jpg、0433102.jpg、……、0433112.jpg。

然后录制一个简单的宏，它的功能是在 Excel 工作表中，选定单元格，设置单元格的行高和列宽，在单元格中插入图片并调整大小。步骤如下：

(1) 启动 Excel，在“开发工具”选项卡的“代码”组中选择“录制宏”命令。

(2) 在“录制新宏”对话框中输入宏名“插入图片”，单击“确定”按钮。此时，功能区上的“录制宏”按钮显示为“停止录制”。

(3) 选定任意一个单元格(比如 G1 单元格)，在“开始”选项卡的“单元格”组中，单击“格式”下拉箭头。设置行高为 100、列宽为 12。

(4) 在“插入”选项卡的“插图”组中，单击“图片”按钮。在“插入图片”对话框中选择指定文件夹中的一个图片文件“0433101.jpg”。

(5) 在图片上单击鼠标右键，在快捷菜单中选择“大小和属性”。在“设置图片格式”对话框中，取消“锁定纵横比”选项，设置高度为 3.5 厘米、宽度为 2.7 厘米，单击“关闭”按钮。

(6) 单击“开发工具”选项卡“代码”组的“停止录制”按钮，结束录制宏过程。

注意：在录制宏之前，要计划好操作步骤和命令。如果在录制宏的过程中进行了错误操作，更正错误的操作也将被录制。

要执行刚才录制的宏，可以在“开发工具”选项卡“代码”组中，单击“宏”按钮。在“宏”对话框中选择“插入图片”项，单击“执行”按钮。

在 Excel 中，宏可保存在当前工作簿、新工作簿和个人宏工作簿。

将宏保存在当前工作簿或新工作簿，只有该工作簿被打开时，相应的宏才可以使用。

个人宏工作簿是为宏而设计的一种特殊的具有自动隐藏特性的工作簿。如果需要让某个宏在多个工作簿都能使用，就应当将宏保存于个人宏工作簿中。

要保存宏到个人宏工作簿，在“录制宏”对话框的“保存在”下拉列表中选择“个人宏工作簿”。

1.2.2 宏代码的分析与编辑

对已经存在的宏，我们可以查看代码，也可以进行编辑。

在“开发工具”选项卡的“代码”组中单击“宏”按钮。在“宏”对话框中选择“插入图片”，单击“编辑”按钮，进入 VB 编辑环境，显示出如下代码：

```
Sub 插入图片()
'
' 插入图片 宏
'

'
    Range("G1").Select
    Selection.RowHeight = 100
    Selection.ColumnWidth = 12
    ActiveSheet.Pictures.Insert("D:\照片\0433101.jpg").Select
    Selection.ShapeRange.LockAspectRatio = msoFalse
    Selection.ShapeRange.Height = 99.2125984252
    Selection.ShapeRange.Width = 76.5354330709
End Sub
```

这段代码包括以下几部分：

(1) 宏(子程序)开始语句。

每个宏都以 Sub 开始，Sub 后面紧接着是宏的名称和一对括号。

(2) 注释语句。

从单引号开始直到行末尾是注释内容。注释的内容是给人看的，与程序执行无关。

给程序加注释是我们应该养成的良好习惯，这对日后的维护大有好处。假如没有注释，即使是自己编写的程序，过一段时间以后，要读懂它也并非一件容易的事。

除了用单引号以外，还可以用 Rem 语句填写注释。Rem 是语句定义符，后面是注释内容。

(3) 实现具体功能的语句。

对照先前的操作，我们不难分析出各语句的功能：

Range("G1").Select 用来选定“G1”单元格。

Selection.RowHeight = 100 和 Selection.ColumnWidth = 12 用来设置选中的单元格行高和列宽。

ActiveSheet.Pictures.Insert("D:\照片\0433101.jpg").Select 的功能是在当前单元格中插入一个指定的图片。

Selection.ShapeRange.LockAspectRatio = msoFalse 取消图片的“锁定纵横比”选项。

Selection.ShapeRange.Height = 99.2125984252

和 Selection.ShapeRange.Width = 76.5354330709

用来设置图片的高度和宽度(以磅为单位)。

(4) 宏结束语句。

End Sub 是宏的结束语句。

了解了代码中各语句的作用后，我们可以在 VBA 的编辑器窗口修改宏。将前面的几行注释语句删除，再加入循环语句，将宏改为：

```
Sub 插入图片()
  For r = 1 To 12
    Range("G" & r).Select
    Selection.RowHeight = 100
    Selection.ColumnWidth = 12
    p = IIf(r < 10, "0" & r, r)
    ActiveSheet.Pictures.Insert("D:\照片\04331" & p & ".jpg").Select
    Selection.ShapeRange.LockAspectRatio = msoFalse
    Selection.ShapeRange.Height = 99.2125984252
    Selection.ShapeRange.Width = 76.5354330709
  Next
End Sub
```

这里，在原来基础上做了三点改动：

(1) 加入了 For 循环语句，将原来的程序段作为循环体，使之能够被执行 12 次。

(2) 将字符串常量"G1"，改成了由字符串连接运算符“&”、字符串常量"G"以及变量 r 所构成的字符串表达式"G" & r，使得每次循环所选定的单元格不同。

(3) 用变量 p 的值作为图片文件名的最后两个字符。p 的值与循环变量 r 对应，但 r 的值小于 10 时，要在前面添加一个字符“0”，以保证两位字符。

这里用到了 IIF 函数，它可以根据条件的真假，返回不同的值，语法形式为：

```
IIf(条件表达式, 条件为真时的返回值, 条件为假时的返回值)
```

例如，函数 IIf(r < 10, "0" & r, r)，当变量 r 的值小于 10 时，返回 r 的值前面加上一个字符“0”而形成的字符串。当变量 r 的值大于或等于 10 时，返回 r 自身的值。

再次运行“插入图片”宏，可以看到当前工作表的 G 列从 1 行到 12 行自动依次插入了 12 张图片，每个图片的大小都相同。

循环控制语句 For…Next 的语法形式如下：

```
For 循环变量=初值 To 终值 [Step 步长]
  [<语句组>]
  [Exit For]
  [<语句组>]
Next [循环变量]
```

循环语句执行时，首先给循环变量置初值，如果循环变量的值没有超过终值，则执行循环体，到 Next 时把步长加到循环变量上，若没有超过终值，再循环，直至循环变量的值超过终止时，才结束循环。

步长可以是正数、可以是负数，为 1 时可以省略。

遇到 Exit For 时，退出循环。

可以将一个 For…Next 循环放置在另一个 For…Next 循环中，组成嵌套循环。每个循环中要使用不同的循环变量名。下面的循环结构是正确的：

```
For I = 1 To 10
    For J = 1 To 10
        For K = 1 To 10
            ...
        Next K
    Next J
Next I
```

许多过程可以用录制宏来完成。但录制的宏不具备判断或循环功能，人机交互能力差。因此，需要对录制的宏进行加工。

在“开发工具”选项卡的“代码”组中单击“Visual Basic”按钮，或用 Alt+F11 快捷键，可以直接打开 Visual Basic 编辑器。

利用“Visual Basic 编辑器”，可以编辑宏、函数，定义模块、用户窗体，在模块间、不同工作簿之间复制宏等操作。

Visual Basic 编辑器，也叫 VBE，实际上是 VBA 的编辑环境。

如果要删除宏，可在“开发工具”选项卡的“代码”组中选择“宏”命令，然后在“宏名”列表框中选定要删除的宏，再单击“删除”按钮。

1.2.3 运行宏的几种方法

除了用“开发工具”选项卡“代码”组的“宏”和在 Visual Basic 编辑环境中运行宏外，还可以用以下几种方式运行宏。

1．用快捷键运行宏

快捷键即快速执行某项操作的组合键。例如：Ctrl+C 在许多程序中代表“复制”命令。

当给宏指定了快捷键后，就可以用快捷键来运行宏。

在 1.1 节中，已经介绍了在 Word 中用快捷键运行宏的方法。

在 Excel 中，可以在创建宏时指定快捷键，也可以在创建后再指定。录制宏时，在“录制新宏”对话框中可以直接指定快捷键。

录制宏后指定快捷键也很简单，只需选择“开发工具”选项卡“代码”组的“宏”。在“宏”对话框中，选择要指定快捷键的宏，再单击“选项”按钮，通过“宏选项”对话框进行设置。

注意：当包含宏的工作簿打开时，为宏指定的快捷键会覆盖原有快捷键功能。例如，把 Ctrl+C 指定给某个宏，那么 Ctrl+C 就不再执行复制命令。因此，在定义新的快捷键时，尽量避开系统已定义的常用快捷键。

2．用按钮运行宏

通过快捷键可以快速执行某个宏，但是宏的数量多了也难以记忆快捷键，而且，如果宏是由其他人来使用，快捷键就更不合适了。

作为 VBA 应用软件开发者，应该为使用者提供一个易于操作的界面。“按钮”是最常见的界面元素之一。

例如，在 Excel 中录制一个宏，命名为“填充颜色”，用来向当前选定的单元格填充某种颜色，然后在当前工作表添加一个按钮，并将“填充颜色”这个宏指定给该按钮，步骤如下：

(1) 进入 Excel，录制一个宏，命名为“填充颜色”，向当前选定的单元格填充绿色。

(2) 在 Excel 功能区的“开发工具”选项卡中，单击“控件”组的“插入”下拉箭头，再单击“表单控件”中的“按钮(窗体控件)”，此时鼠标变成十字形状。

(3) 在当前工作表的适当位置按下鼠标左键并拖动鼠标画出一个矩形，这个矩形代表了该按钮的大小。对大小满意后放开鼠标左键，这样一个命令按钮就添加到了工作表中，同时 Excel 自动显示“指定宏”对话框。

(4) 从“指定宏”对话框中选择“填充颜色”，单击“确定”。这样，就把该宏指定给按钮了。

(5) 在按钮上单击鼠标右键，在快捷菜单中选择“编辑文字”，将按钮的标题改为“填充颜色”。

(6) 单击按钮外的任意位置，结束按钮设计。

此后，单击按钮就可以运行该宏。

3．用图片运行宏

指定宏到图片十分简单，在“插入”选项卡的“插图”组中，单击“图片”、“剪贴画”、“形状”等按钮，在当前工作表放置插图后，右击插图，在快捷菜单中选择“指定宏”命令即可。

1.2.4 宏的安全性

我们知道，有一种计算机病毒叫做“宏病毒”，它是利用“宏”来传播和感染的病毒。为了防止这种计算机病毒，Office 软件提供了一种安全保护机制，就是设置“宏”的安全性。

在 Office 2010 各个组件的“开发工具”选项卡“代码”组中，单击“宏安全性”按钮，在弹出的对话框中可以设置不同的安全级别。安全级别越高，对宏的限制越严。

由于宏就是 VBA 程序，限制使用宏，实际上就是限制 VBA 代码的执行，这从安全角度考虑是应该的，但是如果这种限制妨碍了软件功能的发挥就不应该了。

试想，如今广泛流行的计算机病毒何止千万种，而且层出不穷，宏病毒只是其中的一种，为了防止宏病毒而大动干戈，其实是没有必要的。尤其是妨碍了 VBA 程序的使用，限制了软件功能的发挥就更不值得了。就像我们不能因为有计算机病毒而不使用软件一样，不能因为有宏病毒就不使用宏。

所以，正常的做法应该是把宏病毒与其他成千上万种计算机病毒同样对待，用统一的防护方式和杀毒软件进行防治。而 Office 本身“宏”的“安全性”不必太在意。尤其是当我们需要频繁使用带有 VBA 代码的应用软件时，完全可以把“宏”的安全性设置为“启用所有宏”。

1.3 在 Word 文档中插入多个文件的内容

在 Word 应用中，有时需要连续往当前文档中插入多个文件的内容，合成一个大型文档。通常的做法是：在“插入”选项卡的“文本”组中，单击“对象”下拉箭头，选择“文件中的文字”项。在“插入文件”对话框中选定目标文件，单击“插入”按钮。

重复上述操作，可插入需要的所有文件内容。如果文件很多，这种办法就显得枯燥而低效。而用 VBA 程序使上述工作自动化，可以大大减轻操作负担，提高工作效率。

假设有 8 个文本文件，内容分别是中央电视台某一天 1 至 8 套节目时间表，我们的任务是用 VBA 程序将它们自动合并到一个文档中。本节首先完成这一任务，然后介绍 VBA 的变量和数据类型等相关知识。

1.3.1 代码的获取、加工和运行

用一个不太熟悉的软件开发环境或语言编写程序，最初的困难可能是不知道用哪个语句和函数实现需要的功能，Office 2010 的宏录制可以帮我们大忙，它可以使部分程序的设计自动化。将需要的操作过程录制为宏，就得到了相应的程序，其中该用哪些语句、函数一看便知，在此基础上进行加工，就可以得到更加完善的程序。

进入 Word 2010，在“开发工具”选项卡的“代码”组中，单击“录制宏”按钮。在弹出的对话框中设置宏名为“合并文件”，将宏保存在当前文档(默认是所有文档，即 Normal.dotm 文档，相当于 Excel 的个人宏工作簿)，单击“确定”按钮进行宏录制。

在“开始”选项卡的“字体”组中，设置字号为“三号”。在“段落”组中，设置对齐方式为“居中”。输入文本“中央 1 套”，然后回车。

设置字号为“五号”，对齐方式为“两端对齐”。

在“插入”选项卡的“文本”组中，单击“对象”下拉箭头，选择“文件中的文字”项。在“插入文件”对话框中选择特定的文件夹“文本文件”，指定文件类型为“所有文件(*.*)”，选定文件“1.txt”，单击“插入”按钮，按“默认编码”在当前文档中插入该文件的内容。

停止录制宏。

在“文件”选项卡中选择“保存”或“另存为”项，指定保存类型为“启用宏的 Word 文档(*.docm)”，将当前文档保存为“合并文件.docm”。

在“开发工具”选项卡的“代码”组中，单击“宏”按钮，在弹出的对话框中选择“合并文件”，再单击“编辑”按钮，会看到如下代码：

```
Sub 合并文件()
'
' 合并文件 宏
'
'
    Selection.Font.Size = 16
    Selection.ParagraphFormat.Alignment = wdAlignParagraphCenter
    Selection.TypeText Text:="中央 1 套"
    Selection.TypeParagraph
    Selection.Font.Size = 10
    Selection.ParagraphFormat.Alignment = wdAlignParagraphJustify
    ChangeFileOpenDirectory _
        "D:\VBA 任务驱动教程\案例文件\第 01 章 VBA 应用基础\1.3 在 Word 文档中插入多个文件内容\文本文件\"
    Selection.InsertFile FileName:="1.txt", Range:="", ConfirmConversions:= _
        False, Link:=False, Attachment:=False
End Sub
```

通过宏的录制过程和对应代码的分析，不难发现各语句的作用。

其中，ChangeFileOpenDirectory 语句用来选择特定的文件夹。在 VBA 程序中，

ThisDocument.Path 可以求出当前文档所在的文件路径，所以可以相对于当前文件夹引用子文件夹。

通常情况下，VBA 的每个语句占一行，但有时候可能需要在一行中写几个语句。这时需要用“：”来分开不同语句。例如：a=1:b=2。

反过来，如果一个语句太长，书写起来不方便，看上去也不整齐，可以将其分开写成几行。此时要用到空格加下划线“ _”作为标记。

在这段代码中，最后两条语句都使用了“ _”标记。

另外，在录制宏的过程中，有些默认的操作、属性、参数会被录制下来，其实是可以省略的。也就是说，录制的宏可以化简。比如：

```
Selection.InsertFile FileName:="1.txt", Range:="", ConfirmConversions:= _
    False, Link:=False, Attachment:=False
```

可以化简为

```
Selection.InsertFile FileName:="1.txt"
```

至于哪些内容可以省略，需要仔细分析、实验。

经过整理、改进、化简，可以得到如下代码：

```
Sub 合并文件()
    Selection.Font.Size = 16
    Selection.ParagraphFormat.Alignment = wdAlignParagraphCenter
    Selection.TypeText Text:="中央1套"
    Selection.TypeParagraph
    Selection.Font.Size = 10
    Selection.ParagraphFormat.Alignment = wdAlignParagraphJustify
    ChangeFileOpenDirectory ThisDocument.Path & "\文本文件\"
    Selection.InsertFile FileName:="1.txt"
End Sub
```

目前这个宏，只是设置了字号、对齐方式，输入了一行文字，插入了一个文本文件的内容。我们的目的是连续插入多个文本文件的内容，并进行必要的格式控制。因此，还需要对代码进行扩充和修改，得到如下形式：

```
Sub 合并文件()
  ChangeFileOpenDirectory ThisDocument.Path & "\文本文件\"
  For k = 1 To 8
    Selection.Font.Size = 16
    Selection.ParagraphFormat.Alignment = wdAlignParagraphCenter
    Selection.TypeText Text:="中央" & k & "套"
    Selection.TypeParagraph
    Selection.Font.Size = 10
    Selection.ParagraphFormat.Alignment = wdAlignParagraphJustify
    Selection.InsertFile FileName:=k & ".txt"
  Next
End Sub
```

这里，加入了 For…Next 循环语句，使用了变量 k 和字符串连接运算“&”，将指定文件路径的语句移到循环语句之前。

在“开发工具”选项卡的“代码”组中，单击“宏”按钮，在弹出的对话框中选择“合并文件”，再单击“运行”按钮，就会将 8 个文本文件内容插入到当前文档，每个文件内容前面加一行标注文字，并进行了格式控制。

以上操作过程看起来好像也比较复杂，实际上真正的意义是一次定义多次使用。

1.3.2 变量与数据类型

前面我们用录制宏的方法编写了几个简单的 VBA 程序。通过对程序的分析，了解了一些基本知识和几个语句的功能。为进一步开发 Office 的功能，编写满足各种需求的程序，我们还应掌握 VBA 的语法、变量、数据类型、运算符等知识。

1. 变量

变量用于临时保存数据。程序运行时，变量的值可以改变。在 VBA 代码中可以用变量来存储数据或对象。例如：

```
MyName="北京"            '给变量赋值
MyName="上海"            '修改变量的值
```

在前面的例子中我们已经在宏的代码中使用了变量，下面再举一个简单的例子说明变量的应用。

在 Excel 功能区的“开发工具”选项卡“代码”组中，单“宏”按钮，在“宏”对话框中输入宏名 Hello，然后单击“创建”按钮，进入 Visual Basic 编辑器环境。输入如下代码：

```
Sub Hello()
  s_name = InputBox("请输入您的名字:")
  MsgBox "Hello," & s_name & "!"
End Sub
```

其中，Sub、End Sub 两行代码由系统自动生成，不需要手工输入。

在这段代码中，InputBox 函数显示一个信息输入对话框，输入的信息作为函数值返回，赋值给变量 s_name。MsgBox 显示一个对话框，用来输出信息，其中包含变量 s_name 的值。关于函数的详细内容请查看系统帮助信息。

在 Visual Basic 编辑器中，按 F5 键，或者单击工具栏的 ▸ 按钮，运行这个程序，显示一个如图 1.2 所示的信息输入对话框。输入“LST”并单击“确定”按钮，显示如图 1.3 所示的输出信息对话框。

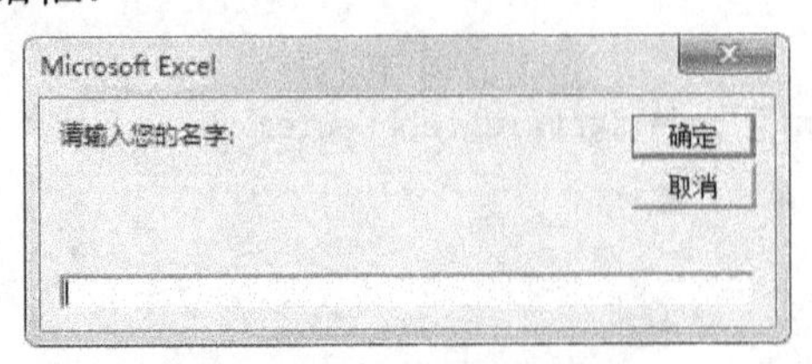

图 1.2 输入信息对话框图

图 1.3 输出信息对话框

2. 变量的数据类型

变量的数据类型决定变量允许保存何种类型的数据。表 1.1 列出了 VBA 支持的数据类型，同时列出了各种类型的变量所需要的存储空间和能够存储的数据范围。

表 1.1　数据类型

数据类型	存储空间	数值范围
Byte(字节)	1 字节	0～255
Boolean(布尔)	2 字节	True 或 False
Integer(整型)	2 字节	-32768～32767
Long(长整型)	4 字节	-2147483648～2147483647
Single(单精度)	4 字节	负值范围：-3.402823E38 ～ -1.401298E-45 正值范围：1.401298E-45 ～ 3.402823E38
Double(双精度)	8 字节	负值范围： -1.79769313486232E308 ～ -4.94065645841247E-324 正值范围： 4.94065645841247E-324 ～ 1.79769313486232E308
Currency(货币)	8 字节	-922337203685477.5808～ 922337203685477.5807
Decimal(小数)	12 字节	不包括小数时:+/ -79228162514264337593543950335 包括小数时： +/-7.9228162514264337593543950335
Date(日期时间)	8 字节	日期：100 年 1 月 1 日 ～9999 年 12 月 31 日 时间：00:00:00～23:59:59
Object(对象)	4 字节	任何引用对象
String(字符串)	字符串的长度	变长字符串：0 ～ 20 亿个字符 定长字符串：1 ～64K 个字符
Variant(数字)	16 字节	Double 范围内的任何数值
Variant(文本)	字符串的长度	数据范围和变长字符串相同

3. 声明变量

变量在使用之前，最好进行声明，也就是定义变量的数据类型，这样可以提高程序的可读性和节省存储空间。当然这也不是绝对的，在不关心存储空间，而注重简化代码、突出重点的情况下，可以不经声明直接使用变量。变量不经声明直接使用，系统会自动将变量定义为 Variant 类型。

通常使用 Dim 语句来声明变量。声明语句可以放到过程中，该变量在过程内有效。声明语句若放到模块顶部，则变量在模块中有效(过程、模块和工程等知识将在 1.6 节介绍)。

下面语句创建了变量 strName 并且指定为 String 数据类型。

```
Dim strName As String
```

为了使变量可被工程中所有的过程使用，则要用如下形式的 Public 语句声明公共变量：

```
Public strName As String
```

变量的数据类型可以是表 1.1 中的任何一种。如果未指定数据类型，则默认为 Variant 类型。

变量名必须以字母开始，并且只能包含字母、数字和某些特定的字符，最大长度为 255 个字符。

可以在一个语句中声明几个变量。如在下面的语句中，变量 intX、intY、intZ 被声明为 Integer 类型。

```
Dim intX As Integer, intY As Integer, intZ As Integer
```

下面语句，变量 intX 与 intY 被声明为 Variant 型，intZ 被声明为 Integer 型。

```
Dim intX, intY, intZ As Integer
```

除了用 Dim 和 Public 声明变量外，还可以用 Private 和 Static 语句声明变量。

Private 语句用来声明私有变量。私有变量只能用于同一模块中的过程。

Static 语句所声明的是静态变量，在调用之后仍保留它原先的值。

在模块中使用 Dim 与 Private 语句作用是相同的。

下面是几个声明变量的例子：

```
Dim gvEmpno As String, crate As Single
Private mvTotal As Long, mcPmt As Long
Static s_bh As string
```

可以使用 Dim 和 Public 语句来声明变量的对象类型。下面的语句为工作表的新建实例声明了一个变量。

```
Dim X As New Worksheet
```

如果定义对象变量时没有使用 New 关键字，则在使用该变量之前，必须使用 Set 语句将该引用对象的变量赋值为一个已有对象。在该变量被赋值之前，所声明的对象变量有一个特定值 Nothing，这个值表示该变量没有指向任何一个对象实例。

4．声明数组

数组是具有相同数据类型并共用一个名字的一组变量的集合。数组中的不同元素通过下标加以区分。

数组的声明方式和其他的变量是一样的，可以使用 Dim、Static、Private 或 Public 语句来声明。若数组的大小被固定的话，则它是静态数组。若程序运行时数组的大小可以被改变，则它是个动态数组。

数组的下标从 0 还是从 1 开始，可用 Option Base 语句进行设置。如果 Option Base 没有指定为 1，则数组下标默认从 0 开始。

下面这行代码声明了一个固定大小的数组，它是个 11 行乘以 11 列的 Integer 型二维数组：

```
Dim MyArray(10, 10) As Integer
```

其中，第一个参数表示第一个下标的上界，第二个参数表示第二个下标的上界，默认的下标下界为 0，数组中共有 11×11 个元素。

在声明数组时，不指定下标的上界，即括号内为空，则该数组为动态数组。动态数组可以在执行代码时改变大小。下面语句声明的就是一个动态数组：

```
Dim sngArray() As Single
```

动态数组声明后，可以在程序中用 ReDim 语句来重新声明。ReDim 语句可以重新定义数组的维数以及每个维的上界。重新声明数组，数组中存在的值一般会丢失。若要保存数组中原先的值，可以使用 ReDim Preserve 语句来扩充数组。例如，下列的语句将 varArray 数组扩充了 10 个元素，而数组中原来值并不丢失。

```
ReDim Preserve varArray(UBound(varArray) + 10)
```

其中，UBound(varArray)函数返回数组 varArray 原来的下标上界。

注意：当对动态数组使用 Preserve 关键字时，不能改变维的数目。

数组在处理相似信息时非常有用。假设要处理 15 门考试成绩，可以用下面语句创建一个数组来保存考试成绩：

```
Dim s_cj(14)As Integer
```

给变量或数组元素赋值，通常使用赋值语句。

1.4 百钱买百鸡问题

本节我们先来创建一个求百钱买百鸡问题的程序，介绍程序中用到的If语句，再研究VBA的运算符。

1.4.1 程序的创建与运行

假设公鸡每只 5 元，母鸡每只 3 元，小鸡 3 只 1 元。要求用 100 元钱买 100 只鸡，问公鸡、母鸡、小鸡可各买多少只？请编一个 VBA 程序求解。

分析：

设公鸡、母鸡、小鸡数分别为 x、y、z，则可列出方程组：

$$\begin{cases} x+y+z=100 \\ 5x+3y+z/3=100 \end{cases}$$

这里有三个未知数、两个方程式，说明有多个解。可以用穷举法求解。

编程：

进入 Excel 2010，在“开发工具”选项卡的“代码”组中选择“宏”命令，在打开的“宏”对话框中输入宏名“百钱百鸡”，指定宏的位置为当前工作簿，单击“创建”按钮，进入 VB 编辑环境。

然后，输入如下代码：

```
Sub 百钱百鸡()
  For x = 0 To 19
    For y = 0 To 33
      z = 100 - x - y
      If 5 * x + 3 * y + z / 3 = 100 Then
        g = g & "公鸡" & x & ",母鸡" & y & ",小鸡" & z & Chr(10)
      End If
    Next
  Next
  MsgBox g
End Sub
```

因为公鸡、母鸡的最大数量分别为 19 和 33，所以我们采用双重循环结构，让 x 从 0 到 19、y 从 0 到 33 进行循环。每次循环求出一个 z 值，使得 x+y+z=100，如果满足条件 5x+3y+z/3=100，则 x、y、z 就是一组有效解，我们把这个解保存到字符串变量 g 中。循环结束后，用 MsgBox 函数输出全部有效解。

程序运行后的结果如图 1.4 所示。

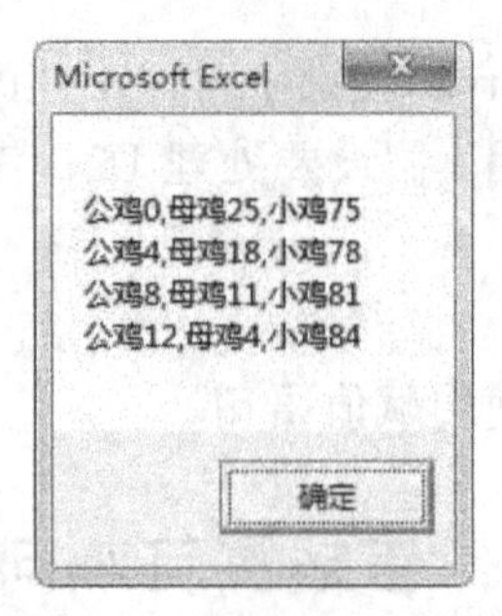

图 1.4　程序输出结果

在上面这段程序中，使用了 Chr 函数，把 ASCII 码 10 转换为对应的回车符。

程序中还用到了 If 语句。If 是最常用的一种分支语句。它符合人们通常的语言和思维习惯。比如：If(如果)绿灯亮，Then(那么)可以通行，Else(否则)停止通行。

If 语句有三种语法形式：

```
(1) If 〈条件〉 Then 〈语句 1〉[Else 〈语句 2〉]
(2) If 〈条件〉 Then
        〈语句组 1〉
    [Else
        〈语句组 2〉]
    End If
(3) If 〈条件 1〉 Then
        〈语句组 1〉
    [Elseif 〈条件 2〉 Then
        〈语句组 2〉...
    Else
        〈语句组 n〉]
    End If
```

<条件>是一个关系表达式或逻辑表达式。若值为真，则执行紧接在关键字 then 后面的语句组。若<条件>的值为假，则检测下一个 elseif<条件>或执行 else 关键字后面的语句组，然后继续执行下一个语句。

例如，根据一个字符串是否以字母 A 到 F、G 到 N 或 O 到 Z 开头来设置整数值。程序段如下：

```
Dim strMyString As String, strFirst As String, intVal As Integer
strFirst = Mid(strMyString, 1, 1)
If strFirst >= "A" And strFirst <= "F" Then
   intVal = 1
ElseIf strFirst >= "G" And strFirst <= "N" Then
   intVal = 2
ElseIf strFirst >= "O" And strFirst <= "Z" Then
   intVal = 3
Else
   intVal = 0
End If
```

其中，用 Mid 函数返回 strMyString 字符串变量从第一个字符开始的一个字符。假如 strMyString="VBA"，则该函数返回"V"。

1.4.2 VBA 的运算符

VBA 的运算符有四种：算术运算符、比较运算符、逻辑运算符和字符串连接运算符。用来组成不同类型的表达式。

1. 算术运算符

算术运算符用于构建算数表达式，返回结果为数值，各运算符的作用和示例见表 1.2。

表 1.2 算术运算符

符号	作用	示例	符号	作用	示例
+	加法	3+5=8	\	整除	19\6=3
-	减法、一元减	11-6=5、-6*3=-18	mod	取模	19 mod 6=1
*	乘法	6*3=18	^	指数	3^2=9
/	除法	10/4=2.5			

2. 比较运算符

比较运算符用于构建关系表达式，返回逻辑值 True、False 或 Null(空)。常用的比较运算符名称和用法见表 1.3。

表 1.3 常用的比较运算符

符号	名称	用法
<	小于	〈表达式 1〉<〈表达式 2〉
<=	小于或等于	〈表达式 1〉<=〈表达式 2〉
>	大于	〈表达式 1〉>〈表达式 2〉
>=	大于或等于	〈表达式 1〉>=〈表达式 2〉
=	等于	〈表达式 1〉=〈表达式 2〉
<>	不等于	〈表达式 1〉<>〈表达式 2〉

用比较运算符组成的关系表达式，当符合相应的关系时，结果为 True，否则为 False。如果参与比较的表达式有一个为 Null，则结果为 Null。

例如：

当变量 A 的值为 3、B 的值为 5 时，关系表达式 A>B 的值为 False，A<B 的值为 True。

3. 逻辑运算符

逻辑运算符用于构建逻辑表达式，返回逻辑值 True、False 或 Null(空)。常用的逻辑运算符名称和语法见表 1.4。

表 1.4 常用的逻辑运算符

符号	名称	语法
And	与	〈表达式 1〉And〈表达式 2〉
Or	或	〈表达式 1〉Or〈表达式 2〉
Not	非	Not〈表达式〉

例如：

```
A = 10: B = 8: C = 6: D = Null      ' 设置变量初值

MyCheck = A > B And B > C     ' 返回 True
MyCheck = B > A And B > C     ' 返回 False
MyCheck = A > B And B > D     ' 返回 Null

MyCheck = A > B Or B > C     ' 返回 True
MyCheck = B > D Or B > A     ' 返回 Null

MyCheck = Not(A > B)     ' 返回 False
MyCheck = Not(B > A)     ' 返回 True
MyCheck = Not(C > D)     ' 返回 Null
```

4. 字符串连接运算符

字符串连接运算符有两个：“&”和“+”。

其中“+”运算符既可用来计算数值的和，也可以用来做字符串的串接操作。不过，最好还是使用“&”运算符来做字符串的连接操作。如果“+”运算符两边的表达式中混有字符串及数值的话，其结果可能是数值的和。如果都是字符串作“相加”，则返回结果才与“&”相同。

例如：

```
MyStr = "Hello" & " World"          ' 返回 "Hello World"
MyStr = "Check " & 123              ' 返回 "Check 123"
MyNumber = "34" + 6                 ' 返回 "40"
MyNumber = "34" + "6"               ' 返回 "346"(字符串被连接起来)
```

5. 运算符的优先级

按优先级由高到低的次序排列的运算符如下：

括号→指数→一元减→乘法和除法 → 整除 → 取模 → 加法和减法 → 连接 → 比较 → 逻辑(Not、And、Or)。

1.5 成绩转换和定位

VBA 是面向对象的编程语言和开发工具。在编写程序时，经常要用到对象、属性、事件、方法等知识。本节先介绍这些概念以及它们之间的关系，再给出一个应用案例。

1.5.1 对象、属性、事件和方法

1. 对象

客观世界中的任何实体都可以被看作是对象。对象可以是具体的物，也可以指某些概念。从软件开发的角度来看，对象是一种将数据和操作过程结合在一起的数据结构，或者是一种具有属性和方法的集合体。每个对象都具有描述它特征的属性和附属于它的方法。属性用来表示对象的状态，方法是描述对象行为的过程。

在 Windows 软件中，窗口、菜单、文本框、按钮、下拉列表等都是对象。对象有大有小，有的可容纳其他对象，我们把它叫做容器对象，有的要放在别的对象当中，也被称为控件。

VBA 中绝大多数对象具有可视性(Visual)，也就是有能看得见的直观属性，如大小、颜色、位置等。在软件设计时就能看见运行后的样子，叫做“所见即所得”。

对象是 VBA 程序的基础，几乎所有操作都与对象有关。Excel 的工作簿、工作表、单元格都是对象。

集合也是对象，该对象包含多个其他对象，通常这些对象属于相同的类型。通过使用属性和方法，可以修改单独的对象，也可修改整个的对象集合。

VBA 将 Office 中的每一个应用程序都看成一个对象。每个应用程序都由各自的 Application 对象代表。

在 Excel 中，Application 对象中包含了 Excel 的菜单栏、工具栏、工作簿、工作表和图表等对象。

2. 属性

属性就是对象的性质，如大小、位置、颜色、标题、字体等。为了实现软件的功能，也为了软件运行时界面美观、实用，必须设置对象的有关属性。

每个对象都有若干个属性，每个属性都有一个预先设置的默认值，多数不需要改动，只有部分属性需要修改。同一种对象在不同地方应用，需要设置或修改的属性也不同。

对于属性的设置，有些只需用鼠标做适当的拖动即可，如大小、位置等，当然也可以在属性窗口中设置。另一些则必须在属性窗口或程序中进行设置，如字体、颜色、标题等。

若要用程序设置属性的值，可在对象的后面紧接一个小数点、属性名称、一个赋值号及新的属性值。

下面语句的作用是给 Sheet1 工作表的 F8 单元格内部填充蓝色。

```
Sheets("Sheet1").Range("F8").Interior.ColorIndex = 5
```

其中，Sheet1 是当前工作簿中的一个工作表对象，F8 是工作表中的单元格对象，Interior 是单元格的内部(也是对象)，ColorIndex 是 Interior 的一个属性，“=”是赋值号，5 是要设置的属性值。

读取对象的属性值，可以获取有关该对象的信息。

例如，下面的语句返回活动单元格的地址。

```
addr = ActiveCell.Address
```

3. 事件

所谓事件，就是可能发生在对象上的事情，是由系统预先定义并由用户或系统发出的动作。事件作用于对象，对象识别事件并做出相应的反应。事件可以由系统引发，比如对象生成时，系统就引发一个 Initialize 事件。事件也可以由用户引发，比如按钮被单击，对象被拖动、被改变大小，都会引发相应的事件。

软件运行时，当对象发生某个事件，可能需要做出相应的反应，如“退出”按钮被单击后，需要结束软件运行。

为了使对象在某一事件发生时能够做出所需要的反应，必须针对这一事件编出相应的代码。这样，软件运行时，当这一事件发生，对应的代码就被执行，完成相应的动作。事件不发生，这段代码就不会被执行。没有编写代码的事件，即使发生也不会有任何反应。

4．方法

方法是对象可以执行的动作。例如，Worksheet 对象的 PrintOut 方法用于打印工作表的内容。

方法通常带有参数，以限定执行动作的方式。

例如，下面语句打印活动工作表的 1～2 页 1 份。

```
ActiveWindow.SelectedSheets.PrintOut 1, 2, 1
```

下面语句通过使用 SaveAs 方法，将当前工作簿另存为启用宏的工作簿，位置在 D 区根目录，文件名为 test.xlsm。

```
ActiveWorkbook.SaveAs Filename:="D:\test.xlsm"
```

一般来讲，方法是动作，属性是性质。

所谓面向对象程序设计，就是要设计一个个对象，最后把这些对象用某种方式联系起来构成一个系统，即软件系统。

每个对象，需要设计的也不外乎它的属性，针对需要的事件编写程序代码，在编写代码时使用系统提供的语句、命令、函数和方法。

1.5.2 程序设计与运行

下面我们设计一个 Excel 工作表并编写程序，实现以下功能：在如图 1.5 所示的成绩报告表中输入百分制成绩，系统按分数段自动定位。输入五级分制 A、B、C、D、E 时，系统自动转换为对应的汉字并按等级定位。

首先创建一个 Excel 工作簿，在工作簿中将一个工作表命名为“成绩表”，删除其余工作表。

选中所有单元格，填充背景颜色为“白色”。

参照图 1.5 设计一个表格，设置标题、表头、边框线，输入用于测试的“学号”、“姓名”数据。设置适当的列宽、行高、对齐方式、字体、字号，得到如图 1.6 所示的“成绩表”工作表。

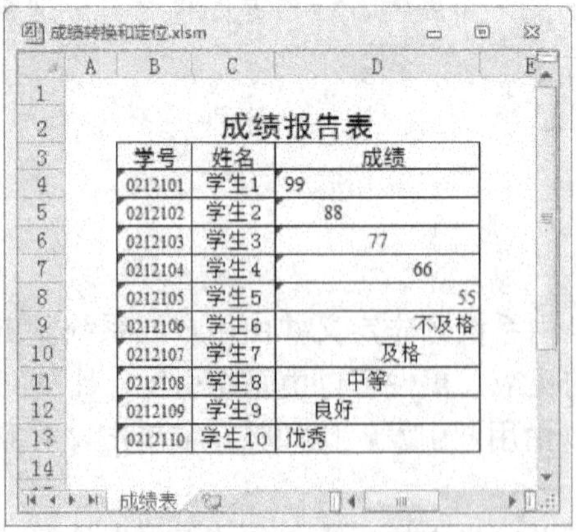

成绩转换和定位.xlsm

成绩报告表

学号	姓名	成绩
0212101	学生1	99
0212102	学生2	88
0212103	学生3	77
0212104	学生4	66
0212105	学生5	55
0212106	学生6	不及格
0212107	学生7	及格
0212108	学生8	中等
0212109	学生9	良好
0212110	学生10	优秀

成绩表

图 1.5　工作表结构与数据

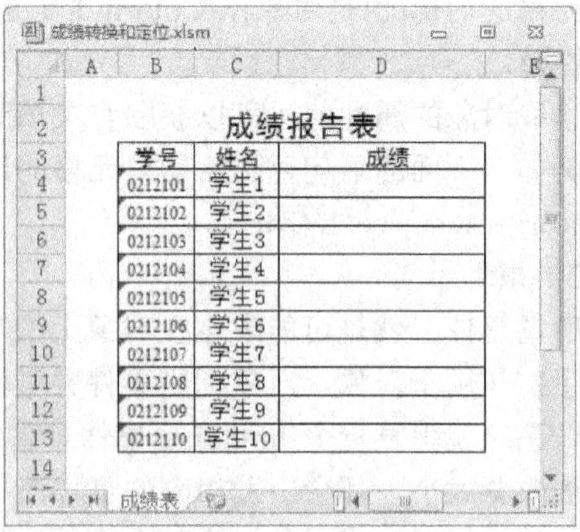

成绩转换和定位.xlsm

成绩报告表

学号	姓名	成绩
0212101	学生1	
0212102	学生2	
0212103	学生3	
0212104	学生4	
0212105	学生5	
0212106	学生6	
0212107	学生7	
0212108	学生8	
0212109	学生9	
0212110	学生10	

成绩表

图 1.6　填写成绩之前的“成绩表”工作表

为了在成绩报告表中输入学生成绩时，系统能自动按等级定位，使各分数段成绩直观明了，对考查成绩，输入字母 A、B、C、D、E，系统自动转换为汉字“优秀”、“良好”、“中等”、“及格”、“不及格”，我们对“成绩单”工作表的 Change 事件编写如下代码：

```
Private Sub Worksheet_Change(ByVal Target As Range)
  row_no = Target.Row
  col_no = Target.Column
  If col_no = 4 And row_no > 3 And row_no < 14 Then
    s_cj = Target.Value
    If Left(s_cj, 1) <> Space(1) Then
      blk = Space(1)
      Select Case UCase(s_cj)    '考查课
        Case "A"
          blk = Space(1)
            s_cj = "优秀"
        Case "B"
          blk = Space(6)
          s_cj = "良好"
        Case "C"
          blk = Space(12)
          s_cj = "中等"
        Case "D"
          blk = Space(18)
          s_cj = "及格"
        Case "E"
          blk = Space(24)
          s_cj = "不及格"
      End Select
      If IsNumeric(s_cj) Then    '数值型(考试课)
        Select Case Val(s_cj)
          Case Is >= 90
            blk = Space(1)
          Case Is >= 80
            blk = Space(8)
          Case Is >= 70
            blk = Space(16)
          Case Is >= 60
            blk = Space(24)
          Case Is >= 0
            blk = Space(32)
        End Select
      End If
      Target.Value = blk & s_cj
    End If
```

```
  End If
End Sub
```

当“成绩单”工作表的任意一个单元格内容改变时，产生 Change 事件，执行上述代码。

这段代码首先从过程的参数 Target 中取出当前单元格的行号和列号。

如果当前单元格在第 4 列(即成绩列)，并且行号在 4 和 13 之间，则进行以下操作：

取出当前单元格的内容，单元格内容中若有前导空格(作为标记)，说明已转换处理完毕，不用再处理。否则，对考查课成绩(五级分制)，将A、B、C、D、E分别转换为汉字“优秀”、“良好”、“中等”、“及格”、“不及格”，并分别指定前导空格数1、6、12、18、24；对考试课成绩(百分制)，根据不同的分数段指定前导空格数1、8、16、24、32；对于其他内容，指定前导空格数1。最后将单元格原有的内容或转换后的内容加上指定个数的前导空格重新填写回去，达到转换和定位目的。

这里，用到了函数 Left 取出字符串中从左边算起指定数量的字符，Space 返回特定数目空格构成的字符串，UCase 将字符串中的小写字母变为大写字母，IsNumeric 判断表达式的运算结果是否为数值，Val 返回字符串中的有效数值。

程序中，还用到了 Select Case 语句。对于条件复杂、程序需要多个分支的情况，可用 Select Case 语句写出结构清晰的程序。

Select Case 语法如下：

```
Select Case <检验表达式>
  [Case <比较列表 1>
    [<语句组 1>]]
    ……
  [Case Else
    [<语句组 n>]]
End Select
```

其中的<检验表达式>是任何数值或字符串表达式。

<比较列表>由一个或多个<比较元素>组成，中间用逗号分隔。<比较元素>可以是下列几种形式之一：

(1) 表达式；

(2) 表达式 To 表达式；

(3) Is <比较操作符> 表达式。

如果<检验表达式>与 Case 子句中的一个<比较元素>相匹配，则执行该子句后面的语句组。

<比较元素>若含有 To 关键字，则第一个表达式必须小于第二个表达式，<检验表达式>值介于两个表达式之间为匹配。

<比较元素>若含有 Is 关键字，Is 代表<检验表达式>构成的关系表达式的值为“真”则匹配。

如果有多个 Case 子句与<检验表达式>匹配，则只执行第一个匹配的 Case 子句后面的语句组。

如果前面的 Case 子句与<检验表达式>都不匹配，则执行 Case Else 子句后面的语句组。

可以在每个 Case 子句中使用多重表达式。例如，下面的语句是正确的：

```
Case 1 To 4, 7 To 9, 11, 13, Is > MaxNumber
```

也可以针对字符串指定范围和多重表达式。

在下面的例子中，Case 所匹配的字符串为：等于 everything、按英文字母顺序从 nuts 到 soup 之间的字符串以及变量 TestItem 所代表的值。

```
Case "everything", "nuts" To "soup", TestItem
```

根据一个字符串是否以字母 A 到 F、G 到 N 或 O 到 Z 开头来设置整数值，可用如下 Select Case 语句实现：

```
Dim strMyString As String, intVal As Integer
Select Case Mid(strMyString, 1, 1)
   Case "A" To "F"
      intVal = 1
   Case "G" To "N"
      intVal = 2
   Case "O" To "Z"
      intVal = 3
   Case Else
      intVal = 0
End Select
```

以上设计完成之后，重新打开工作簿，在“成绩表”工作表的“成绩”单元格输入 0～100 之间的数值，系统将自动按“≥90 分”、“≥80 分”、“≥70 分”、“≥60 分”和“<60 分”五个档次定位，输入字母 A、B、C、D、E，系统自动转换为汉字“优秀”、“良好”、“中等”、“及格”、“不及格”并进行定位。结果如图 1.5 所示。

1.6 输出“玫瑰花数”

前面我们录制或人工编写的“宏”是“过程”的一种，叫子程序。还有两种“过程”分别叫函数和属性。它们可能放在对象当中，也可能放在独立的模块当中。放在对象当中的“过程”可能和某个事件相关联。对象、模块又属于“工程”的资源。

本节先研究工程、模块、过程之间的关系，过程的创建方法，再通过输出“玫瑰花数”这个案例介绍子程序的设计与调用。

1.6.1 工程、模块与过程

每个 VBA 应用程序都存在于一个“工程”中。工程下面可分为若干个“对象”、“窗体”、“模块”和“类模块”。在进行录制宏时，如果原来不存在模块，Office 就自动创建一个。

在“开发工具”选项卡的“代码”组中选择“Visual Basic”命令，或者按 Alt+F11 快捷键，进入 VB 编辑环境。

在“视图”菜单中选择“工程资源管理器”命令，或在“标准”工具栏上单击“工程资源管理器”按钮，都可以打开“工程”任务窗格。

这时，在“标准”工具栏上，单击“用户窗体”、“模块”或“类模块”按钮，或在“插入”菜单中选择相应的菜单命令，便可在“工程”中插入相应的项目。

插入“模块”或“类模块”后，单击工具栏的“属性窗口”按钮，可以在“属性窗口”中设置或修改模块的名称。

双击任意一个项目，在右边的窗格中便可查看或编写程序代码。VB 编辑器中的工程和代码界面如图 1.7 所示。

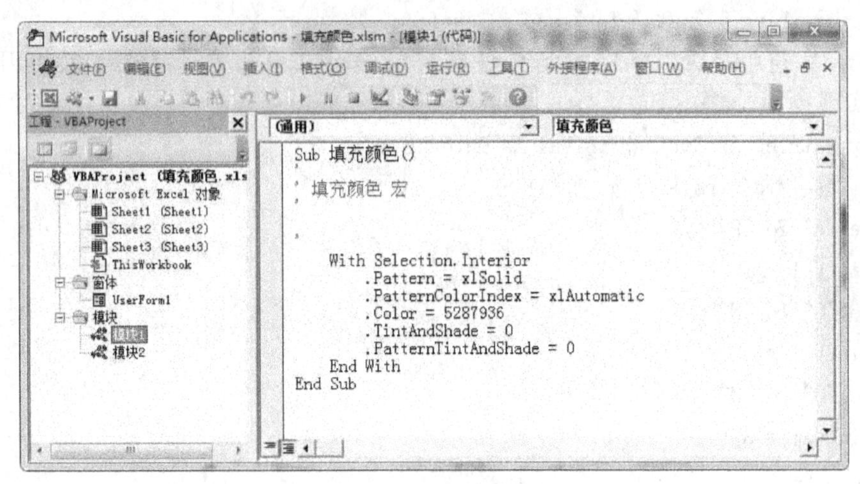

图 1.7　VB 编辑器窗口

模块中可以定义若干个“过程”。每个过程都有唯一的名字，过程中包含一系列语句。过程可以是函数、子程序或属性。

函数过程通常要返回一个值。这个值是计算的结果或是测试的结果，例如 False 或 True。可以在模块中创建和使用自定义函数。

子程序过程只执行一个或多个操作，而不返回数值。我们前面录制的宏，实际上就是子程序过程，宏名就是子程序名。

用宏录制的方法可以得到子程序过程，但不能得到函数或属性过程。

属性过程由一系列语句组成，用来为窗体、标准模块以及类模块创建属性。

创建过程通常有以下两种方法。

【方法 1】直接输入代码。

(1) 打开要编写过程的模块。

(2) 键入 Sub、Function 或 Property，分别创建 Sub、Function 或 Property 过程。系统会在后面自动加上一个 End Sub、End Function 或 End Property 语句。

(3) 在其中键入过程的代码。

【方法 2】用“插入过程”对话框。

(1) 打开要编写过程的模块。

(2) 在“插入”菜单上选择“过程”命令，显示如图 1.8 所示的“添加过程”对话框。

(3) 在“插入过程”对话框的“名称”框中键入过程的名称。选定要创建过程的类型，设置过程的范围。如果需要，可以选定“把所有局部变量声明为静态变量”。最后，单击“确定”按钮，进行代码编写。

进入 Excel 或打开一个工作簿，系统自动建立一个工程，工程中自动包含工作簿对象、工作表对象。过程可以在对象中建立，也可以在模块或类模块中建立。如果模块不存在，首先需要向工程中添加一个模块。

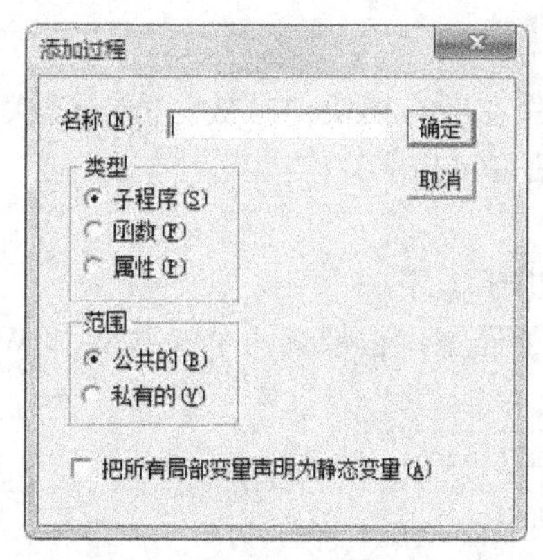

图 1.8 “添加过程”对话框

例如，创建一个显示消息框的过程，步骤如下：

(1) 在 Excel 中，选择“开发工具”选项卡“代码”组的“Visual Basic”命令，打开 VB 编辑器窗口。

(2) 在工具栏上单击“工程资源管理器”按钮，或按 Ctrl+R 键，在 VB 编辑器的左侧可以看到“工程”窗格。

(3) 在“工程”窗格的任意位置单击鼠标右键，在快捷菜单中选择“插入”→“模块”命令，或在“标准”工具栏上单击“模块”按钮，或选择“插入”菜单的“模块”命令，将一个模块添加到工程中。

(4) 选择“插入”菜单的“过程”命令，显示出如图 1.8 所示的“添加过程”对话框。

(5) 输入“显示消息框”作为过程名。在“类型”分组框中，选择“子程序”。单击“确定”按钮。这样一个新的过程就添加到模块中了。

可以在代码窗口中直接输入或修改过程，而不是通过菜单添加过程。

(6) 在过程中输入语句，得到下面代码段：

```
Public Sub 显示消息框()
  Msgbox "这是一个测试用的过程"
End Sub
```

在输入 Msgbox 后，系统会自动弹出一个消息框告诉我们有关这条命令的信息。

要运行一个过程，可以使用“运行“菜单的“运行子程序/用户窗体”命令，也可以使用工具栏按钮或按 F5 快捷键。

工作簿中的模块与过程随工作簿一起保存。在工作簿窗口可以通过“文件”选项卡保存工作簿，保存类型应为“启用宏的工作簿”。

1.6.2 子程序的设计与调用

每个子程序都以 Sub 开头，End Sub 结尾。

语法格式如下：

```
[Public|Private] Sub 子程序名([<参数>])
  [<语句组>]
  [Exit Sub]
  [<语句组>]
```

```
End Sub
```

Public 关键字可以使子程序在所有模块中有效。Private 关键字使子程序只在本模块中有效。如果没有指定，默认情况是 Public。

子程序可以带参数。

Exit Sub 语句的作用是退出子程序。

下面是一个求矩形面积的子程序。它带有两个参数 L 和 W，分别表示矩形的长和宽。

```
Sub mj(L, W)
  If L = 0 Or W = 0 Then Exit Sub
  MsgBox L * W
End Sub
```

该子程序首先判断两个参数，如果任意一个参数值为零，则直接退出子程序，不做任何操作。否则，计算出矩形面积 L*W，并将面积显示出来。

调用子程序用 Call 语句。对于上述子程序，执行

```
Call mj(8,9)
```

则输出结果 72。而执行

```
Call mj(8,0)
```

则不输出任何结果。

Call 语句用来调用一个 Sub 过程。语法形式如下：

```
[Call] <过程名> [<参数列表>]
```

其中，关键字 Call 可以省略。如果指定了这个关键字，则<参数列表>必须加上括号。如果省略 Call 关键字，也必须要省略<参数列表>外面的括号。

因此，Call mj(8,9)可以改为 mj8，9。

下面，我们在 Excel 中编写一个 VBA 子程序，输出所有的“玫瑰花数”到当前工作表中。

所谓“玫瑰花数”，也叫“水仙花数”，指一个三位数，其各位数字立方和等于该数本身。

进入 Excel，在 VB 编辑环境中，插入一个模块，创建如下子程序过程：

```
Sub 玫瑰花数()
  c = 1
  For n = 100 To 999
    i = n \ 100
    j = n \ 10 - i * 10
    k = n Mod 10
    If (n = i * i * i + j * j * j + k * k * k) Then
      Cells(1, c) = n
      c = c + 1
    End If
  Next
End Sub
```

这个子程序首先用赋值语句设置列号变量 c 的初值为 1。

然后用循环语句对所有三位数，分别取出百、十、个位数字保存到变量 i、j、k 中，如果各位数字立方和等于该数本身，则将该数填写到当前工作表第 1 行 c 列单元格，并调整列号 c。

其中：

n\100，将 n 除以 100 取整，得到百位数；

n\10–I*10，得到十位数；

nMod 10，将 n 除以 10 取余，得到个位数。

Cells(1，c)表示 1 行 c 列单元格对象。

赋值语句

```
Cells(1, c) = n
```

设置该单元格对象的 Value 属性值为 n。Value 是单元格对象的默认属性，可以省略不写。

在 Visual Basic 编辑器中，按 F5 键运行这个程序后，在当前工作表中得到如图 1.9 所示的结果。

	A	B	C	D	E
1	153	370	371	407	

图 1.9　在工作表中输出的“玫瑰花数”

1.7　求最大公约数

在 VBA 中，提供了大量的内置函数。比如字符串函数 Mid、数学函数 Sqr 等。内置函数在编程时可以直接引用，非常方便。但有时也需要按自己的要求编写函数，即自定义函数。

1.7.1　自定义函数的设计与调用

用 Function 语句可以定义函数，其语法形式如下：

```
[Public|Private] Function 函数名([<参数>]) [As 数据类型]
  [<语句组>]
  [函数名=<表达式>]
  [Exit Function]
  [<语句组>]
  [函数名=<表达式>]
End Function
```

定义函数时用 Public 关键字，则所有模块都可以调用它。用 Private 关键字，函数只可用于同一模块。如果没有指定，则默认为 Public。

函数名末尾可使用 As 子句来声明返回值的数据类型，参数也可指定数据类型。若省略数据类型说明，系统会自动根据赋值确定。

Exit Function 语句的作用是退出 Function 过程。

下面这个自定义函数可以求出半径为 R 的圆的面积：

```
Public Function area(R As Single) As Single
  area = 3.14 * R ^ 2
End Function
```

该函数也可简化为：

```
Function area(R)
  area = 3.14 * R ^ 2
```

```
End Function
```

如果要计算半径为 5 的圆的面积，只要调用函数 area(5)。假设 A 是一个已赋值为 3 的变量，area(A+5)将求出半径为 8 的圆的面积。

下面我们编写一个 VBA 程序，对给定的任意两个正整数，求它们的最大公约数。

求最大公约数的方法有多种，我们使用一种被称为“辗转相除”的方法。用两个数中较大的数除以较小的数取余，如果余数为零，则除数即为最大公约数；若余数大于零，则将原来的除数作为被除数，余数作为除数，再进行相除、取余操作，直至余数为零。

我们可以在 Excel 中编写一个自定义函数，求两个数的最大公约数，并在工作表中测试这个函数。

1．设计工作表

创建一个 Excel 工作薄，保存为“求最大公约数.xlsm”。

保留 Sheet1 工作表，删除其余工作表。

在 Sheet1 工作表的 A、B、C 列建立一个表格，设置表头、边框线，设置最适合的列宽、行高，输入一些用于测试的数据。得到如图 1.10 所示的界面。

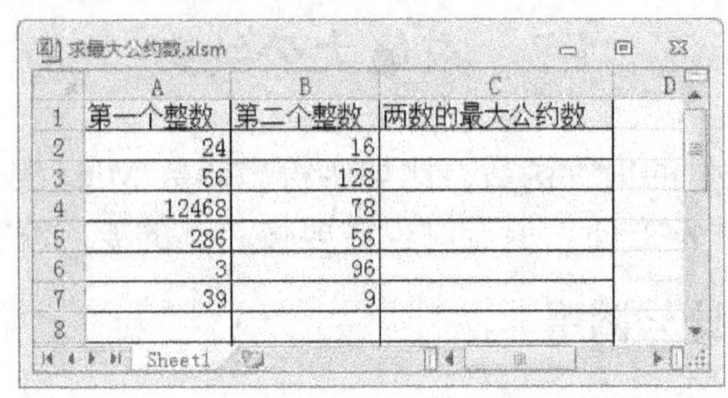

	A	B	C
1	第一个整数	第二个整数	两数的最大公约数
2	24	16	
3	56	128	
4	12468	78	
5	286	56	
6	3	96	
7	39	9	
8			

图 1.10　工作表界面

2．编写自定义函数

进入 VB 编辑器，插入一个模块，编写一个自定义函数 hcf，代码如下：

```
Function hcf(m, n)
  If m < n Then
    t = m: m = n: n = t '让大数在 m、小数在 n 中
  End If
  r = m Mod n            'm 模 n 运算，结果放到 r 中
  Do While r > 0         '辗转相除
    m = n
    n = r
    r = m Mod n
Loop
  hcf = n                '返回最大公约数 n
End Function
```

这个自定义函数的两个形参 m 和 n，为要求最大公约数的两个正整数。

在函数体中，首先对两个形参进行判断，让大数在 m 中、小数在 n 中。其实，这个判断过程是可以省略的，因为即便 m 小于 n，第一轮循环后，m 也会自动与 n 互换位置。

然后，用 m 除以 n 得到余数 r。如果余数 r 大于零，则将原来的除数 n 作为被除数 m，余数 r 作为除数 n，再重复上述过程，直到余数 r=0 为止。此时，除数 n 就是最大公约数，作为

函数值返回。

3．调用自定义函数

函数 hcf 定义后，在当前工作表的 C2 单元格输入公式“=hcf(A2,B2)”，如图 1.11 所示。回车后得到结果 8，即 24 和 16 的最大公约数为 8。

将 C2 单元格的公式向下填充到 C7 单元格，将会得到其余几组数值的最大公约数，如图 1.12 所示。

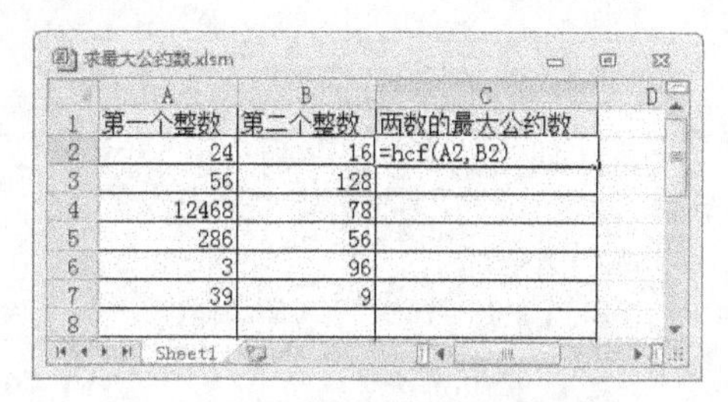

	A	B	C
1	第一个整数	第二个整数	两数的最大公约数
2	24	16	=hcf(A2,B2)
3	56	128	
4	12468	78	
5	286	56	
6	3	96	
7	39	9	

图 1.11　在 C2 单元格输入公式

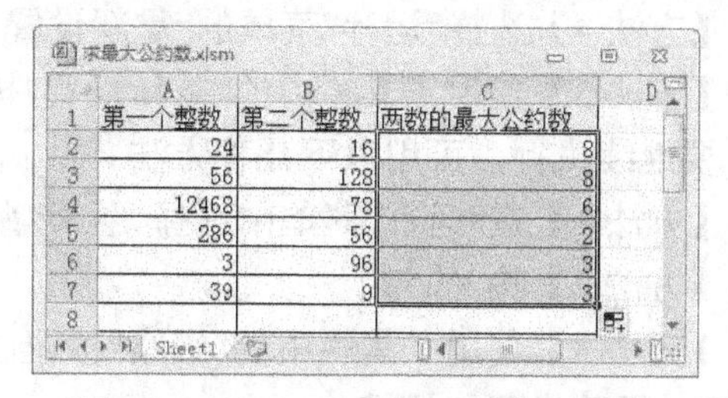

	A	B	C
1	第一个整数	第二个整数	两数的最大公约数
2	24	16	8
3	56	128	8
4	12468	78	6
5	286	56	2
6	3	96	3
7	39	9	3

图 1.12　将 C2 单元格公式填充到 C7

下面，对 Do…Loop 语句作进一步说明。

Do…Loop 语句提供了一种结构化与适应性更强的方法来执行循环。

它有以下两种形式：

```
(1) Do[{While|Until}<条件>]
        [<过程语句>]
        [Exit Do]
        [<过程语句>]
    Loop
(2) Do
        [<过程语句>]
        [Exit Do]
        [<过程语句>]
    Loop [{While|Until}<条件>]
```

上面格式中，While 和 Until 的作用正好相反。使用 While，当<条件>为真时继续循环。使用 Until，当<条件>为真时，结束循环。

把 While 或 Until 放在 Do 子句中，则先判断后执行。把一个 While 或 Until 放在 Loop 子句中，则先执行后判断。

1.7.2　代码调试

1．代码的运行、中断和继续

在 VB 编辑环境中运行一个子程序过程或用户窗体，有以下几种方法：

【方法 1】使用“运行”菜单的“运行子过程/用户窗体”命令。

【方法 2】单击工具栏的“运行子过程/用户窗体”按钮。

【方法 3】用 F5 快捷键。

在执行代码时，可能会由于以下原因而中断执行：

(1) 发生运行时错误。

(2) 遇到一个断点或 Stop 语句时。

(3) 在指定的位置由人工中断执行。

如果要人工中断执行，可用以下几种方法：

【方法 1】选择“运行”菜单的“中断”命令。

【方法 2】用 Ctrl+Break 快捷键。

【方法 3】使用工具栏中的“中断”按钮。

【方法 4】选择“运行”菜单的“重新设置”命令。

【方法 5】使用工具栏中的“重新设置”按钮。

要继续执行，可用以下几种方法：

【方法 1】在“运行”菜单中选择“继续”命令。

【方法 2】按 F5 键。

【方法 3】使用工具栏中的“继续”按钮。

2．跟踪代码的执行

为了分析代码，查找逻辑错误原因，需要跟踪代码的执行。跟踪的方式有以下几种：

(1) 逐语句。跟踪代码的每一行，并逐语句跟踪过程。这样就可查看每个语句对变量的影响。

(2) 逐过程。将每个过程当成单个语句。使用它代替“逐语句”以跳过整个过程调用，而不是进入调用的过程。

(3) 运行到光标处。允许在代码中选定想要中断执行的语句。这样就允许“逐过程”执行代码区段，例如循环。

要跟踪执行代码，可以在“调试”菜单中选择“逐语句”、“逐过程”、“运行到光标处”命令，或使用相应的快捷键 F8、Shift+F8、Ctrl+F8。

在跟踪过程中，只要将鼠标指针移动到任意一个变量名上，就可以看到该变量当时的值，由此分析程序是否有错。也可以选择需要的变量，添加到监视窗口进行监视。

3．设置与清除断点

当我们估计代码的某处可能会有问题存在时，可在特定语句上设置一个断点以中断程序的执行，不需要中断时可以清除断点。

将光标定位在需要设置断点的代码行，然后用以下方法可以设置或清除断点：

【方法 1】在“调试”菜单中选择“切换断点”命令。

【方法 2】按 F9 键。

【方法 3】在对应代码行的左边界标识条上单击鼠标。

添加断点，会在代码行和左边界标识条上设置断点标志。清除断点则标记消失。

如果在一个包含多个语句的(用冒号分隔的)行上面设置一个断点，则中断会发生在程序行的第一个语句。

要清除应用程序中的所有断点，可在“调试”菜单中选择“清除所有断点”命令。

上机实验题目

1. 分别定义 4 个快捷键 Ctrl+1、Ctrl+2、Ctrl+3、Ctrl+4，将 Word 文档当前光标右边的字符改为大写、小写、全角、半角。

2. 在Word中，用VBA编写一个尽可能简短的程序，自动生成一个如图1.13所示的“ASCII码与英文字母对照表”。

65---A	97---a
66---B	98---b
67---C	99---c
68---D	100---d
69---E	101---e
70---F	102---f
71---G	103---g
72---H	104---h
73---I	105---i
74---J	106---j
75---K	107---k
76---L	108---l
77---M	109---m
78---N	110---n
79---O	111---o
80---P	112---p
81---Q	113---q
82---R	114---r
83---S	115---s
84---T	116---t
85---U	117---u
86---V	118---v
87---W	119---w
88---X	120---x
89---Y	121---y
90---Z	122---z

图 1.13　ASCII码与英文字母对照表

3. 在 Excel 中，用 VBA 程序创建一个如图 1.14 所示的“九九”表。

3.制作九九乘法表.xlsm

	A	B	C	D	E	F	G	H	I	J
1		1	2	3	4	5	6	7	8	9
2	1	1*1=1								
3	2	1*2=2	2*2=4							
4	3	1*3=3	2*3=6	3*3=9						
5	4	1*4=4	2*4=8	3*4=12	4*4=16					
6	5	1*5=5	2*5=10	3*5=15	4*5=20	5*5=25				
7	6	1*6=6	2*6=12	3*6=18	4*6=24	5*6=30	6*6=36			
8	7	1*7=7	2*7=14	3*7=21	4*7=28	5*7=35	6*7=42	7*7=49		
9	8	1*8=8	2*8=16	3*8=24	4*8=32	5*8=40	6*8=48	7*8=56	8*8=64	
10	9	1*9=9	2*9=18	3*9=27	4*9=36	5*9=45	6*9=54	7*9=63	8*9=72	9*9=81
11										

方法1　方法2

图 1.14　“九九”表

4. 在 Word 中编写一个 VBA 程序，输出 1000 以内的素数，得到如图 1.15 所示的结果。所谓素数，也叫质数，是大于 1 的自然数，除了 1 和自身外，不能被其他自然数整除。

2 3 5 7 11 13 17 19 23 29 31 37 41 43 47 53 59 61 67 71 73
79 83 89 97 101 103 107 109 113 127 131 137 139 149 151 157 163
167 173 179 181 191 193 197 199 211 223 227 229 233 239 241 251
257 263 269 271 277 281 283 293 307 311 313 317 331 337 347 349
353 359 367 373 379 383 389 397 401 409 419 421 431 433 439 443
449 457 461 463 467 479 487 491 499 503 509 521 523 541 547 557
563 569 571 577 587 593 599 601 607 613 617 619 631 641 643 647
653 659 661 673 677 683 691 701 709 719 727 733 739 743 751 757
761 769 773 787 797 809 811 821 823 827 829 839 853 857 859 863
877 881 883 887 907 911 919 929 937 941 947 953 967 971 977 983
991 997

图 1.15　1000 以内的素数

5. 在 Excel 工作簿中编写程序，将当前工作表第 1 行从指定位置 *m* 开始的 *n* 个数按相反顺序重新排列。例如，原数列为：1，2，3，4，5，6，7，8，9，10，11，12，13，14，15，16，17，18，19，20。从第 5 个数开始，将 10 个数进行逆序排列，则得到新数列为：1，2，3，4，14，13，12，11，10，9，8，7，6，5，15，16，17，18，19，20。

6. 在 Word 中编写程序，输出所有“对等数”。“对等数”是指一个三位数，其各位数字的和与各位数字的积的积等于该数本身。例如：144＝(1+4+4)*(1*4*4)。

7. 编写一个程序，功能是提取字符串中的数字符号。例如，程序运行后输入字符串“abc123edf456gh”，则输出“123456”。

8. 100 匹马驮 100 担货，大马一匹驮 3 担，中马一匹驮 2 担，小马两匹驮 1 担。请编一个程序，求大、中、小马可能的数目。

第2章　在Excel中使用VBA

本章结合若干案例，介绍利用VBA代码对Excel工作簿、工作表、单元格区域和图形的操作方法，以及Excel工作表函数在VBA中的应用。

2.1　将电话号码导入当前工作表

在实际应用中，经常要对 Excel 工作簿、工作表、单元格或单元格区域进行操作。本节先给出一个应用案例，再进一步介绍相关知识。

2.1.1　导入电话号码

在一个工作簿Sheet1工作表的A列有若干个员工姓名，Sheet2工作表的A列有若干个员工姓名、B 列是对应的电话号码。两张工作表的人数不同、顺序不同，同一个人的姓名可能有的中间带有空格，有的没有空格。现在需要利用Sheet2工作表中的信息，填写Sheet1工作表员工的电话号码到B列。

Sheet1工作表的原始内容如图2.1(a)所示，Sheet2工作表的内容如图2.1(b)所示，导入电话号码后的Sheet1工作表内容如图2.1(c)所示。

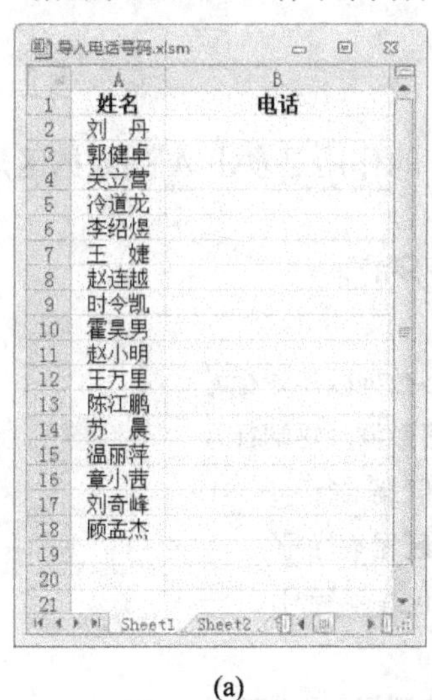
导入电话号码.xlsm

	A	B
1	姓名	电话
2	刘　丹	
3	郭健卓	
4	关立营	
5	冷道龙	
6	李绍煜	
7	王　婕	
8	赵连越	
9	时令凯	
10	霍昊男	
11	赵小明	
12	王万里	
13	陈江鹏	
14	苏　晨	
15	温丽萍	
16	章小茜	
17	刘奇峰	
18	顾孟杰	
19		
20		
21		

Sheet1　Sheet2

(a)

导入电话号码.xlsm

	A	B	C
1	姓　名	电话	
2	杨明远	15994400806	
3	朱立文	15978562311	
4	汪莹	15908067751	
5	关立营	13944445429	
6	霍昊男	13944429817	
7	赵小明	13944428466	
8	章小茜	13944409540	
9	刘丹	13944409076	
10	郭健卓	13844444105	
11	冷道龙	13844418048	
12	于霞	13844418023	
13	时令凯	13844409307	
14	王婕	13844404423	
15	顾孟杰	13843410343	
16	温丽萍	13843405528	
17	雷建宇	13694007599	
18	徐成耀	13694005099	
19	张倩	13694002599	
20	余芝汇	13689738267	
21			

Sheet1　Sheet2

(b)

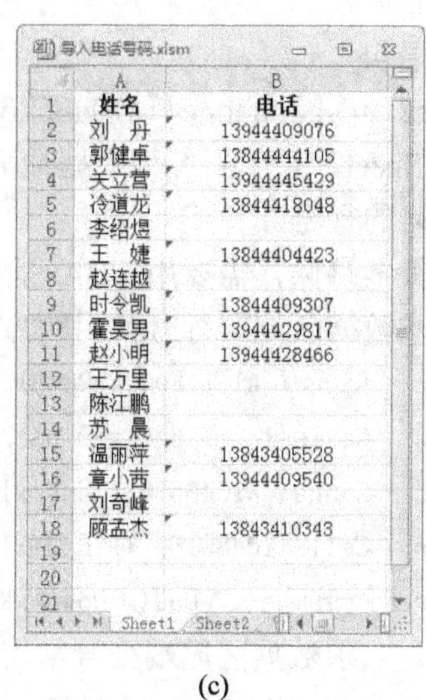
导入电话号码.xlsm

	A	B
1	姓名	电话
2	刘　丹	13944409076
3	郭健卓	13844444105
4	关立营	13944445429
5	冷道龙	13844418048
6	李绍煜	
7	王　婕	13844404423
8	赵连越	
9	时令凯	13844409307
10	霍昊男	13944429817
11	赵小明	13944428466
12	王万里	
13	陈江鹏	
14	苏　晨	
15	温丽萍	13843405528
16	章小茜	13944409540
17	刘奇峰	
18	顾孟杰	13843410343
19		
20		
21		

Sheet1　Sheet2

(c)

图2.1　工作表内容

打开该工作簿，进入VB编辑环境，插入一个模块，在模块中建立如下子程序：

```
Sub 导入电话号()
  Set sh2 = Worksheets("Sheet2")              '将Sheet2工作表用对象变量表示
  r2 = sh2.Range("A1048576").End(xlUp).Row    '求Sheet2工作表A列数据最大行号
```

```
    Worksheets("Sheet1").Activate                '激活 Sheet1 工作表
    r1 = Range("A1048576").End(xlUp).Row         '求 Sheet1 工作表 A 列数据最大行号
    For I = 2 To r1                              '对 Sheet1 工作表按行循环
      xm1 = Replace(Cells(I, 1), " ", "")        '把姓名赋值给变量 xm1(去掉空格)
      For J = 2 To r2                            '对 Sheet2 工作表按行循环
        xm2 = Replace(sh2.Cells(J, 1), " ", "")  '把姓名赋值给变量 xm2(去掉空格)
        If xm2 = xm1 Then                        '姓名相同
          Cells(I, 2) = sh2.Cells(J, 2)          '导入对应的电话号码
          Exit For                               '退出内层循环
        End If
      Next
    Next
End Sub
```

该程序利用双层循环，从 Sheet1 工作表中找出每个人的姓名，然后到 Sheet2 工作表中去匹配，如果得到匹配，就把对应的电话号码复制到 Sheet1 相应的单元格。

其中，用到了内置函数 Replace 把姓名中的空格去掉，再进行比较。

为简化代码，将 Sheet2 工作表用对象变量 sh2 表示。

语句

```
Worksheets("Sheet1").Activate
```

激活 Sheet1 工作表，使之成为当前工作表。

对当前工作表的引用可以不必指明工作表对象，而引用其他工作表时必须指明工作表对象。

语句

```
r2 = sh2.Range("A1048576").End(xlUp).Row
```

求出 Sheet2 工作表 A 列数据最大行号。更确切地说，这条语句的作用是求出 A 列数据区尾端单元格的行号。

很多时候，需要用 VBA 程序求出 Excel 数据区尾端的行号和列号。

求数据区尾端行号常用的方法有以下几种：

```
r = Range("A1").End(xlDown).Row              '求 A1 单元格数据区尾端行号
r = Cells(1, 1).End(xlDown).Row              '求 A1 单元格数据区尾端行号
r = Range("A1048576").End(xlUp).Row          '求 A 列数据区尾端行号
r = Cells(1048576, 1).End(xlUp).Row          '求 A 列数据区尾端行号
r = Columns(1).End(xlDown).Row               '求 A 列数据区尾端行号
```

求数据区尾端列号常用的方法有以下几种：

```
c = Range("A1").End(xlToRight).Column        '求 A1 单元格数据区尾端列号
c = Cells(1, 1).End(xlToRight).Column        '求 A1 单元格数据区尾端列号
c = Cells(1, 16384).End(xlToLeft).Column     '求第 1 行数据区尾端列号
c = Rows(1).End(xlToRight).Column            '求第 1 行数据区尾端列号
```

运行这个子程序，会得到如图 2.1(c)所示的结果，Sheet2 工作表中的电话号码被复制到 Sheet1 工作表 B 列与姓名对应的位置。

2.1.2 工作簿和工作表操作

利用 VBA 代码创建新的工作簿，可使用 Add 方法。

下面这个过程创建一个新的工作簿，系统自动将该工作簿命名为“BookN”，其中“N”是一个序号。新工作簿将成为活动工作簿。

```
Sub AddOne()
  Workbooks.Add
End Sub
```

创建新工作簿时，最好将其分配给一个对象变量，以便控制新工作簿。

下述过程将 Add 方法返回的 Workbook 对象分配给对象变量 NewBook。然后，对 NewBook 进行操作。

```
Sub AddNew()
  Set NewBook = Workbooks.Add
  NewBook.SaveAs Filename:="Test.xls"
End Sub
```

其中，Set 语句用来给对象变量赋值。其语法形式如下：

Set <变量或属性名> = {[New]<对象表达式>|Nothing}

通常在声明时使用 New，以便可以隐式创建对象。如果 New 与 Set 一起使用，则将创建该类的一个新实例。

<对象表达式>是由对象名、所声明的相同对象类型的其他变量或者返回相同对象类型的函数或方法所组成的表达式。

如果选择 Nothing 项，则断开<变量或属性名>与任何指定对象的关联，释放该对象所关联的所有系统及内存资源。

用 Open 方法可以打开一个工作簿，该工作簿将成为 Workbooks 集合的成员。

下述过程打开 D 盘根目录中的 Test.xls 工作簿。

```
Sub OpenUp()
  Workbooks.Open("D:\Test.xls")
End Sub
```

工作簿中每个工作表都有一个编号，它是分配给工作表的连续数字，按工作表标签位置从左到右编排序号。利用编号可以实现对工作表的引用。

下述过程激活当前工作簿上的第 1 张工作表。

```
Sub FirstOne()
  Worksheets(1).Activate
End Sub
```

也可以使用 Sheets 引用工作表。

下述过程激活工作簿中的第 4 张工作表。

```
Sub FourthOne()
  Sheets(4).Activate
End Sub
```

注意： 如果移动、添加或删除工作表，则工作表编号顺序将会更改。

还可以通过名称来标识工作表。

下面这条语句激活工作簿中的 Sheet1 工作表。

```
Worksheets("Sheet1").Activate
```

2.1.3 单元格和区域的引用

在 Excel 中，经常要指定单元格或单元格区域，然后对其进行某些操作，如输入公式、更改格式等。

Range 对象既可表示单个单元格，也可表示单元格区域。下面是表示和处理 Range 对象的常用方法。

1. 用 A1 样式记号引用单元格和区域

Range 对象中有一个 Range 属性。使用 Range 属性可引用 A1 样式的单元格或单元格区域。

下面程序将工作表“Sheet1”中单元格区域 A1:D5 的字体设置为加粗。

```
Sub test()
  Sheets("Sheet1").Range("A1:D5").Font.Bold = True
End Sub
```

表 2.1 给出了使用 Range 属性的 A1 样式引用示例。

表 2.1 使用 Range 属性的 A1 样式引用示例

引用	含义	引用	含义
Range("A1")	单元格 A1	Range("A:C")	从 A 列到 C 列的区域
Range("A1:B5")	从单元格 A1 到单元格 B5 的区域	Range("1:5")	从第 1 行到第 5 行的区域
Range("C5:D9,G9:H16")	多块选定区域	Range("1:1,3:3,8:8")	第 1、3 和 8 行
Range("A:A")	A 列	Range("A:A,C:C,F:F")	A、C 和 F 列
Range("1:1")	第 1 行		

可以用方括号将 A1 引用样式或命名区域括起来，作为 Range 属性的快捷方式。这样就不必键入单词 Range 和引号了。

下面程序用来将工作表“Sheet1”的单元格区域“A1:B5”内容清除。

```
Sub ClearRange()
  Worksheets("Sheet1").[A1:B5].ClearContents
End Sub
```

如果将对象变量设置为 Range 对象，则可通过变量引用单元格区域。

下述过程创建了对象变量 myRange，然后将活动工作簿中 Sheet1 上的单元格区域 A1:D5 赋予该变量。随后的语句用该变量代替该区域对象，填充随机函数值并设置该区域的格式。

```
Sub Random()
  Dim myRange As Range
  Set myRange = Worksheets("Sheet1").Range("A1:D5")
  myRange.Formula = "=RAND()"
  myRange.Font.Bold = True
End Sub
```

2. 用行列编号引用单元格

Range 对象有一个 Cells 属性，该属性返回代表单元格的 Range 对象。可以使用 Cells 属性的行列编号来引用单元格。

在下面程序中，Cells(6,1)返回 Sheet1 上 6 行 1 列单元格(也就是 A6 单元格)，然后将 Value 属性设置为 10。

```
Sub test()
  Worksheets("Sheet1").Cells(6, 1).Value = 10
End Sub
```

下面程序用变量替代行号，在单元格区域中循环处理。将 Sheet1 工作表第 3 列的 1～20 行单元格填入自然数 1～20。

```
Sub test()
  Dim Cnt As Integer
  For Cnt = 1 To 20
    Worksheets("Sheet1").Cells(Cnt, 3).Value = Cnt
  Next Cnt
End Sub
```

如果对工作表应用 Cells 属性时不指定编号，该属性将返回代表工作表上所有单元格的 Range 对象。

下述过程将清除活动工作簿中 Sheet1 上的所有单元格的内容。

```
Sub ClearSheet()
  Worksheets("Sheet1").Cells.ClearContents
End Sub
```

Range 对象也可以由 Cells 属性指定区域。例如，Range(Cells(1,1),Cells(6,6))表示当前工作表从 1 行 1 列到 6 行 6 列所构成的区域。

3. 引用行和列

用 Rows 或 Columns 属性可以引用整行或整列。这两个属性返回代表单元格区域的 Range 对象。

下面程序用 Rows(1)返回 Sheet1 的第 1 行，然后将单元格区域的 Font 对象的 Bold 属性设置为 True。

```
Sub test()
  Worksheets("Sheet1").Rows(1).Font.Bold = True
End Sub
```

表 2.2 列举了 Rows 和 Columns 属性的几种用法。

表 2.2　Rows 和 Columns 属性的应用示例

引用	含义	引用	含义
Rows(1)	第 1 行	Columns("A")	第 1 列
Rows	工作表上所有的行	Columns	工作表上所有的列
Columns(1)	第 1 列		

若要同时处理若干行或列，可创建一个对象变量，并使用 Union 方法将 Rows 或 Columns 属性的多个调用组合起来。

下面程序将活动工作簿中第 1 张工作表上的第 1 行、第 3 行和第 5 行的字体设置为加粗。

```
Sub SeveralRows()
  Dim myUn As Range
  Worksheets("Sheet1").Activate
  Set myUn = Union(Rows(1), Rows(3), Rows(5))
  myUn.Font.Bold = True
End Sub
```

4. 引用命名区域

为了通过名称来引用单元格区域，首先要对区域命名。方法是选定单元格区域后，单击编辑栏左端的名称框，键入名称后，按 Enter 键。

下面程序将当前工作表中名为“AA”的单元格区域内容设置为 30。

```
Sub SetValue()
  [AA].Value = 30
End Sub
```

下面程序用 For Each…Next 循环语句在命名区域中的每一个单元格上循环。如果该区域中的任一单元格的值超过 25，就将该单元格的颜色更改为黄色。

```
Sub ApplyColor()
  For Each c In Range("AA")
    If c.Value >25 Then
       c.Interior.ColorIndex = 27
    End If
  Next c
End Sub
```

For Each…Next 语句针对一个数组或集合中的每个元素(可以把 Excel 工作表区域单元格作为集合的元素)，重复执行一组语句。语法形式如下：

```
For Each <元素> In <集合或数组>
   [<语句组>]
   [Exit For]
   [<语句组>]
Next [<元素>]
```

其中，<元素>是用来遍历集合或数组中所有元素的变量。对于集合来说，<元素>可能是一个 Variant 变量、一个通用对象变量或任何特殊对象变量。对于数组而言，<元素>只能是一个 Variant 变量。

如果集合或数组中至少有一个元素，就会进入 For…Each 的循环体执行。一旦进入循环，便针对集合或数组中每一个元素执行循环体中的所有语句。当集合或数组中的所有元素都执行完了，便会退出循环，执行 Next 之后的语句。

循环体中，可以在任何位置放置 Exit For 语句，退出循环。

5. 相对引用与多区域引用

处理相对于某个单元格的另一个单元格，常用方法是使用 Offset 属性。

下面程序将位于活动工作表上活动单元格下 1 行和右 3 列的单元格设置为双下划线格式。

```
Sub Underline()
  ActiveCell.Offset(1, 3).Font.Underline = xlDouble
End Sub
```

通过在两个或多个引用之间放置逗号，可使用 Range 属性来引用多个单元格区域。

下面过程清除当前工作表上 3 个区域的内容。

```
Sub ClearRanges()
  Range("C5:D9,G9:H16,B14:D18").ClearContents
End Sub
```

假如上述 3 个区域分别被命名为 MyRange、YourRange 和 HisRange，则也可用下面语句清除当前工作表这 3 个区域的内容。

```
Range("MyRange,YourRange,HisRange").ClearContents
```

用 Union 方法可将多个单元格区域组合到一个 Range 对象中。

下面的过程创建了名为 myMR 的 Range 对象，并将其定义为单元格区域 A1:B2 和 C3:D4 的组合，然后将该组合区域的字体设置为加粗。

```
Sub MRange()
  Dim r1, r2, myMR As Range
  Set r1 = Sheets("Sheet1").Range("A1:B2")
  Set r2 = Sheets("Sheet1").Range("C3:D4")
  Set myMR = Union(r1, r2)
  myMR.Font.Bold = True
End Sub
```

可以用 Areas 属性引用选定的区域或区域集合。

下述过程计算选定区域中的数目，如果有多个区域，就显示提示信息。

```
Sub FindM()
  If Selection.Areas.Count > 1 Then
    MsgBox "请不要选择多个区域！"
  End If
End Sub
```

2.2 自动生成年历

本节先给出一个自动生成年历的应用案例，然后再进一步介绍用 VBA 程序对 Excel 单元格和区域的进行操作的有关技术，包括选定和激活单元格、处理活动单元格、在区域中循环、处理三维区域等内容。

2.2.1 界面与程序

下面给出一个在 Excel 中生成年历的程序，它可为任意指定的年份生成完整的年历，如图 2.2 所示。

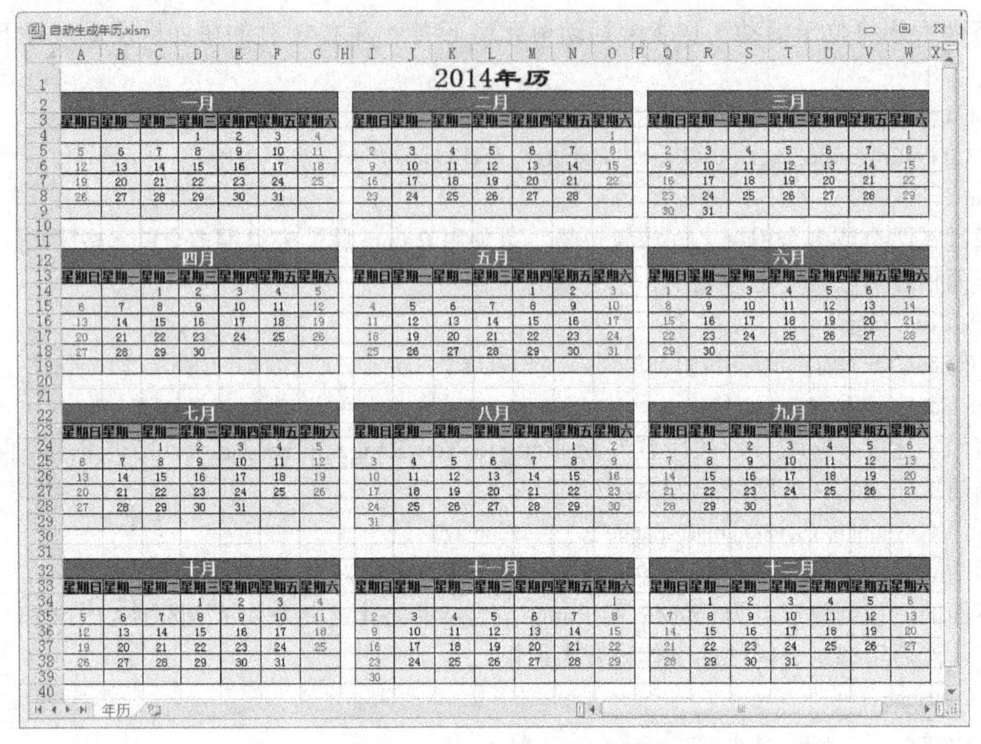

图 2.2　在 Excel 中生成的年历

首先，创建一个 Excel 工作簿，在任意一个工作表中，按图 2.2 样式设置单元格区域的字体、字号、字体颜色、填充颜色、边框、列宽、行高等格式。

然后，进入 VB 编辑环境，插入一个模块，在模块中编写一个子程序“生成年历”，代码如下：

```
Sub 生成年历()
  '指定年份
  y = InputBox("请指定一个年份：")
  '清除原有内容
  Range("1:1,4:11,14:21,24:31,34:41").ClearContents
  '设置标题
  Cells(1, 1) = y & "年历"
  '存放每个月的天数到数组 dm(下标从 0 开始)
  Dim dm As Variant
  dm = Array(31, 28, 31, 30, 31, 30, 31, 31, 30, 31, 30, 31)
  '处理闰年，修正 2 月份天数
  If ((y Mod 400 = 0) Or (y Mod 4 = 0 And y Mod 100 <> 0)) Then
    dm(1) = 29
  End If
  For m = 0 To 11
    '计算每月第一天的星期数(1 日、2 一、3 二、4 三、5 四、6 五、7 六)
    d = DateSerial(y, m + 1, 1)
```

```
        w = Weekday(d)
        '计算每月起始的行号和列号
        r = (m \ 3) * 10 + 4
        c = (m Mod 3) * 8
        '排出一个月的日期
        For d = 1 To dm(m)
          Cells(r, c + w) = d
          w = w + 1
          If w > 7 Then
            w = 1
            r = r + 1
          End If
        Next
      Next
    End Sub
```

这个程序首先用 InputBox 函数输入一个年份送给变量 y，清除表格中原有的内容，设置年历标题。然后存放每个月的天数到数组 dm(下标从 0 开始)，如果是闰年，修正 2 月份天数为 29。最后用循环语句填充 12 个月的数据到相应的单元格。

在填充每个月的数据时，先用函数 DateSerial 生成该月第一天的日期型数据，用函数 Weekday 计算该日期是星期几，保存到变量 w 中。这里用 1 表示星期日、2 表示星期一、3 表示星期二、4 表示星期三、5 表示星期四、6 表示星期五、7 表示星期六。然后计算该月份数据在工作表中的起始行号和列号，并根据起始行、列号和变量 w 的值依次填写该月的日期。

2.2.2 单元格和区域的操作

下面介绍一些用 VBA 程序对 Excel 单元格和区域进行操作的技术。

1．选定和激活单元格

使用 Excel 时，有时要选定单元格或区域，然后执行某一操作。如设置单元格的格式或在单元格中输入数值等。

用 Select 方法可以选中工作表和工作表上的对象，而 Selection 属性返回代表活动工作表上的当前选定的区域对象。

宏录制器经常创建使用 Select 方法和 Selection 属性的宏。下述子程序过程是用宏录制器创建的，其作用是在工作表 Sheet1 的 A1 和 B1 单元格输入文字“姓名”和“地址”，并设置为粗体。

```
Sub 宏1()
    Sheets("Sheet1").Select
    Range("A1").Select
    ActiveCell.FormulaR1C1 = "姓名"
    Range("B1").Select
    ActiveCell.FormulaR1C1 = "地址"
    Range("A1:B1").Select
```

```
    Selection.Font.Bold = True
End Sub
```

完成同样的任务，也可以使用下面过程：

```
Sub Labels()
  With Worksheets("Sheet1")
    .Range("A1") = "姓名"
    .Range("B1") = "地址"
    .Range("A1:B1").Font.Bold = True
  End With
End Sub
```

第二种方法没有选定工作表或单元格，因而效率更高。

在 VBA 程序中，使用单元格之前，既可以先选中它们，也可以不经选中而直接进行某些操作。

例如，要用 VBA 程序在单元格 D8 中输入公式，不必先选定单元格 D8，而只需将 Range 对象的 Formula 属性设置为所需的公式。代码如下：

```
Sub EnterFormula()
  Range("D8").Formula = "=SUM(D1:D7)"
End Sub
```

可用 Activate 方法激活工作表或单元格。

下述过程选定了一个单元格区域，然后激活该区域内的一个单元格，但并不改变选定区域。

```
Sub MakeActive()
  Worksheets("Sheet1").Activate
  Range("A1:D4").Select
  Range("B2").Activate
End Sub
```

2．处理活动单元格

ActiveCell 属性返回代表活动单元格的 Range 对象。可对活动单元格应用 Range 对象的任何属性和方法。例如，语句

```
ActiveCell.Value = 35
```

将当前工作表活动单元格的内容设置为 35。

下述过程激活 Sheet1 工作表，并使单元格 B5 成为活动单元格，然后将其字体设置为加粗。

```
Sub SetA()
  Worksheets("Sheet1").Activate
  Range("B5").Activate
  ActiveCell.Font.Bold = True
End Sub
```

注：选定工作表或区域用 Select 方法，激活工作表或单元格用 Activate 方法。

下述过程在选定区域内的活动单元格中插入文本，然后通过 Offset 属性将活动单元格右移一列，但并不更改选定区域。

```
Sub MoveA()
  Range("A1:D10").Select
  ActiveCell.Value = "姓名"
  ActiveCell.Offset(0, 1).Activate
End Sub
```

下面程序将选定区域扩充到与活动单元格相邻的包含数据的单元格中。其中，CurrentRegion 属性返回由空白行和空白列所包围的单元格区域。

```
Sub Region()
  ActiveCell.CurrentRegion.Select
End Sub
```

3. 在区域中循环

在 VBA 程序中，经常需要对区域内的每个单元格进行同样的操作。为达到这一目的，可使用循环语句。

在单元格区域中循环的一种方法是将 For…Next 循环语句与 Cells 属性配合使用。使用 Cells 属性时，可用循环计数器或其他表达式来替代单元格的行、列编号。

下面过程在单元格区域 C1:C20 中循环，将所有绝对值小于 10 的数字都设置红色。其中用变量 cnt 代替行号。

```
Sub test()
  For cnt = 1 To 20
    Set curc = Worksheets("sheet1").Cells(cnt, 3)              '设置对象变量
    curc.Font.ColorIndex = 0                                   '先置成黑色
    If Abs(curc.Value) < 10 Then curc.Font.ColorIndex = 3      '若小于 10 则改成红色
  Next cnt
End Sub
```

在单元格区域中循环的另一种简便方法是使用 For Each…Next 循环语句和由 Range 属性指定的单元格集合。

下述过程在单元格区域 A1:D10 中循环，将所有绝对值小于 10 的数字都设置为红色。

```
Sub test()
  For Each c In Worksheets("Sheet1").Range("A1:D10")
    If Abs(c.Value) < 10 Then c.Font.ColorIndex = 3
  Next
End Sub
```

如果不知道要循环的区域边界，可用 CurrentRegion 属性返回活动单元格周围的数据区域。

下述过程在当前工作表上运行时，将在活动单元格周围的数据区域内循环，将所有绝对值小于 10 的数字都设置为红色。

```
Sub test()
  For Each c In ActiveCell.CurrentRegion
    If Abs(c.Value) < 10 Then c.Font.ColorIndex = 3
  Next
End Sub
```

4．处理三维区域

如果要处理若干个工作表上相同位置的单元格区域，可用 Array 函数选定多张工作表。

下面过程设置三维单元格区域的边框格式。

```
Sub FmSheets()
  Sheets(Array("Sheet2", "Sheet3", "Sheet5")).Select
  Range("A1:H1").Select
  Selection.Borders(xlBottom).LineStyle = xlDouble
End Sub
```

下面过程用 FillAcrossSheets 方法，在活动工作簿中，将 Sheet2 上指定区域的格式和内容复制到该工作簿中所有工作表上的相应区域中。

```
Sub FillAll()
  Worksheets.FillAcrossSheets (Worksheets("Sheet2").Range("A1:H1"))
End Sub
```

5．区域控制与引用

在 Excel 工作表的任意单元格区域中输入一些数据，构成一个数据区，如图 2.3 所示。数据区的大小和内容不限，图中给出的只是用于测试的数据。

进入 VB 编辑环境，插入一个模块，建立如下子程序：

```
Sub test()
  Set Rng = ActiveSheet.UsedRange
  Rng.Select
  Rng.Offset(1, 1).Select
  Rng(6).Select
  n1 = Rng(1).Address
  n2 = Rng.Rows(1).Cells(Rng.Columns.Count).Address(0, 0)
  n3 = Rng.Columns(1).Cells(Rng.Rows.Count).Address(0, 1)
  n4 = Rng(Rng.Count).Address(0, 0)
End Sub
```

单步执行每一条语句，对照工作表的数据区，检查变量的值，可以了解每一条语句的作用。

在这个子程序中，首先将当前工作表所有包含数据的区域用对象变量 Rng 表示，然后选中这个数据区。

语句 Rng.Offset(1, 1).Select 将区域 Rng 向右下方偏移 1 行 1 列并选中，实现区域漂移。结果如图 2.4 所示。

姓名	基础工资	基础津贴	合计
员工1	1170	501.4	1671.4
员工2	995	426.4	1421.4
员工3	877	375.9	1252.9
员工4	748	320.6	1068.6
员工5	705	302.1	1007.1
员工6	705	302.1	1007.1
员工7	705	302.1	1007.1
员工8	657	281.6	938.6
员工9	657	281	938
员工10	651	281.6	932.6

图 2.3　工作表中的数据区

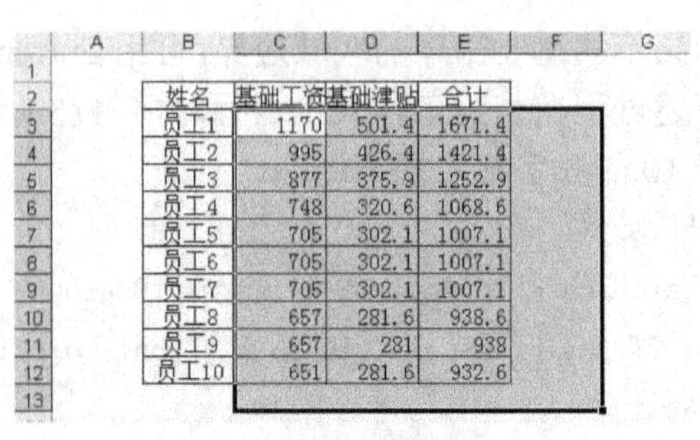

姓名	基础工资	基础津贴	合计
员工1	1170	501.4	1671.4
员工2	995	426.4	1421.4
员工3	877	375.9	1252.9
员工4	748	320.6	1068.6
员工5	705	302.1	1007.1
员工6	705	302.1	1007.1
员工7	705	302.1	1007.1
员工8	657	281.6	938.6
员工9	657	281	938
员工10	651	281.6	932.6

图 2.4　区域漂移结果

语句 Rng(6).Select 用来选中区域 Rng 中第 6 个单元格，也就是 C3 单元格。

Rng(1).Address 求出区域中 Rng 第一个单元格的绝对地址，结果为B2。

Rng.Rows(1).Cells(Rng.Columns.Count).Address(0, 0)求出区域中第一行最后一个单元格的相对地址，结果为 E2。其中，Rng.Columns.Count 求出区域 Rng 的列数。

Rng.Columns(1).Cells(Rng.Rows.Count).Address(0, 1)求出区域中第一列最后一个单元格的地址(行相对、列绝对)，结果为$B12。其中，Rng.Rows.Count 求出区域 Rng 的行数。

Rng(Rng.Count).Address(0, 0)求出区域中最后一个单元格的相对地址，结果为 E12。其中，Rng.Count 求出区域 Rng 的单元格个数。

2.3 多元一次方程组求解

本节先介绍在 VBA 程序中使用 Excel 工作表函数的方法。然后在 Excel 中设计一个应用软件，用来求多元一次方程组的解。最后讨论代码优化和保护问题。

2.3.1 在 VBA 中使用 Excel 工作表函数

Excel 的工作簿函数，在 VBA 中叫工作表函数(WorksheetFunction)，这两个概念的涵义相同。但通常在 VBA 代码中叫工作表函数，直接在编辑栏输入则叫工作簿函数。

在 VBA 程序中，可以使用大多数 Excel 工作簿函数。各函数功能、参数和用法等详细内容可参考帮助信息。

1．在 VBA 中调用工作表函数

在 VBA 程序中，通过 WorksheetFunction 对象可使用 Excel 工作表函数。

下述过程使用 Min 工作表函数求出某个区域中的最小值。

```
Sub UF()
  Set myR = Worksheets("Sheet1").Range("A1:C10")
  answer = WorksheetFunction.Min(myR)
  MsgBox answer
End Sub
```

在这段程序中，用对象变量 myR 表示 Sheet1 工作表上 A1:C10 单元格区域。设置另一个变量 answer 为对区域 myR 应用 Min 工作表函数的结果。最后将 answer 的值显示在消息框中。

注意： VBA 函数和 Excel 工作表函数可能同名，但作用和引用方式是不同的。例如：工作表函数 Log 和 VBA 函数 Log 是两个不同的函数。

2．在单元格中插入工作表函数

若要在单元格中插入工作表函数，需指定函数作为相应的 Range 对象的 Formula 属性值。

以下程序将 RAND 工作表函数(可生成随机数)赋给了活动工作簿 Sheet1 上 A1:B3 区域的 Formula 属性。

```
Sub Fml()
  Worksheets("Sheet1").Range("A1:B3").Formula = "=RAND()"
End Sub
```

2.3.2 工作表界面初始化

对于任意一个多元一次联立方程组，我们可以把它分为三部分：系数矩阵 a、向量 b、解向量 x。比如，二元一次联立方程式

$$\begin{cases}X+Y=16\\2X+4Y=40\end{cases}$$

的系数矩阵 a、向量 b、解向量 x 如图 2.5 所示。

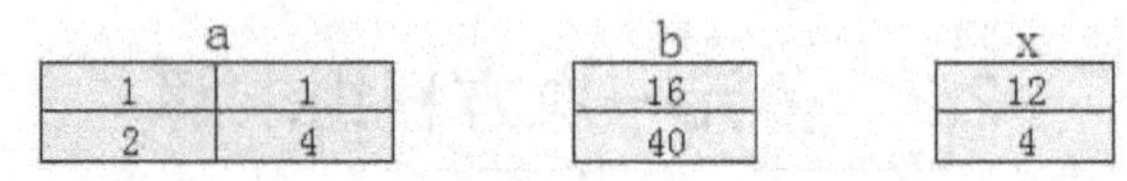

图 2.5　系数矩阵 a、向量 b、解向量 x

为了便于输入任意一个多元一次联立方程组的系数矩阵 a、向量 b，输出解向量 x，我们需要在 Excel 工作表中设置单元格区域、清除原有数据，并进行必要的属性设置。可用下面的初始化子程序实现：

```
Sub init()
  '指定阶数 n
  n = InputBox("请输入方程组的阶数：")
  '清除工作表内容和背景颜色
  Cells.ClearContents
  Cells.Interior.ColorIndex = xlNone
  '设置系数矩阵标题及背景颜色
  Cells(1, 1) = "A1"
  Cells(1, 2) = "A2"
  rg = "A1:" & Chr(64 + n) & 1
  Cells(1, 1).AutoFill Destination:=Range(rg)
  Range(rg).Interior.ColorIndex = 33
  '设置向量 B 标题及背景颜色
  Cells(1, n + 1) = "B"
  Cells(1, n + 1).Interior.ColorIndex = 46
  '设置解向量 X 标题及背景颜色
  Cells(1, n + 2) = "X"
  Cells(1, n + 2).Interior.ColorIndex = 43
  '设置系数矩阵区域背景颜色
  rg_a = "A2:" & Chr(64 + n) & (n + 1)
  Range(rg_a).Interior.ColorIndex = 35
  '设置向量 B 区域背景颜色
  rg_b = Chr(64 + n + 1) & "2:" & Chr(64 + n + 1) & (n + 1)
  Range(rg_b).Interior.ColorIndex = 36
```

```
  '设置解向量X区域背景颜色
  rg_x = Chr(64 + n + 2) & "2:" & Chr(64 + n + 2) & (n + 1)
  Range(rg_x).Interior.ColorIndex = 34
End Sub
```

这个子程序首先用 InputBox 函数指定方程的阶数给变量 n，清除工作表所有内容和背景颜色。然后设置系数矩阵 a、向量 b、解向量 x 标题及背景颜色。最后设置系数矩阵 a 区域、向量 b 区域、解向量 x 区域背景颜色。其中用到了 AutoFill 方法进行序列数据自动填充。比如，当指定方程的阶数为 4 时，得到的界面如图 2.6 所示。

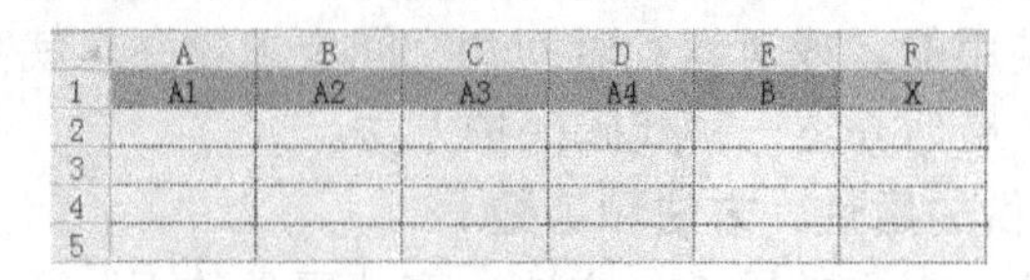

图 2.6　指定方程的阶数为 4 时的界面

2.3.3　求解方程组程序设计

求解的原理很简单：先计算系数矩阵 a 的逆矩阵，再与向量 b 进行矩阵相乘就得到了向量 x。而矩阵求逆和相乘的功能可分别由工作表函数 MInverse 和 MMult 直接完成。

为了实现对任意一个多元一次方程组求解，还需要考虑方程组无解的情况，这可以通过检查系数矩阵的行列式值是否为零来判断。矩阵行列式求值可由工作表函数 MDeterm 来完成。

求解方程组子程序的具体代码如下：

```
Sub calc()
  n = Range("A1").End(xlDown).Row - 1                    '方程的阶数
  rg_a = "A2:" & Chr(64 + n) & (n + 1)                   '系数矩阵区域
  rg_b = Chr(64 + n + 1) & "2:" & Chr(64 + n + 1) & (n + 1)      '向量B区域
  rg_x = Chr(64 + n + 2) & "2:" & Chr(64 + n + 2) & (n + 1)      '解向量X区域
  a = WorksheetFunction.MDeterm(Range(rg_a))             '求矩阵行列式的值
  If a = 0 Then
    MsgBox "方程组无解！"
  Else
    b = WorksheetFunction.MInverse(Range(rg_a))          '求矩阵的逆矩阵
    c = WorksheetFunction.MMult(b, Range(rg_b))          '求两矩阵乘积
    Range(rg_x).Value = c
  End If
End Sub
```

该程序首先根据当前工作表有效数据区的行号求出方程的阶数 n，确定系数矩阵 a、向量 b、解向量 x 所对应的单元格区域 rg_a、rg_b 和 rg_x。然后分别用工作表函数 MDeterm、MInverse 和 MMult 求矩阵行列式的值、逆矩阵和两矩阵乘积。最后将结果填写到解向量 x 对应的区域。

程序运行后的结果如图 2.7 和图 2.8 所示。

	A	B	C	D	E	F
1	A1	A2	A3	A4	B	X
2	1	1	1	1	5	1
3	1	2	-1	4	-2	2
4	2	-3	-1	-5	-2	3
5	3	1	2	11	0	-1

图 2.7　程序运行结果之一

	A	B	C	D
1	A1	A2	B	X
2	1	1	16	12
3	2	4	40	4

图 2.8　程序运行结果之二

2.3.4　代码优化与保护

VBA 是非常灵活的编程语言，完成同样一个任务可以有多种方法，而不同实现方法的程序，运行效率差别可能是很大的。初学时或编写一次性使用的程序，只需完成特定功能即可。但如果解决方案是频繁使用的，或对运行时间和空间要求较高，就需要优化代码。下面先给出代码优化的几点建议，最后介绍一种代码保护方法。

1．尽量使用系统提供的属性、方法和函数

Office 对象有上百个，对象的属性、方法、事件更是数不胜数，对于初学者来说不可能对它们全部了解，因此不能很好地利用这些对象的属性、方法和函数，而另外编写 VBA 代码段实现相同的功能。自编代码段一般要比原有对象的属性、方法和函数完成任务的效率低。

例如，用 Range 的属性 CurrentRegion 来返回 Range 对象，该对象代表当前区域。同样功能的 VBA 代码需数十行。

充分利用 Worksheet 函数是简化代码和提高程序运行速度的有效的方法。

假设在 Excel 工作表的 A1 到 A1000 单元格中输入了 1000 个职工的工资金额，为了求出这些职工的平均工资，可用下面子程序段实现：

```
Sub 方法 1()
  For Each C In Worksheets(1).Range("A1:A1000")
    TT = TT + C.Value
  Next
  Avl = TT / Worksheets(1).Range("A1:A1000").Rows.Count
  MsgBox ("平均工资是:" & Avl)
End Sub
```

但用下面程序要快得多，而且会自动排除无效数据。

```
Sub 方法 2()
  Avl = WorksheetFunction.Average(Range("A1:A1000"))
  MsgBox ("平均工资是:" & Avl)
End Sub
```

2．尽量减少使用对象引用

每个对象的属性、方法的调用都需要通过 OLE 接口的一个或多个调用，这些 OLE 调用都是需要时间的，减少使用对象引用能加快 VBA 代码的运行。

比较下面两个子程序：

```
Sub test1()
  Workbooks(1).Sheets(1).Range("A1:A1000").Font.Name = "Pay"
  Workbooks(1).Sheets(1).Range("A1:A1000").Font.FontStyle = "Bold"
End Sub
```

和

```
Sub test2()
  With Workbooks(1).Sheets(1).Range("A1:A1000").Font
    .Name = "Pay"
    .FontStyle = "Bold"
  End With
End Sub
```

子程序 test1 引用对象 Workbooks(1).Sheets(1).Range("A1:A1000").Font 两次，而子程序 test2 只引用该对象一次，因而效率更高。

如果一个对象引用被多次使用，则可以将此对象用 Set 设置为对象变量，以减少对对象的访问次数。

下面两行代码

```
Workbooks(1).Sheets(1).Range("A1").Value = 100
Workbooks(1).Sheets(1).Range("A2").Value = 200
```

改为

```
Set MySheet = Workbooks(1).Sheets(1)
MySheet.Range("A1").Value = 100
MySheet.Range("A2").Value = 200
```

则效率更高。

在循环中要尽量减少对象的访问。

下面程序段

```
For k = 1 To 1000
  Sheets("Sheet1").Select
  Cells(k, 1).Value = Cells(1, 1).Value
Next k
```

改为

```
Sheets("Sheet1").Select
TheValue = Cells(1, 1).Value
For k = 1 To 1000
  Cells(k, 1).Value = TheValue
Next k
```

则效果更好。

3. 减少对象的激活和选择

通过录制宏方法得到的 VBA 代码，会包含大量的对象激活和选择操作。但实际上大多数情况下这些操作不是必需的。

以下三行代码

```
Sheets("Sheet3").Select
Range("A1").Value = 100
Range("A2").Value = 200
```

改为

```
With Sheets("Sheet3")
```

```
    .Range("A1").Value = 100
    .Range("A2").Value = 200
End With
```

由于省略了对象的选择操作，效率会更高。

4．关闭屏幕更新

关闭屏幕更新是提高 VBA 程序运行速度的最有效的方法。关闭屏幕更新的语句是：

```
Application.ScreenUpdating = False
```

要恢复屏幕更新，可使用下面语句：

```
Application.ScreenUpdating = True
```

5．变量的使用

使用 Variant 变量很方便，但 VBA 处理 Variant 变量值比处理显式类型变量需要更多的时间。使用显式变量会牺牲掉灵活性，可能会遇到溢出问题，而使用 Variant 变量则能自动处理这种情况。

对于对象及其方法、属性的引用可以在编译或运行时完成。在编译时完成，程序的运行速度比运行时完成要快。如果将变量声明为特定的对象类型，如 Range 或 Worksheet，VBA 在编译时就完成对这些对象属性和方法的引用，这叫做事前连接(Early Binding)。

如果使用通用的 Object 数据类型声明变量，VBA 只能在运行时才完成对属性和方法的引用，这叫做事后连接(Late Binding)，会导致运行速度降低。

6．代码的保护

代码保护是为了防止他人随意读取或修改源程序代码，保护软件开发人员的知识成果。不想让软件使用者查看和修改程序代码，可采取以下方法：

进入 VB 编辑环境，打开“工程资源管理器”窗口，用鼠标右击工程(VBAProject),在弹出菜单中选择“VBAProject 属性”命令，在“VBAProject 工程属性”对话框的“保护”选项卡中，选中“查看时锁定工程”复选框，然后输入并确认“查看工程属性的密码”，最后单击“确定”按钮，保存当前工作簿并退出。

再次打开工作簿时，要查看或者修改程序代码，必须输入正确的密码。

2.4 创建动态三维图表

本节先给出一个创建动态三维图表的例子，然后介绍用 VBA 程序在 Excel 中处理图形对象的有关技术。

2.4.1 动态三维图表的实现

建立一个 Excel 工作簿，在第 1 张工作表中输入如图 2.9 所示的数据。

	A	B	C	D
1				
2				
3	年度	食品	服装	电器
4	2008年	3454	5554	6677
5	2009年	3450	4575	5678
6	2010年	4565	7667	8766
7	2011年	4557	6832	8766
8	2012年	5766	6543	9011
9	2013年	6900	7676	8766

图 2.9　创建图表所需的数据区

选中 A3:D9 区域，在“插入”选项卡“图表”组中，单击“柱形图”下拉箭头，选择“三维柱形图”，将图表插入到当前工作表，如图 2.10 所示。

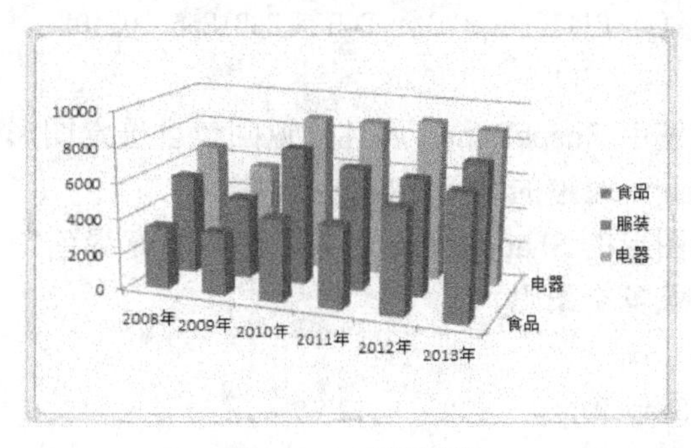

图 2.10　三维图表

进入 VB 编辑环境，编写如下子程序：

```
Sub 动态效果()
  Set Gbj = Sheets(1).ChartObjects(1).Chart
  RoSpeed = 0.3                          '设置步长
  For k = 0 To 35 Step RoSpeed           '正向旋转
    Gbj.Rotation = k: DoEvents
  Next
  For k = 0 To 45 Step RoSpeed           '正向仰角
    Gbj.Elevation = k: DoEvents
  Next
  For k = 35 To 0 Step RoSpeed * -1      '反向旋转
    Gbj.Rotation = k: DoEvents
  Next
  For k = 45 To 0 Step RoSpeed * -1      '反向仰角
    Gbj.Elevation = k: DoEvents
  Next
End Sub
```

这段程序首先将第 1 张工作表中第 1 个图表的图表区赋值给对象变量 Gbj，设置一个步长值给变量 RoSpeed。然后分别用循环语句控制图表区进行正向旋转、正向仰角、反向旋转、反向仰角变换。其中 DoEvents 语句的作用是让出系统控制权，达到动态刷新图表的目的。

运行这个子程序将会看到图表的动态变化效果。

2.4.2　处理图形对象

图形对象包括三种类型：Shapes 集合、ShapeRange 集合和 Shape 对象。

通常情况下，用 Shapes 集合可创建和管理图形，用 Shape 对象可修改单个图形或设置属性，用 ShapeRange 集合可同时管理多个图形。

若要设置图形的属性，必须先返回代表一组相关图形属性的对象，然后设置对象的属性。

下面程序使用 Fill 属性返回 FillFormat 对象，该对象包含指定的图表或图形的填充格式属性。然后再设置 FillFormat 对象的 ForeColor 属性来设置指定图形的前景色。

```
Sub test()
  Worksheets(1).Shapes(1).Fill.ForeColor.RGB = RGB(255, 0, 0)
End Sub
```

通过选定图形，然后使用 ShapeRange 属性来返回包含选定图形的 ShapeRange 对象，可创建包含工作表上所有 Shape 对象的 ShapeRange 对象。

下面程序创建选定的图形的 ShapeRange 对象，然后填充绿色。

注意：要先选中一个或多个图形。

```
Sub test()
  Set sr = Selection.ShapeRange
  sr.Fill.ForeColor.SchemeColor = 17
End Sub
```

假设在 Excel 当前工作簿的第一张工作表上建立了两个图形，并分别命名为“Spa”和“Spb”。下面程序在工作表上构造包含图形“Spa”和“Spb”的图形区域，并对这两个图形应用渐变填充格式。

```
Sub test()
  Set myD = Worksheets(1)
  Set myR = myD.Shapes.Range(Array("Spa", "Spb"))
  myR.Fill.PresetGradient msoGradientHorizontal, 1, msoGradientBrass
End Sub
```

在 Shapes 集合或 ShapeRange 集合中循环，也可以对集合中的单个 Shape 对象进行处理。

下面程序在当前工作簿的第一张工作表上对所有图形进行循环，更改每个自选图形的前景色。

```
Sub test()
  Set myD = Worksheets(1)
  For Each sh In myD.Shapes
    If sh.Type = msoAutoShape Then
        sh.Fill.ForeColor.RGB = RGB(255, 0, 0)
    End If
  Next
End Sub
```

下面程序对当前活动窗口中所有选定的图形构造一个 ShapeRange 集合，并设置每个选定图形的填充色。注意：事先要选中一个或多个图形。

```
Sub test()
  For Each sh In ActiveWindow.Selection.ShapeRange
    sh.Fill.Visible = msoTrue
    sh.Fill.Solid
    sh.Fill.ForeColor.SchemeColor = 57
  Next
End Sub
```

2.5 在 Excel 状态栏中显示进度条

利用 Excel 的状态栏，可以制作动态的进度条。将这一技术应用到软件当中，能够直观地显示工作进度，以便改善用户长时间等待的心理状态。

创建一个 Excel 工作簿，保存为“在 Excel 状态栏中显示进度条.xlsm”。

进入 Excel 的 VB 编辑环境，在当前工程中插入一个模块，在模块中编写一个子程序“显示进度”，代码如下：

```
Sub 显示进度()
  wtm = "当前进度："
  kk = "◇◇◇◇◇◇◇◇◇◇◇◇◇◇◇◇◇◇◇◇◇◇◇◇◇◇◇◇◇◇"
  sk = "◆◆◆◆◆◆◆◆◆◆◆◆◆◆◆◆◆◆◆◆◆◆◆◆◆◆◆◆◆◆"
  ck = Len(kk)                              '进度条长度
  n = 65536                                 '循环次数
  m = n \ ck                                '每循环 m 次，刷新进度条 1 次
  For k = 1 To n                            '循环
    Cells(k, 1) = Rnd                       '模拟要执行的操作
    If k Mod m = 0 Then                     'k 为 m 的整数倍
      c = k \ m                             '进度格数量
      p = Left(sk, c) & Right(kk, ck - c)   '调整进度格
      Application.StatusBar = wtm & p       '更改系统状态栏的显示
    End If
  Next
  Application.StatusBar = False             '恢复系统状态栏
  Columns(1).Clear                          '清除模拟操作的数据
End Sub
```

这个子程序首先用变量 wtm 保存字符串“当前进度：”。定义两个变量 kk 和 sk，分别保存由空心菱形块和实心菱形块组成的字符串，并求出字符串的长度 ck。

然后，用变量 n 表示循环次数，变量 m 表示经过多少次循环才刷新一次进度条，用 For 语句进行 n 次循环。

每次循环除了模拟要执行的操作外，还要判断 k 能否被 m 整除。若 k 能被 m 整除，即 k 为 m 的整数倍，则求出进度条应有的实心菱形块数量，从 sk 和 kk 字符串左右两边分别取出一定数量的字符，拼成新的字符串用 p 表示，并将 p 与变量 wtm 的值拼接后显示在系统的状态栏上。

最后，恢复系统状态栏，清除模拟操作的数据。

为便于测试，我们在“开发工具”选项卡的“控件”组中，单击“插入”下拉箭头，在 Excel 当前工作表中添加一个按钮(窗体控件)，设置按钮文字为“显示进度”。然后在按钮上单击鼠标右键，在快捷菜单中选择“指定宏”命令，将子程序“显示进度”指定给按钮。

单击“显示进度”按钮，会看到 Excel 状态栏上动态的进度条，如图 2.11 所示。

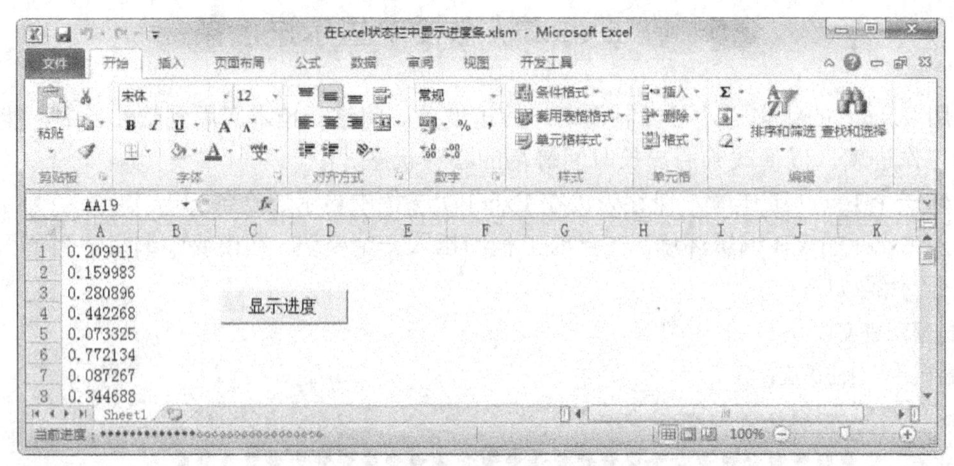

图 2.11　Excel 状态栏上的进度条

2.6　区号邮编查询

本节介绍一个用 Excel 的高级筛选功能和 VBA 程序实现的区号邮编查询工具。涉及的主要技术包括：高级筛选功能的利用，模糊查询的实现，查询结果的刷新。

1．工作表设计

建立一个 Excel 工作簿，保存为“用高级筛选实现区号邮编查询.xlsm”。在工作簿中保留 Sheet1 工作表，删除其余工作表。

在 Sheet1 工作表中，单击左上角的行号、列标交叉处，选中所有单元格，填充背景色为“白色”。

选中 A～D 列，设置虚线边框、水平居中对齐方式，调整适当的列宽。

选中 C～D 列，在快捷菜单中选择“设置单元格格式”命令。在“设置单元格格式”对话框的“数字”选项卡中，选择“文本”项，单击“确定”按钮，设置数字为文本格式，将数字作为文本处理。

选中 A1:D1 单元格区域，在“开始”选项卡的“对齐方式”组中，单击“合并后居中”按钮，将多个单元格合并，内容居中对齐。输入文字“条件区”，设置适当的字体、字号、颜色。

在第 2 行的 A～D 列，填充背景色为“浅蓝”，输入列标志“省”、“市”、“区号”、“邮编”。

选中 A4:D5 单元格区域，取消左、右和中间边框线。

合并 A5:D5 单元格。输入文字“数据区”，设置适当的字体、字号、颜色。

将 A2:D2 单元格的内容和格式复制到 A6:D6 区域，得到同样的列标志。

在网上获取全国各省、市(县)的区号和邮编数据，导入或粘贴到当前工作表 A7 开始的区域。

最后得到如图 2.12 所示的工作表界面与数据。

2．高级筛选

设计这样的工作表界面是为了使用 Excel 的高级筛选功能，对数据区中的数据分别按省、市、区号、邮编进行筛选，从而达到查询目的。

用高级筛选实现区号邮编查询.xlsm

	A	B	C	D
1	条件区			
2	省	市	区号	邮编
3				
4				
5	数据区			
6	省	市	区号	邮编
7	北京	北京	010	100000
8	北京	通县	010	101100
9	北京	昌平	010	102200
10	北京	大兴	010	102600
11	北京	密云	010	101500
12	北京	延庆	010	102100
13	北京	顺义	010	101300
14	北京	怀柔	010	101400
15	北京	平台	010	101200
16	上海	上海	021	200000
17	上海	上海县	021	201100
18	上海	嘉定	021	201800
19	上海	松江	021	201600
20	上海	南汇	021	201300

Sheet1

图 2.12　工作表界面与数据

比如，在条件区列标志“市”下面的一行中键入“张”字。然后在“数据”选项卡的“排序和筛选”组中选择“高级”命令，在如图 2.13 所示的“高级筛选”对话框中指定列表区域为 A6:D2325，条件区域为 A2:D3，方式为“在原有区域显示筛选结果”。单击“确定”按钮后，将会得到如图 2.14 所示的筛选结果。

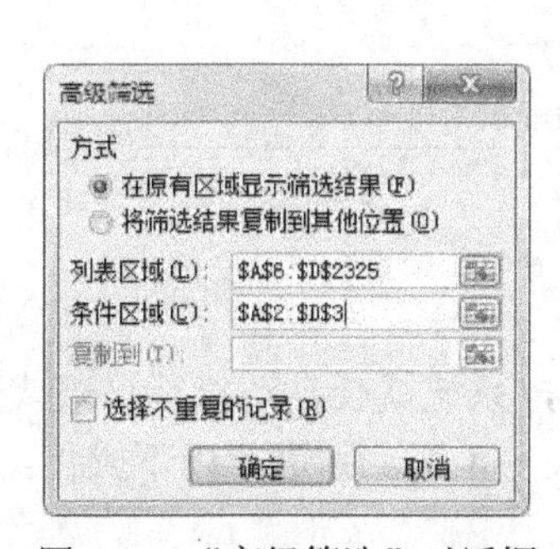

图 2.13　“高级筛选”对话框

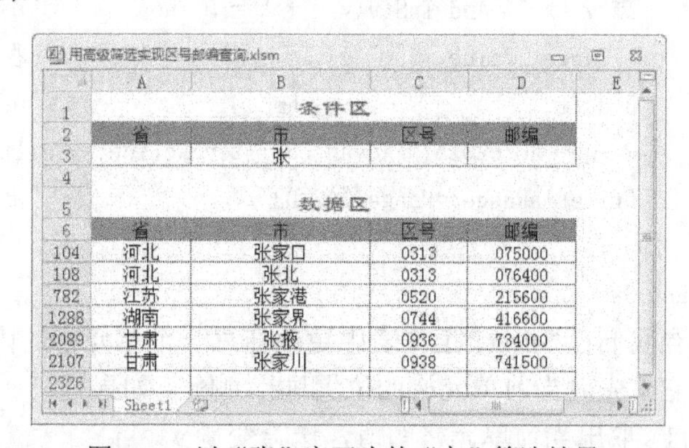

用高级筛选实现区号邮编查询.xlsm

	A	B	C	D
1	条件区			
2	省	市	区号	邮编
3		张		
4				
5	数据区			
6	省	市	区号	邮编
104	河北	张家口	0313	075000
108	河北	张北	0313	076400
782	江苏	张家港	0520	215600
1288	湖南	张家界	0744	416600
2089	甘肃	张掖	0936	734000
2107	甘肃	张家川	0938	741500
2326				

Sheet1

图 2.14　以“张”字开头的“市”筛选结果

在条件区列标志“市”下面的单元格中将“张”改为“家”，重新在“数据”选项卡的“排序和筛选”组中选择“高级”命令，用同样的列表区域和条件区域进行筛选。我们会发现没有满足条件的记录，也就是说，以“家”字开头的“市”名不存在。

而在“家”字的前面添加一个通配符“*”，再用同样的方式进行筛选，则会得到“市”名当中包含“家”字的筛选结果，如图 2.15 所示。

在此基础上，在条件区列标志“邮编”下面的单元格中键入“*6”，并用同样的方式进行筛选，则会得到“市”名当中包含“家”字，并且“邮编”当中包含数字“6”的筛选结果，如图 2.16 所示。

经以上实验和分析，我们发现在条件区对应的列标志下输入通配符和关键词，可以利用高级筛选功能实现查询。但要想得到新的筛选结果，需要重新执行高级筛选功能。而用手工操作效率低，不够实用。

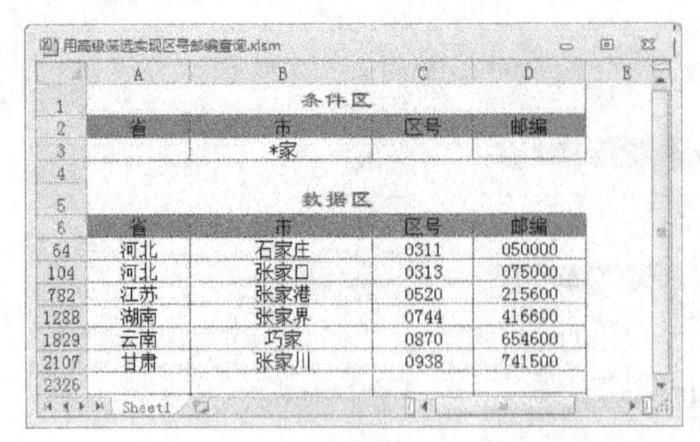

图 2.15 “市”名当中包含“家”字的筛选结果

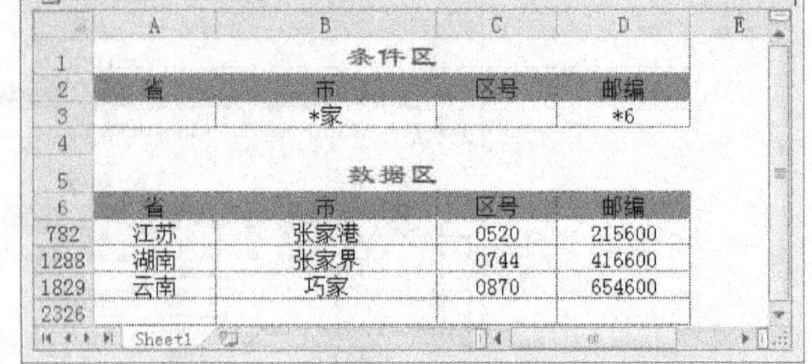

图 2.16 同时满足两个条件的筛选结果

如果用 VBA 程序自动执行高级筛选功能，实用性将会大大提高。

下面我们就来编写这个程序。

3．程序设计

进入 VB 编辑环境，在当前工程中，用鼠标双击 Microsoft Excel 对象的 Sheet1 工作表。在代码编辑区上方的“对象”下拉列表中选择 Worksheet，在“过程”下拉列表中选择 Change，对工作表的 Change 事件编写如下代码：

```
Private Sub Worksheet_Change(ByVal Target As Range)
  If Target.Row = 3 And Target.Column <= 4 Then '第 3 行的 1-4 列单元格内容改变
    v = Target.Value                              '取出当前单元格的值
    If v <> "" And InStr(v, "*") = 0 Then         '不空，并且不包含“*”
      Target.Value = "*" & v                      '在前面添加“*”
    End If
    Range("A6:D2325").AdvancedFilter Action:=xlFilterInPlace, _
    CriteriaRange:=Range("A2:D3")                 '高级筛选
  End If
End Sub
```

当我们在 Sheet1 工作表中更改任意一个单元格的内容时，系统就会自动执行这段代码。

它首先对当前单元格的位置进行判断，如果是第 3 行的 1～4 列，则进行以下操作：

(1) 取出当前单元格的值，送给变量 v。

(2) 如果 v 的值不为空，并且不包含“*”，则在前面添加一个“*”，重新填写到当前单元格。也就是，在输入的关键词前面自动添加一个通配符，以实现模糊查询。

(3) 用 AdvancedFilter 方法进行高级筛选。指定列表区域为 A6:D2325，条件区域为 A2:D3，在原有区域显示筛选结果。达到按指定的一个或多个关键词模糊查找的目的。

4．进行查询

打开工作簿文件“用高级筛选实现区号邮编查询.xlsm”。

在条件区列标志“市”下面的 B3 单元格输入一个汉字“张”，回车后，该单元格的内容被自动改为“*张”，在数据区中得到与图 2.14 相同的筛选结果。

将 B3 单元格的内容改为“家”，回车后，该单元格的内容被自动改为“*家”，在数据区中得到与图 2.15 相同的筛选结果。

在此基础上，在条件区列标志“邮编”下面的 D3 单元格中输入一个数字“6”，回车后，该单元格的内容被自动改为“*6”，在数据区中得到与图 2.16 相同的筛选结果。

这种方法与手工进行高级筛选结果相同，但操作简便、高效，更加实用。

比如，要查询“农安县”的区号和邮编，只需在 B3 单元格输入“农安”二字，回车即可。要查询区号为“0434”省市和邮编，只需在 C3 单元格输入“0434”，回车后即可得到需要的结果。

2.7　考试座位随机编排

在学生考试期间，通常需要随机安排座位。本节我们将在 Excel 中，用 VBA 程序实现随机排座。

1．工作表设计

创建一个 Excel 工作薄，保存为“考试座位随机编排.xlsm”。保留两个工作表，分别重新命名为“学生名单”、“随机座位”。

在“学生名单”工作表中，选择全部单元格，设置背景颜色为“白色”。

选中 A～D 列，设置虚线边框。

在第 1 行的 A～D 列输入表格标题，设置背景颜色为“浅绿”。

设置 C 列的数字为文本格式。

在 C、D 列输入若干个用于测试的学生学号和姓名。得到如图 2.17 所示的工作表界面和数据。

在“随机座位”工作表中，选择全部单元格，设置背景颜色为“白色”。

选中 B3:E8 单元格区域，设置虚线边框。

合并 B2:E2 单元格，输入“讲台”二字，设置背景颜色为“浅蓝”。在 Excel 功能区“开发工具”选项卡的“控件”组中，单击“插入”下拉箭头，在工作表中放置一个按钮(窗体控件)，设置标题为“重新排座”，得到如图 2.18 所示的教室座位布局。

图 2.17　“学生名单”工作表界面和数据

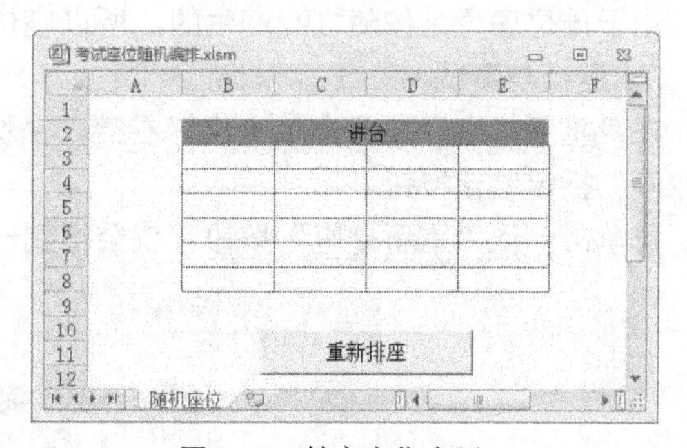

图 2.18　教室座位布局

2．VBA 程序设计

进入 VB 编辑环境，插入一个模块，在模块中编写一个子程序，代码如下：

```
Sub 重新排座()
  Set Rng = ActiveSheet.UsedRange          '用对象变量表示当前工作表已使用的区域
  rn = Rng.Rows.Count                      '求区域的行数
```

```
    cn = Rng.Columns.Count                         '求区域的列数
    Rng.Cells(cn + 1).Resize(rn - 1, cn).ClearContents '清除区域中原有的内容
    Set sh = Sheets("学生名单")                     '将"学生名单"工作表用变量 sh 表示
    rm = sh.Range("D1048576").End(xlUp).Row '求 sh 工作表有效数据最大行号
    For r = 2 To rm                                '向 sh 工作表第 2、1 列填写随机数和公式
      sh.Cells(r, 2) = Rnd
      sh.Cells(r, 1).Formula = "=RANK(B" & r & ",$B$2:$B$" & rm & ")"
    Next
    For k = 1 To rm - 1                            '向区域中标题行之后的单元格填写公式
      Rng.Cells(cn + k).Formula = "=VLOOKUP(" & k & ",学生名单!A:D,4,)"
    Next
End Sub
```

在这个子程序中，首先用对象变量 Rng 表示当前工作表已使用的区域，也就是教室座位布局区域。求出该区域的行、列数，分别用变量 rn 和 cn 表示。然后进行以下操作：

(1) 在区域 Rng 中，清除标题行之后的原有内容。区域 Rng 中，标题行占 cn 个单元格，从第 cn+1 个单元格开始的 rn-1 行 cn 列为具体的座位区。

(2) 对“学生名单”工作表，从第 2 行到最后一个数据行，在第 2 列用 Rnd 函数填写随机数，第 1 列填写公式，通过工作表函数 RANK 求出该行 B 列单元格的数字在整个 B 列数据区中的排位。为便于引用，将“学生名单”工作表用变量 sh 表示，工作表 D 列有效数据最大行号用变量 rm 表示。

(3) 用 For 循环语句，向区域 Rng 标题行之后的 rm-1 个单元格填写公式，通过 VLOOKUP 函数求出排位序号为 k 的学生姓名，填写到区域 Rng 第 cn+k 个单元格中。

VLOOKUP 函数用来在“学生名单”工作表的 A 列分别查找排位序号 1、2、3、……，返回 D 列对应的学生姓名。向区域 Rng 第 5 个单元格填写排位序号为 1 的学生姓名，第 6 个单元格填写排位序号为 2 的学生姓名……。

由于排位序号是按随机数产生的，所以座位的排列也是随机的。

3．运行与测试

在“重新排座”按钮上单击鼠标右键，在快捷菜单中选择“指定宏”项，将子程序“重新排座”指定给该按钮。

每单击一次“重新排座”按钮，就会得到一个新的随机排座结果，如图 2.19 所示。

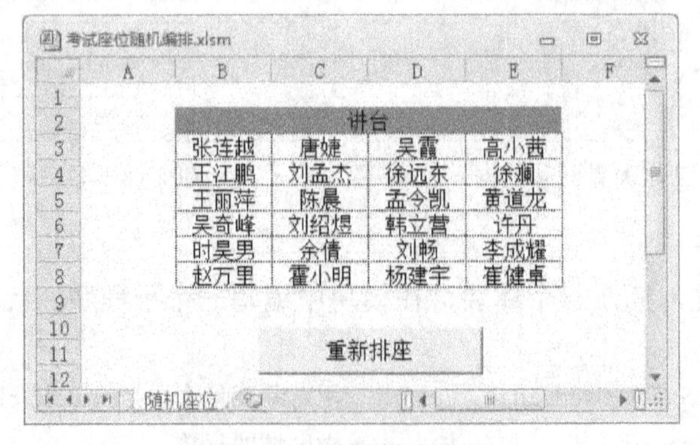

图 2.19　随机排座结果

这种方法的最大优点是适应性强。教室座位布局区域增、删行列，“学生名单”工作表中增、减学生人数，程序都能自动适应。

2.8 计算退休日期、距退休时间

在一个 Excel 工作表中，有如图 2.20 所示的员工信息。我们的任务是：

(1) 根据每个人的出生日期计算并填写“退休日期”。按国家目前有关规定，退休年龄为：男 60 周岁、女 55 周岁。

(2) 根据当前日期和退休日期，计算并填写每位员工“距退休时间”，用“×年×个月×天”的形式表达。如果达到或超过退休日期，则填写“已退休×年×个月×天”字样，并在相应的单元格中填充特殊颜色。

计算退休日期、距退休时间.xlsm

	A	B	C	D	E
1	姓名	性别	出生日期	退休日期	距退休时间
2	员工1	男	1952/6/28		
3	员工2	男	1956/3/25		
4	员工3	男	1936/5/31		
5	员工4	男	1949/1/6		
6	员工5	女	1984/6/8		
7	员工6	女	1958/9/13		
8	员工7	女	1977/10/17		
9	员工8	女	1952/8/6		
10	员工9	女	1950/10/17		
11	员工10	女	1955/2/7		
12	员工11	女	1970/12/31		
13	员工12	男	1949/2/17		
14	员工13	男	1949/9/29		
15	员工14	男	1955/10/19		
16	员工15	女	1953/9/28		
17	员工16	男	1958/5/17		
18	员工17	女	1952/2/17		
19	员工18	男	1949/10/19		
20	员工19	男	1949/10/17		
21	员工20	男	1949/12/17		

Sheet1

图 2.20 员工信息表

下面给出用 VBA 程序实现的方法。

这种方法的主要技术包括：日期数据格式的转换，日期数据的拆分与合并，从日期差数据中求出年数、月数和天数。

1. 工作表设计

创建一个 Excel 工作簿，保存为“计算退休日期、距退休时间.xlsm”。

删除 Sheet2、Sheet3 工作表，保留 Sheet1 工作表。

在 Sheet1 工作表中，设计一个表格，输入若干用于测试的员工信息(姓名、性别、出生日期)。

其中，C、D 列单元格数字设置为日期格式。A～E 设置“虚线”边框，水平居中对齐。表格的标题部分填充“浅绿”颜色，其余部分填充“白色”。设置适当的字体、字号、列宽和行高。

在 F2 单元格输入文字“当前日期”，在 F3 单元格输入公式“=TODAY()”。

在 Excel 功能区“开发工具”选项卡的“控件”组中，单击“插入”下拉箭头，在工作表中放置两个按钮(窗体控件)，标题分别为“计算”和“清除”，用来执行相应的子程序。

最后得到如图 2.21 所示的工作表界面和测试数据。

姓名	性别	出生日期	退休日期	距退休时间
员工1	男	1952/6/28		
员工2	男	1956/3/25		
员工3	男	1936/5/31		
员工4	男	1949/1/6		
员工5	女	1984/6/8		
员工6	女	1958/9/13		
员工7	女	1977/10/17		
员工8	女	1952/8/6		
员工9	女	1950/10/17		
员工10	女	1955/2/7		
员工11	女	1970/12/31		
员工12	男	1949/2/17		
员工13	男	1949/9/29		
员工14	男	1955/10/19		
员工15	女	1953/9/28		
员工16	男	1958/5/17		
员工17	女	1952/2/17		
员工18	男	1949/10/19		
员工19	男	1949/10/17		
员工20	男	1949/12/17		

图 2.21　工作表界面和测试数据

2.“计算”子程序

进入 VB 编辑环境，插入一个“模块 1”，编写一个子程序“计算”，代码如下：

```
Sub 计算()
  rm = Range("C1048576").End(xlUp).Row        '求数据区最大行号
  For r = 2 To rm                              '从第 2 行到最后一行循环
    xb = Cells(r, 2)                           '性别
    sr = WorksheetFunction.Text(Cells(r, 3), "yyyymmdd") '出生日期转换为文本
    n = IIf(xb = "男", 60, 55)                 '根据性别确定退休年龄
    y = Left(sr, 4) + n                        '退休年
    m = Mid(sr, 5, 2)                          '出生月
    d = Right(sr, 2)                           '出生日
    tr = DateSerial(y, m, d) + 1               '退休日期
    Cells(r, 4) = tr                           '填写退休日期
    md = DateSerial(Year(Date), Month(tr), Day(tr))  '当前年、退休月日
    If Date < tr Then                          '当前日期小于退休日期
      dt1 = Date                               '当前日期
      dt2 = tr                                 '退休日期
      qz = ""                                  '距退休时间字符串前缀
      ts = 2                                   '填充颜色(白色)
      xz = IIf(md < Date, 1, 0)                '年份修正值
    Else                                       '当前日期大于或等于退休日期
      dt2 = Date                               '当前日期
      dt1 = tr                                 '退休日期
      qz = "已退休"                            '距退休时间字符串前缀
      ts = 35                                  '填充颜色(浅绿色)
      xz = IIf(md > Date, 1, 0)                '年份修正值
    End If
```

```
    zn = DateDiff("yyyy", dt1, dt2) - xz      '日期差(年数)
    ys = IIf(zn <= 0, "", zn & "年")           '退休年字符串
    m1 = DateDiff("m", dt1, dt2)              '日期差(月数)
    dt3 = DateAdd("m", m1, dt1)               'dt1 加上月数得到 dt3
    dd = DateDiff("d", dt3, dt2)              '不足一个月的剩余天数
    If dd < 0 Then
      m1 = m1 - 1                             '调整月数
      dt3 = DateAdd("m", m1, dt1)             '重新计算 dt3
      dd = DateDiff("d", dt3, dt2)            '重新计算剩余天数
    End If
    mm = m1 - Val(ys) * 12                    '不足一年的剩余月数
    ms = IIf(mm = 0, "", mm & "个月")          '剩余月数字符串
    ds = IIf(dd = 0, "", dd & "天")            '剩余天数字符串
    Cells(r, 5) = qz & ys & ms & ds           '填写“距退休时间”字符串
    Cells(r, 5).Interior.ColorIndex = ts      '填充颜色
  Next
End Sub
```

这个子程序先求出 C 列有效数据的最大行号，然后用 For 语句从第 2 行到最后一个数据行进行如下操作：

(1) 从第 2 列单元格取出员工的性别信息，根据性别确定退休年龄为 60 或 55。

(2) 从第 3 列单元格取出员工的出生日期数据，用工作表函数 Text 将其转换为“yyyymmdd”格式的文本，分解出年、月、日，用出生年份加上退休年龄得到退休年份。用 DateSerial 函数将退休年份与出生月、日合并，得到退休日期，填写到第 4 列单元格，同时送给变量 tr。

(3) 用 DateSerial 函数，将系统当前年份与退休月、日合并得到一个日期，用变量 md 表示。

(4) 如果当前日期小于退休日期，则将当前日期作为起始日期送给变量 dt1，退休日期作为截止日期送给变量 dt2，距退休时间字符串前缀变量 qz 设置为空串，单元格要填充的颜色值 2(白色)送给变量 ts，根据日期 md 是否小于当前日期，设置年份修正值变量为 1 或 0。

(5) 如果当前日期大于或等于退休日期，则将当前日期作为截止日期送给变量 dt2，退休日期作为起始日期送给变量 dt1，距退休时间字符串前缀变量 qz 设置为“已退休”，单元格要填充的颜色值 35(浅绿色)送给变量 ts，根据日期 md 是否大于当前日期，设置年份修正值变量为 1 或 0。

(6) 用 DateDiff 函数求出截止日期 dt2 减去起始日期 dt1 的日期差，再减去年份修正值 1 或 0，得到距退休或已退休的年数 zn。根据 zn 是否小于等于零，设置变量 ys 的值为空串或“×年”。

(7) 用 DateDiff 函数求出截止日期 dt2 减去起始日期 dt1 相差的月数送给变量 m1。用 DateAdd 函数将起始日期 dt1 加上月数 m1 得到一个日期 dt3。再用 DateDiff 函数求出截止日期 dt2 与日期 dt3 相差的天数，也就是不足一个月的剩余天数。若剩余天数为负数，则将月数 m1 减去 1，在重新计算 dt3 和剩余天数，以保证剩余天数为正数。

(8) 求出不足一年的剩余月数，并根据其值是否为零，设置变量 ms 的值为空串或“×个

月”。根据不足一个月的剩余天数是否为零，设置变量 ds 的值为空串或“×天”。

(9) 在第 5 列单元格填写“距退休时间”字符串，并填充单元格背景颜色值 ts(白色或浅绿色)。在“距退休时间”字符串中，年数、月数、天数当中的任意一项为零，则省略该项。例如：“0 年 9 个月 11 天”表示为“9 个月 11 天”，“23 年 0 个月 0 天”表示为“23 年”，“0 年 8 个月 0 天”表示为“8 个月”。

3.“清除”子程序

在“模块 1”中编写一个子程序“清除”，代码如下：

```
Sub 清除()
  rm = Range("C1048576").End(xlUp).Row          '求数据区最大行号
  With Cells(2, 4).Resize(rm, 2)                '清除结果数据、背景颜色
    .ClearContents
    .Interior.ColorIndex = 2
  End With
End Sub
```

这个子程序先求出 C 列有效数据的最大行号送给变量 rm，然后对 2 行 4 列单元格开始的 rm 行、2 列单元格区域清除内容、设置背景颜色为“白色”。

4. 运行程序

在工作表中，用鼠标右键单击“计算”按钮，在快捷菜单中选择“指定宏”命令，将“计算”子程序指定给该按钮。用同样的方法将“清除”子程序指定给对应的按钮。

单击“计算”按钮，将会得到如图 2.22 所示的结果。

计算退休日期、距退休时间.xlsm

	A	B	C	D	E	F
1	姓名	性别	出生日期	退休日期	距退休时间	
2	员工1	男	1952/6/28	2012/6/29	已退休1年8个月18天	当前日期
3	员工2	男	1956/3/25	2016/3/26	2年8天	2014/3/18
4	员工3	男	1936/5/31	1996/6/1	已退休17年9个月17天	
5	员工4	男	1949/1/6	2009/1/7	已退休5年2个月11天	计算
6	员工5	女	1984/6/8	2039/6/9	25年2个月22天	
7	员工6	女	1958/9/13	2013/9/14	已退休6个月4天	
8	员工7	女	1977/10/17	2032/10/18	18年7个月	清除
9	员工8	女	1952/8/6	2007/8/7	已退休6年7个月11天	
10	员工9	女	1950/10/17	2005/10/18	已退休8年5个月	
11	员工10	女	1955/2/7	2010/2/8	已退休4年1个月10天	
12	员工11	女	1970/12/31	2026/1/1	11年9个月14天	
13	员工12	男	1949/2/17	2009/2/18	已退休5年1个月	
14	员工13	男	1949/9/29	2009/9/30	已退休4年5个月18天	
15	员工14	男	1955/10/19	2015/10/20	1年7个月2天	
16	员工15	女	1953/9/28	2008/9/29	已退休5年5个月18天	
17	员工16	男	1958/5/17	2018/5/18	4年2个月	
18	员工17	女	1952/2/17	2007/2/18	已退休7年1个月	
19	员工18	男	1949/10/19	2009/10/20	已退休4年4个月26天	
20	员工19	男	1949/10/17	2009/10/18	已退休4年5个月	
21	员工20	男	1949/12/17	2009/12/18	已退休4年3个月	

Sheet1

图 2.22　程序运行结果

单击“清除”按钮，清除计算结果和单元格背景颜色，恢复到如图 2.21 所示的界面。

上机实验题目

1. 在 Excel 工作表 Sheet1 的 A 列有数千行文本信息，但内容不够紧凑且有许多重复和无用的信息，如图 2.23 所示。请编写 VBA 程序，进行如下信息整理：

(1) 删除所有空白行；

(2) 删除内容重复的相邻行；

(3) 删除带有“研究方向”字样的行；

(4) 对带有“招生机构”字样的单元格填充颜色。

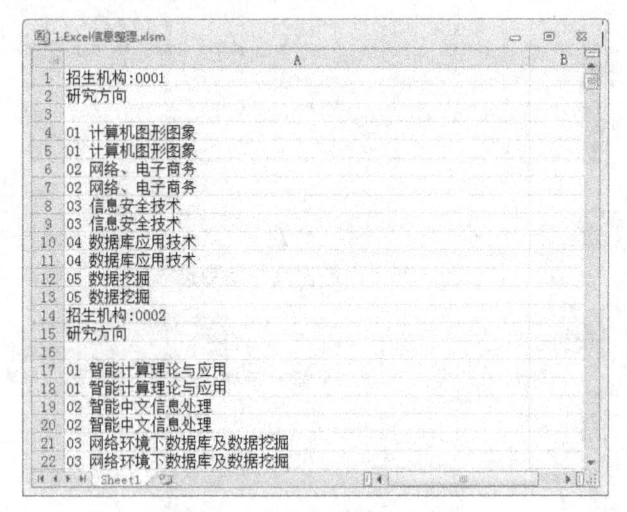

图 2.23　工作表中的文本信息

2. 在 Excel 工作表中，设计如图 2.24 所示的界面。然后，编写一个求任意一元二次方程根的子程序并指给“求解”按钮，编写一个清除方程系数和根的子程序并指定给“清除”按钮。

例如，输入方程的系数为 5、8、6，单击“求解”按钮，应得到如图 2.25 所示的结果。单击“清除”按钮，界面恢复到图 2.24 的情形。

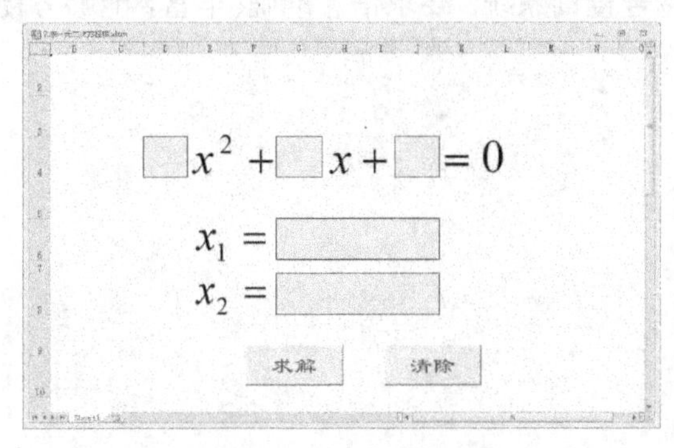

图 2.24　工作表界面

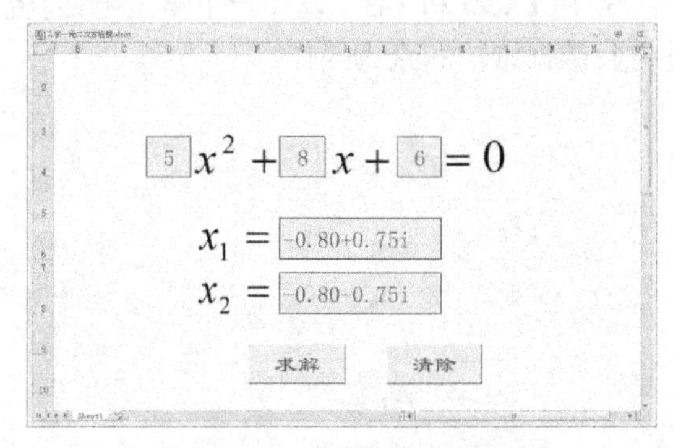

图 2.25　方程求解后的界面

3. 利用 Excel 工作表界面设计一个四则运算测验软件。要求能自动随机给出运算符、操作数，每次出 10 道题，每题 10 分，根据答案的正误评定分数。

4. 假设在 Excel 工作表中已经输入了如图 2.26 所示的问卷调查原始数据，请编写一个 VBA 程序，统计出所有问卷中每一道题选 A、B、C、D 数量，得到如图 2.27 所示的结果。

5. 设计一个 Excel 表格，表格中包含“姓名”、“性别”、“出生日期”、“年龄”、“身份证地址”和“身份证号”6 项。请编写 VBA 程序，根据每个人的身份证号，自动填写“性别”、“年龄”、“出生日期”、“身份证地址”信息。

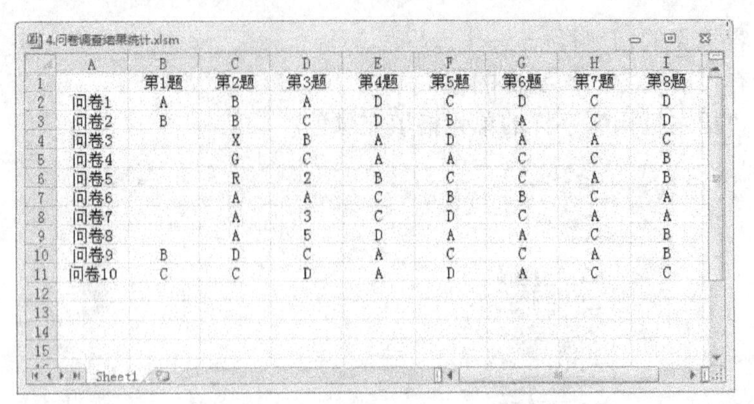

	第1题	第2题	第3题	第4题	第5题	第6题	第7题	第8题
问卷1	A	B	A	D	C	D	C	D
问卷2	B	B	C	D	B	A	C	D
问卷3		X	B	A	D	A	A	C
问卷4		G	C	A	A	C	C	B
问卷5		R	2	B	C	C	A	B
问卷6		A	A	C	B	B	C	A
问卷7		A	3	C	D	C	A	A
问卷8		A	5	D	A	A	C	B
问卷9	B	D	C	A	C	C	A	B
问卷10	C	C	D	A	D	A	C	C

图 2.26　问卷调查原始数据

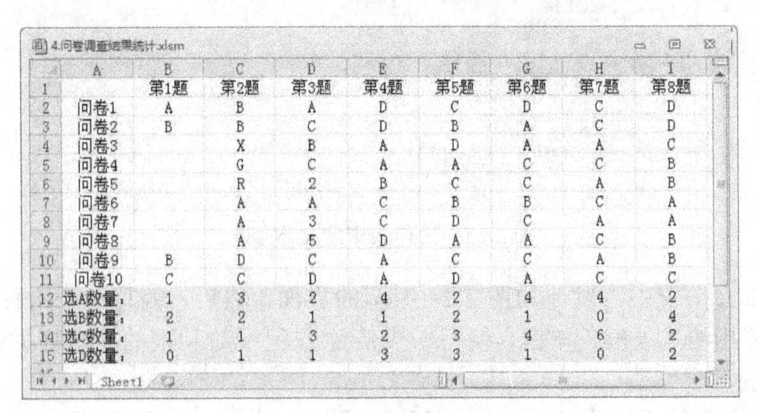

	第1题	第2题	第3题	第4题	第5题	第6题	第7题	第8题
问卷1	A	B	A	D	C	D	C	D
问卷2	B	B	C	D	B	A	C	D
问卷3		X	B	A	D	A	A	C
问卷4		G	C	A	A	C	C	B
问卷5		R	2	B	C	C	A	B
问卷6		A	A	C	B	B	C	A
问卷7		A	3	C	D	C	A	A
问卷8		A	5	D	A	A	C	B
问卷9	B	D	C	A	C	C	A	B
问卷10	C	C	D	A	D	A	C	C
选A数量：	1	3	2	4	2	4	4	2
选B数量：	2	2	1	1	2	1	0	4
选C数量：	1	1	3	2	3	4	6	2
选D数量：	0	1	1	3	3	1	0	2

图 2.27　问卷调查统计结果

6. 用 Excel 和 VBA 设计一个学生电话、寝室号查询系统。要求信息准确、丰富，能够方便地进行数据维护和查询操作。

第 3 章　在 Word 中使用 VBA

本章结合几个案例介绍利用 VBA 代码对 Word 文档进行操作的有关技术。包括文本输入、提取、查找、格式控制，Word 对象的使用、表格处理等内容。

3.1　统计字符串出现次数

本节首先在 Word 文档中编写一个 VBA 程序，统计当前文档中指定的字符串出现次数。然后再介绍一些用 VBA 代码对 Word 中的文本进行控制的技术。

3.1.1　子程序设计

首先创建一个 Word 文档，输入或复制一些用于测试的文本。然后用以下方法，实现在 Word 当前文档中统计指定字符串出现次数的功能。

1．编写子程序 strcnt1

按 Alt+F11 键，进入 VB 编辑环境，插入一个模块。建立一个子程序 strcnt1，代码如下：

```
Sub strcnt1()
  Dim cnt As Integer
  Dim stt As String
  stt = InputBox("请输入要查找的字符串：", "提示")
  Selection.HomeKey Unit:=wdStory
  With Selection.Find
    .ClearFormatting
    .text = stt
    .Execute
    While .Found()
      cnt = cnt + 1
      .Execute
    Wend
  End With
  MsgBox "该字符串在文档中出现" & cnt & "次。"
End Sub
```

程序中，用语句 Selection.HomeKey Unit:=wdStory 将光标定位到文件头，以便从头开始查找指定的字符串。

With 语句提取 Selection.find 对象，用 ClearFormatting 方法清除格式，用 Text 属性指定要查找的字符串，用 Execute 方法进行字符串查找。如果找到指定的字符串，则计数器加 1，并继续查找下一处，直至全部找完为止。

最后，弹出一个消息框显示指定的字符串在文档中出现的次数。

运行子程序 strcnt1 后，输入要统计的字符串，将得到统计结果。

2．将 strcnt1 改为 strcnt2

对子程序 strcnt1 进行改进，得到子程序 strcnt2，代码如下：

```
Sub strcnt2()
  stt = Selection.text
  Selection.HomeKey Unit:=wdStory
  With Selection.Find
    .text = stt
    .Execute
    While .Found()
      cnt = cnt + 1
      .Execute
    Wend
  End With
  MsgBox "该字符串在文档中出现" & cnt & "次。"
End Sub
```

与子程序 strcnt1 相比，子程序 strcnt2 省略了变量声明语句，虽然会降低运行效率，但对此类问题来说，运行效率不是主要问题，而压缩代码量，有利于突出重点。strcnt2 没有使用 InputBox 函数指定字符串，而是用 Selection.text 直接取出当前在文档中选定的文本作为要统计的字符串，这样可以提高操作效率。在 strcnt2 中还省略了 ClearFormatting 方法，因为系统查找功能的默认情况是“不限定格式”。所以程序的运行结果与 strcnt1 完全相同。

3．将 strcnt2 改为 strcnt3

对子程序 strcnt2 进行改进，得到子程序 strcnt3，代码如下：

```
Sub strcnt3()
  stt = Selection.text
  With ActiveDocument.Content.Find
    Do While .Execute(FindText:=stt)
      cnt = cnt + 1
Loop
  End With
  MsgBox "该字符串在文档中出现" & cnt & "次。"
End Sub
```

这个子程序用 With ActiveDocument.Content.Find 提取当前文档内容的 find 对象，对其循环执行 Execute 方法并计数，最后输出指定字符串在文档中出现的次数。

其中，通过 Execute 方法的参数指定要查找的文本，通过 Execute 方法的返回值(True 或 False)判断查找是否成功。因而代码更紧凑，效率更高。

3.1.2 使用 Word 文本

下面，再进一步介绍一些用 VBA 代码对 Word 文本进行控制的技术。

1. 将文本插入文档

使用 InsertAfter、InsertBefore 方法可以在 Selection 或 Range 对象之前、之后插入文字。

下面程序在活动文档的末尾插入字符“###”。

```
Sub atA()
  ActiveDocument.Content.InsertAfter Text:="###"
End Sub
```

下面程序在所选内容之前或光标位置之前插入字符“***”。

```
Sub atB()
  Selection.InsertBefore Text:="***"
  Selection.Collapse
End Sub
```

Range 或 Selection 对象在使用了 InsertBefore、InsertAfter 方法之后，会扩展并包含新的文本。使用 Collapse 方法可以将 Selection 或 Range 折叠到开始或结束位置，也就是取消文本的选中状态，光标定位到开始或结束位置。

2. 从文档返回文本

使用 Text 属性可以返回 Range 或 Selection 对象中的文本。

下面程序返回并显示选定的文本。

```
Sub Snt()
  strT = Selection.Text
  MsgBox strText
End Sub
```

下面程序返回活动文档中的第一个单词。Words 集合中的每一项是代表一个单词的 Range 对象。

```
Sub SnFW()
  sFW = ActiveDocument.Words(1).Text
  MsgBox sFW
End Sub
```

3. 查找和替换

通过 Find 和 Replacement 对象可实现查找和替换功能。Selection 和 Range 对象可以使用 Find 对象。

下面程序在当前 Word 文档中查找并选定下一个出现的“VBA”。如果到达文档结尾时仍未找到，则停止搜索。该程序的代码可通过宏录制获得。

```
Sub fdw()
  With Selection.Find
    .Forward = True
    .Wrap = wdFindStop
    .Text = "VBA"
```

```
    .Execute
  End With
End Sub
```

下面程序在活动文档中查找第一个出现的“VBA”。如果找到该单词，则设置加粗格式。

```
Sub fdw()
  With ActiveDocument.Content.Find
    .Text = "VBA"
    .Forward = True
    .Execute
    If .Found = True Then .Parent.Bold = True
  End With
End Sub
```

下面程序将当前文档中所有单词“VBA”替换为“Visual Basic”。

```
Sub faR()
  With Selection.Find
    .Text = "VBA"
    .Replacement.Text = "Visual Basic"
    .Execute Replace:=wdReplaceAll
  End With
End Sub
```

下面程序取消活动文档中的加粗格式。其中 Find 对象的 Bold 属性为 True，而 Replacement 对象的 Bold 属性为 False。若要查找并替换格式，可将查找和替换文字设为空字符串，并将 Execute 方法的 Format 参数设为 True。

```
Sub faF()
  With ActiveDocument.Content.Find
    .Font.Bold = True
    .Replacement.Font.Bold = False
    .Execute FindText:="", ReplaceWith:="", _
    Format:=True, Replace:=wdReplaceAll
  End With
End Sub
```

4. 将格式应用于文本

下面程序使用 Selection 属性将字体和段落格式应用于选定文本。其中，Font 表示字体，ParagraphFormat 表示段落。

```
Sub FmtS()
  With Selection.Font
    .Name = "楷体_GB2312"
    .Size = 16
  End With
  With Selection.ParagraphFormat
```

```
    .LineUnitBefore = 0.5
    .LineUnitAfter = 0.5
  End With
End Sub
```

下面程序定义了一个 Range 对象，它引用了活动文档的前三个段落，通过应用 Font 对象的属性来设置 Range 对象的格式。

```
Sub FmtR()
  Dim rgF As Range
  Set rgF = ActiveDocument.Range( _
    ActiveDocument.Paragraphs(1).Range.Start, _
    ActiveDocument.Paragraphs(3).Range.End)
  With rgF.Font
    .Name = "楷体_GB2312"
    .Size = 16
  End With
End Sub
```

3.2 使用表格与对象

本节先给出一个对 Word 表格进行计算的应用案例，然后再进一步介绍用 VBA 代码对 Word 对象进行操作的技术。

3.2.1 Word 表格计算

在 Word 中建立一个职工工资表格，并输入基本数据，如图 3.1 所示。

姓名	工资	奖金	津贴	补助	加班	取暖费	水电费	扣款	总额
田新雨	1000	1500	800	800	0	-100	-46.5	0	
李杰	1000	1500	800	800	0	-100	-33.8	-35	
沈磊	1000	1500	800	700	0	-100	-23.5	0	
祁才颂	800	1300	400	700	0	-100	-78.7	0	
管锡凤	800	1300	0	800	0	-100	-66.5	-35	
叶旺海	700	1200	0	800	0	-100	-33.2	0	

图 3.1 职工工资表

进入 VB 编辑环境，编写一个计算工资总额子程序，代码如下：

```
Sub 计算工资总额()
  Set tbl = ActiveDocument.Tables(1)
  For i = 2 To 7
    For j = 2 To 9
      c = c + Val(tbl.Cell(i, j))
    Next
    tbl.Cell(i, 10) = c
    c = 0
```

```
  Next
End Sub
```

这个程序将当前文档的第 1 张表格用对象变量 tbl 表示，用双重循环结构的程序对表格每一行的 2 至 9 列数据求算术和，添加到第 10 列。程序运行后的结果如图 3.2 所示。

姓名	工资	奖金	津贴	补助	加班	取暖费	水电费	扣款	总额
田新雨	1000	1500	800	800	0	-100	-46.5	0	3953.5
李杰	1000	1500	800	800	0	-100	-33.8	-35	3931.2
沈磊	1000	1500	800	700	0	-100	-23.5	0	3876.5
祁才颂	800	1300	400	700	0	-100	-78.7	0	3021.3
管锡凤	800	1300	0	800	0	-100	-66.5	-35	2698.5
叶旺海	700	1200	0	800	0	-100	-33.2	0	2566.8

图 3.2　程序运行后的结果

3.2.2　使用 Word 对象

1．选定文档中的对象

使用 Select 方法可选定文档中的对象。下面程序选定活动文档中的第一个表格。

```
Sub SeleT()
  ActiveDocument.Tables(1).Select
End Sub
```

下面程序选定活动文档中的前 4 个段落。Range 方法用于创建一个引用前 4 个段落的 Range 对象，然后将 Select 方法应用于 Range 对象。

```
Sub SelR()
  ActiveDocument.Range( _
  ActiveDocument.Paragraphs(1).Range.Start, _
  ActiveDocument.Paragraphs(4).Range.End).Select
End Sub
```

2．将 Range 对象赋给变量

下列语句将活动文档中的第 1 个和第 2 个单词分别赋给变量 Range1 和 Range2。

```
Set Range1 = ActiveDocument.Words(1)
Set Range2 = ActiveDocument.Words(2)
```

可以将一个 Range 对象变量的值送给另一个 Range 对象变量。例如，下列语句将名为 Range1 的区域变量赋值给 Range2 变量。

```
Set Range2 = Range1
```

这样，两个变量代表同一对象。修改 Range2 的起点、终点或其中的文本，将影响 Range1，反之亦然。

下列语句使用 Duplicate 属性创建一个 Range1 对象的新副本 Range2。它与 Range1 有相同的起点、终点和文本。

```
Set Range2 = Range1.Duplicate
```

3．修改文档的某一部分

Word 包含 Characters、Words、Sentences、Paragraphs、Sections 对象，用这些对象代表字符、单词、句子、段落和节等文档元素。

例如：

下列语句设置活动文档中第一个单词为大写。

```
ActiveDocument.Words(1).Case = wdUpperCase
```

下列语句将第一节的下边距设为 0.5 英寸。

```
Selection.Sections(1).PageSetup.BottomMargin = InchesToPoints(0.5)
```

下列语句将活动文档的字符间距设为两倍。

```
ActiveDocument.Content.ParagraphFormat.Space2
```

若要修改由一组文档元素(字符、单词、句子、段落或节)组成的某区域的文字，需要创建一个 Range 对象。

下面程序创建一个 Range 对象，引用活动文档的前 10 个字符，然后利用该对象设置字符的字号。

```
Sub SetTC()
  Dim rgTC As Range
  Set rgTC = ActiveDocument.Range(Start:=0, End:=10)
  rgTC.Font.Size = 20
End Sub
```

4. 引用活动文档元素

要引用活动的段落、表格、域或其他文档元素，可使用 Selection 属性返回一个 Selection 对象。然后通过 Selection 对象访问文档元素。

下列语句将边框应用于选定内容的第一段。

```
Selection.Paragraphs(1).Borders.Enable = True
```

下面程序将底纹应用于选定内容中每张表格的首行。For Each…Next 循环用于在选定内容的每张表格中循环。

```
Sub SATR()
  Dim tbl As Table
  If Selection.Tables.Count >= 1 Then
    For Each tbl In Selection.Tables
      tbl.Rows(1).Shading.Texture = wdTexture30Percent
    Next tbl
  End If
End Sub
```

5. 处理表格

下面程序在活动文档的开头插入一张 4 列 3 行的表格。For Each…Next 结构用于循环遍历表格中的每个单元格。InsertAfter 方法用于将文字添至表格单元格。

```
Sub CNT()
  Set docA = ActiveDocument
  Set tblN = docA.Tables.Add(Range:=docA.Range(Start:=0, End:=0), _
      NumRows:=3, NumColumns:=4)
  C = 1
  For Each celT In tblN.Range.Cells
      celT.Range.InsertAfter "内容" & C
```

```
    C = C + 1
  Next celT
End Sub
```

下面程序返回并显示文档中第 1 张表格的第 1 行中每个单元格的内容。

```
Sub RetC()
  Set tbl = ActiveDocument.Tables(1)
  For Each cel In tbl.Rows(1).Cells
    Set rng = cel.Range
    rng.MoveEnd Unit:=wdCharacter, Count:=-1'取消一个非正常字符
    MsgBox rng.Text
  Next cel
End Sub
```

6. 处理文档

在下面程序中，使用 Add 方法建立一个新的文档并将 Document 对象赋给一个对象变量。然后设置该 Document 对象的属性。

```
Sub NewD()
  Set docN = Documents.Add
  docN.Content.Font.Name = "楷体_GB2312"
End Sub
```

下面语句用 Documents 集合的 Open 方法打开 d 区根目录中名为 test.docx 的文档。

```
Documents.Open FileName:="d:\test.docx"
```

下面语句用 Document 对象的 SaveAs 方法在 d 区根目录中保存活动文档，命名为 tmp.docx。

```
ActiveDocument.SaveAs FileName:="d:\tmp.docx"
```

下列语句用 Documents 对象的 Close 方法关闭并保存名为 tmp.docx 的文档。

```
Documents("tmp.docx").Close SaveChanges:=wdSaveChanges
```

3.3 快速输入国标汉字

我国于 1981 年颁布了信息交换用汉字编码基本字符集的国家标准，即 GB 2312。对 6763 个汉字、628 个图形字符进行了统一编码，为信息处理和交换奠定了基础。虽然 Office 2010 中文版支持超大字符集，但在多数情况下，我们用计算机处理的汉字一般都没有超出基本集这 6763 个汉字。

由于某种特殊应用(例如，打印字帖、打印区位码表等)，需要在 Word 文档中输入 GB 2312 的全部汉字。一个个从键盘输入既慢又容易出错，显然不是好办法。编写一个 VBA 程序，可以轻松地解决这个问题。

具体做法如下：

进入 Word，在“开发工具”选项卡“代码”组中选择“宏”命令，在“宏”对话框中输入宏名“输入国标汉字”，指定宏的位置为当前文档，单击“创建”按钮，进入 VB 编辑环境，建立如下程序段：

```
Sub 输入国标汉字()
   For m = 176 To 247
      For n = 161 To 254
         nm = "&H" & Hex(m) & Hex(n)
         Selection.TypeText Text:=Chr(nm)
      Next
   Next
End Sub
```

这是一个双重循环结构程序，外层循环得到汉字内码的高位(范围是 176 到 247 之间的整数)，内层循环得到汉字内码的低位(范围是 161 到 254 之间的整数)。循环体中，将内码的高位和低位以十六进制数字符形式拼接，即得到一个汉字的完整内码，用 Chr 函数将内码转换为汉字，用 Selection.TypeText 方法输入到当前文档。

运行上述程序，便可在当前文档中得到 GB 2312 的全部汉字。

3.4 查汉字区位码

为了保证汉字信息输入到计算机的准确性，许多场合要使用汉字的区位码。因此，填报相关材料(如中考、高考志愿表等)时，汉字信息需要同时填写对应的区位码。通常，区位码可以查表得到，但是如果手头暂时没有区位码表，怎么查找每个汉字的区位码呢？下面的 VBA 程序可以帮助我们解决这个问题。

进入 Word，在“开发工具”选项卡“代码”组中选择“宏”命令，在“宏”对话框中输入宏名“查汉字区位码”，指定宏的位置为当前文档，单击“创建”按钮，进入 VB 编辑环境，建立如下程序段：

```
Sub 查汉字区位码()
   nm = Hex(Asc(Selection.Text))     '内码(四位十六进制形式)
   nm_h = "&H" & Left(nm, 2)         '内码(高两位)
   nm_l = "&H" & Right(nm, 2)        '内码(低两位)
   qm = nm_h - 176 + 16              '得到区码
   wm = nm_l - 161 + 1               '得到位码
   wm = IIf(wm < 10, "0" & wm, wm)   '两位数表示
   MsgBox qm & wm                    '显示区位码
End Sub
```

该程序段首先取出选定文本(单个汉字)，用 ASC 函数求出汉字的内码，用 Hex 函数将汉字的内码转换为四位十六进制字符串型数据。然后用 Left 和 Right 函数分别取出内码的高两位和低两位(用十六进制字符串表示)。最后将内码的高两位和低两位分别转换为区码和位码并显示出来。

由于位码可能是一位数，也可能是两位数，为使格式规整，用 IIf 函数统一转换为两位数。

有关函数的详细内容请参考系统帮助信息。

要查询某个汉字的区位码，先在 Word 中选中这个汉字，然后运行“查汉字区位码”子程序，就可得到该汉字的区位码。

3.5 求单词覆盖率

假设 doc 是任意一个文档，dic 是包含一些常用词汇的文档。我们的任务是利用 VBA 程序自动统计 doc 文档中的单词有多少出现在 dic 文档中，也就是求 dic 文档中的单词对 doc 文档的覆盖率。

首先，建立两个 Word 文档，分别保存为 doc.docx 和 dic.docm 文件。

在 dic 文档中输入一些常用词汇构成被测试的词汇表。在 doc 文档中，输入或粘贴任意文本文档，作为测试的抽样文本，在文档末尾输入“$$$”作为结束标记。

然后，进入 VB 编辑环境，在 dic 工程中插入一个模块，在模块中建立如下子程序：

```
Sub cnt()
  Dim c1, c2 As Integer
  Dim wt As String
  Documents.Open FileName:=CurDir & "\doc.docx"
  Windows("doc.docx").Activate
  Selection.HomeKey Unit:=wdStory
  Selection.MoveRight Unit:=wdWord, Count:=1, Extend:=wdExtend
  wt = UCase(Selection.Text)
  Do While wt <> "$$$"
    If Asc(wt) >= 65 And Asc(wt) <= 90 Then
     c1 = c1 + 1
     Windows("dic.docm").Activate
      Selection.HomeKey Unit:=wdStory
      With Selection.Find
        .Text = wt
        .MatchCase = False
        .Execute
      End With
      If Selection.Find.Found() Then
        c2 = c2 + 1
      End If
    End If
    Windows("doc.docx").Activate
    Selection.MoveRight Unit:=wdCharacter, Count:=1
    Selection.MoveRight Unit:=wdWord, Count:=1, Extend:=wdExtend
    wt = UCase(Selection.Text)
  Loop
  c3 = Round(100 * c2 / c1, 2)
  MsgBox "doc文档中有" & c1 & "个单词,其中" & _
  c2 & "个单词出现在dic文档中，占" & c3 & "%"
```

```
End Sub
```

在这个子程序中，声明了两个整型变量：c1 表示 doc 文档单词数，c2 表示 doc 中单词在 dic 文档中出现的数量。声明了字符串变量 wt，用来存放单词文本。

代码首先在当前文件夹中打开 doc.docx 文档并激活，将光标定位到文件头，向右选中一个单词，将单词文本转换为大写字母送给变量 wt。

接下来进行循环处理直至遇到结束标记“$$$”为止。

每次循环中，判断在 doc 中选择的文本是否为有效的单词。如果是有效单词，则对 doc 文档单词计数，然后选中 dic 文档，设置查找参数并从文件头开始进行查找，找到则计数。在 doc 文档中选择下一个单词，进行同样的处理。

循环结束后，利用 c1 和 c2 计算 doc 文档中的单词在 dic 文档中所占比例，并显示出结果信息。

打开 dic 文档，执行 cnt 子程序，将得到与图 3.3 类似的结果。

图 3.3　测试结果

上机实验题目

1. 编写 VBA 程序，删除 Word 当前文档选定部分的空白行。

2. 编写 VBA 程序，删除 Word 当前文档选定部分中指定的字符串。

3. 在 Word 当前文档中建立一个如图 3.4 所示的表格，填写基本数据。编写程序，自动填写每个员工的工龄。

姓名	参加工作时间	工龄
员工 1	1982-8-7	
员工 2	1986-3-4	
员工 3	1987-3-3	
员工 4	1999-4-2	
员工 5	2003-3-9	
员工 6	2005-1-1	

图 3.4　Word 文档中的表格和数据

4. 在 Word 文档中创建一个如图 3.5 所示的表格。编写程序，根据表格中的年份，求出并填写对应的生肖和干支，得到如图 3.6 所示的结果。

年份	生肖	干支
1956		
1958		
2012		

图 3.5　Word 文档的表格

年份	生肖	干支
1956	猴	丙申
1958	狗	戊戌
2012	龙	壬辰

图 3.6　程序运行后得到的结果

5. 在 Word 中编写程序，自动生成指定年月的月历。例如，指定 2014 年 3 月，得到如图 3.7 所示的月历。

2014 年 3 月						
日	一	二	三	四	五	六
						1
2	3	4	5	6	7	8
9	10	11	12	13	14	15
16	17	18	19	20	21	22
23	24	25	26	27	28	29
30	31					

图 3.7　月历样板

第4章 控件与窗体

在开发 Office 应用软件时，可以在 Word 文档或 Excel 工作表中放置复选框、组合框等控件，也可以建立用户窗体，在用户窗体中放置需要的控件实现特定功能。

本章结合一些案例介绍在 VBA 中使用控件和窗体的方法。

4.1 在工作表中使用控件

本节介绍在 Excel 工作表中放置控件、设置控件属性，以及用 VBA 程序对控件进行操作的方法。

在 Office 2010 中，控件分为两种：表单控件和 ActiveX 控件。在“开发工具”选项卡“控件”组中，单击“插入”下拉箭头，可以看到如图 4.1 所示的控件列表，其中上半部分为表单控件，下半部分为 ActiveX 控件。

表单控件

ActiveX 控件

图 4.1 控件列表

1. 表单控件

在 Excel 2010 中，表单控件有 12 个，其中 9 个是可以放到工作表上的控件，分别是：

“标签”表示静态文本。

“分组框”用于组合其他控件。

“按钮”用于运行宏命令。

“复选框”是一个选择控件，通过单击可以选中和取消选中，可以多项选择。

“选项按钮”通常几个组合在一起使用，在一组中只能选择一个选项按钮。

“列表框”用于显示多个选项供选择。

“组合框”用于显示多个选项供选择。可以选择其中的项目或者输入一个其他值。

“滚动条”是一种选择控制机制。包括水平滚动条和垂直滚动条。

“数值调节钮”是一种数值选择机制。通过单击控件的箭头来选择数值。

要将表单控件添加到工作表上，可以单击需要的控件，此时鼠标变成十字形状。在当前工作表的适当位置按下鼠标左键并拖动鼠标画出一个矩形，这个矩形代表了控件的大小，大小满意后放开鼠标左键，这样一个控件就添加到工作表上了。

在控件上右击，然后在快捷菜单上选择“设置控件格式”命令，可设置控件的格式。不同控件格式各不相同。

例如，滚动条控件的“设置控件格式”对话框中有一个“控制”选项卡，在“单元格链接”中输入或选中一个单元格地址，单击“确定”按钮后，再单击其他任意单元格，退出设计状态。接下来用鼠标单击滚动条上的箭头，则指定单元格的数值随之改变。

复选框控件的“设置控件格式”对话框中也有一个“控制”选项卡，在“单元格链接”中输入或选中一个单元格地址，单击“确定”按钮后，再单击其他单元格，退出设计状态。接下来用鼠标左键单击复选框，对应的单元格出现 TRUE，表示该控件被选中，再次单击该控件，出现 False，表示该控件未被选中。

当创建一个控件时，Excel 自动给它指定一个名字。为便于理解和记忆，可以给它重新起一个名字。要给控件改名，只需要用鼠标右击选中控件，在弹出菜单中选择“编辑文字”命令，即可编辑控件名字。

在控件上右击鼠标，在弹出的快捷菜单上选择“指定宏”命令，可以为控件指定宏。这样在控件上单击鼠标就可以执行相应的 VBA 程序了。

2. ActiveX 控件

其中，“命令按钮”相当于表单控件的“按钮”，数值调节钮、复选框、选项按钮、列表框、组合框、滚动条、标签与表单控件作用相同。

“文本框”用来输入或显示文本信息。

“切换按钮”可以在“按下”和“抬起”两种状态中切换和锁定，不像普通“命令按钮”那样只能锁定一种状态，但作用与“命令按钮”相似。

“图像”用来放置图片。

在“开发工具”选项卡的“控件”组中有一个“设计模式”按钮，它有两种状态：该按钮被按下时，工作表上的控件处于设计模式，可以对控件的属性、代码等进行设计；该按钮抬起时，工作表上的控件为运行模式，可执行代码，完成相应的动作。

在“开发工具”选项卡的“控件”组中，单击“属性”按钮，可以打开“属性”窗口，进行设置或显示控件的属性。在设计模式下，右击某一控件，在快捷菜单中选择“属性”命令，也可以打开“属性”窗口，而且直接列出该控件的属性。

在“开发工具”选项卡的“控件”组中，单击“查看代码”按钮，可以进入 VB 编辑器环境，查看或编写控件的代码。在设计模式下，右击某一控件，在快捷菜单中选择“查看代码”命令，也可以直接查看或修改该控件的代码。

单击“其他控件”按钮，可以在列表框中选择更多的控件使用。

3. 在工作表上处理控件

在 Excel 中，用 OLEObjects 集合中的 OLEObject 对象代表 ActiveX 控件。若要用编程的方式向工作表添加 ActiveX 控件，可用 OLEObjects 集合的 Add 方法。

下面程序向当前工作簿的第一张工作表添加命令按钮。

```
Sub acb()
  Worksheets(1).OLEObjects.Add "Forms.CommandButton.1", _
   Left:=200, Top:=200, Height:=20, Width:=100
End Sub
```

大多数情况下，VBA 代码可用名称引用 ActiveX 控件。例如，下面语句可更改控件的标题。

```
Sheet1.CommandButton1.Caption = "运行"
```

下面语句可设置控件的左边位置。

```
Worksheets(1).OLEObjects("CommandButton1").Left = 10
```

下面语句也可设置控件的标题。

```
Worksheets(1).OLEObjects("CommandButton1").Object.Caption = "run me"
```

工作表上的 ActiveX 控件具有两个名称。一个是可以在工作表“名称”框中看到的图形名称，另一个是可以在“属性”窗口中看到的代码名称。在控件的事件过程名称中使用的是控件代码名称，从工作表的 Shapes 或 OLEObjects 集合中返回控件时，使用的是图形名称。二者通常情况下保持一致。

例如，假定要向工作表中添加一个复选框，其默认的图形名称和代码名称都是 CheckBox1。如果在“属性”窗口中将控件名称改为 CB1，图形名称也同时改为 CB1。此后，在事件过程名称中需用 CB1，也要用 CB1 从 Shapes 或 OLEObject 集合中返回控件，语句如下：

```
ActiveSheet.OLEObjects("CB1").Object.Value = 1
```

4.2 日期控件的使用

本节给出一个在工作表上使用日期控件的实例。

1．在工作表中添加 DTP 控件

创建一个 Excel 工作簿，保存为“日期控件的使用.xlsm”。

选中 Sheet1 工作表的第 1 列，单击鼠标右键，在快捷菜单中选择“设置单元格格式”命令。在“设置单元格格式”对话框中，设置数字为需要的日期格式，如图 4.2 所示。然后单击“确定”按钮。

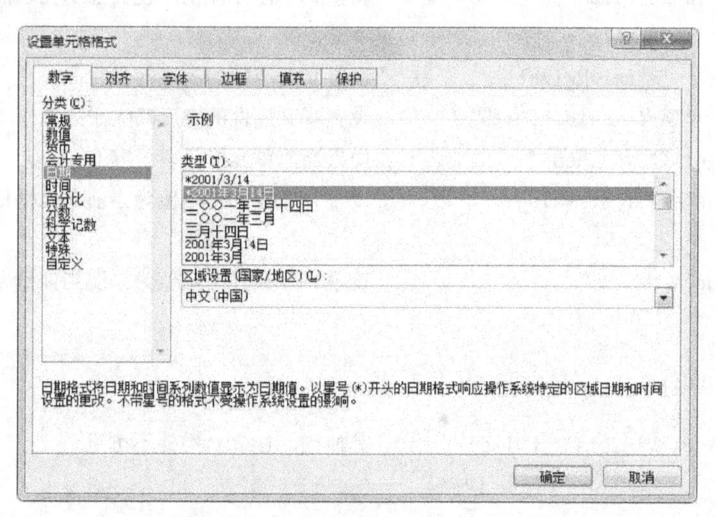

图 4.2 “设置单元格格式”对话框

设置适当的列宽、行高、背景颜色和边框。

在“开发工具”选项卡“控件”组中，单击“插入”下拉箭头，再单击 ActiveX 控件中的“其他控件”按钮，在列表框中选择 Microsoft Data and Time Picker Control 6.0 选项(DTP 控件)，把该控件放到工作表的任意位置。

如果找不到 DTP 控件，可以注册一个。方法是：先在网上下载一个文件 MSCOMCT2.OCX，然后单击 ActiveX 控件中的“其他控件”按钮，在如图 4.3 所示的对话框中单击“注册自定义控件”按钮，选择并打开文件 MSCOMCT2.OCX。

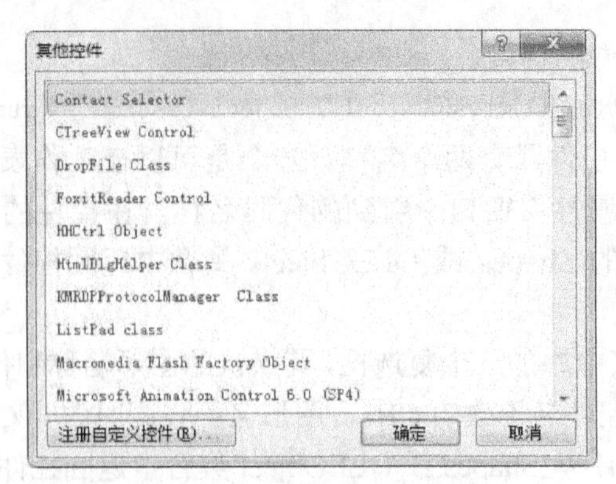

图 4.3 “其他控件”对话框

2. 工作表的 SelectionChange 事件代码

进入 VB 编辑环境，用鼠标双击 Microsoft Excel 对象的 Sheet1 工作表，在“对象”下拉列表中选择 Worksheet，在“过程”下拉列表中选择 SelectionChange，编写如下代码：

```
Private Sub Worksheet_SelectionChange(ByVal Target As Range)
  If Target.Count > 1 Then Exit Sub        '选中了多个单元格，退出
  If Target.Column = 1 Then                '是第 1 列
    With Me.DTPicker1
      .Visible = True                      '让 DTP 控件可见
      .Top = Target.Top                    '调整 DTP 控件位置，使其显示在当前单元格中
      .Left = Target.Left
      .Height = Target.Height              '设置 DTP 控件的高度等于行高
      .Width = Target.Width + 15           '设置 DTP 控件的宽度略大于列宽
      If Target <> "" Then                 '如果当前单元格已有内容
        .Value = Target.Value              '设置 DTP 控件初始值为当前单元格日期
      Else
        .Value = Date                      '设置 DTP 控件初始值为系统当前日期
      End If
    End With
  Else
    Me.DTPicker1.Visible = False           '其他列，让 DTP 控件不可见
  End If
End Sub
```

当选中 Sheet1 工作表的任意单元格时，执行上述代码。

它首先判断选中的单元格数量，如果选中了多个单元格，则直接退出子程序。如果选中的是一个单元格，再进一步判断当前列号。

如果当前选中的是第 1 列，则让 DTP 控件可见，并调整 DTP 控件的位置，使其显示在当前单元格之中。设置 DTP 控件的高度等于行高，宽度略大于列宽，使得 DTP 控件的下拉按钮在单元格的外面。若当前单元格已有内容，则设置 DTP 控件初始值为当前单元格日期，否则设置 DTP 控件初始值为系统当前日期。

如果当前选中的是其他列，则让 DTP 控件不可见。

3．DTP 控件的 CloseUp 事件代码

在“对象”下拉列表中选择 DTPicker1，在“过程”下拉列表中选择 CloseUp，编写如下代码：

```
Private Sub DTPicker1_CloseUp()
  ActiveCell.Value = Me.DTPicker1.Value
  Me.DTPicker1.Visible = False
End Sub
```

当我们在 DTP 控件中选择一个日期后，会产生 CloseUp 事件，执行上述代码。它取出 DTP 控件的值放到当前单元格，然后让 DTP 控件不可见。

4．工作表的 Change 事件代码

选中第 1 列的一个或多个单元格，按 Delete 键，可以删除原来的内容。但选中一个单元格并删除其内容后，DTP 控件仍保留在当前单元格。为了解决这个问题，我们对 Sheet1 的 Change 事件编写如下代码：

```
Private Sub Worksheet_Change(ByVal Target As Range)
  If Target.Count > 1 Then Exit Sub       '选中了多个单元格，退出
  If Target = "" Then                     '如果删除单元格的内容
    Me.DTPicker1.Visible = False          '隐藏 DTP 控件
  End If
End Sub
```

当 Sheet1 的任意单元格内容发生改变时，执行上述代码。

它首先判断当前单元格数量，如果是多个单元格，则直接退出子程序。如果是一个单元格，并且内容为空，则隐藏 DTP 控件。

5．运行和测试

打开“日期控件的使用”工作簿，将光标定位到第 1 列的任意一个单元格，则会显示出 DTP 控件。单击 DTP 控件下拉按钮，得到如图 4.4 所示的界面。在 DTP 控件中选择一个日期，该日期将添加到当前单元格中。

用同样的方法也可以修改单元格的日期。

选中一个或多个单元格，按 Delete 键，可以删除原来的内容，同时 DTP 控件被隐藏。

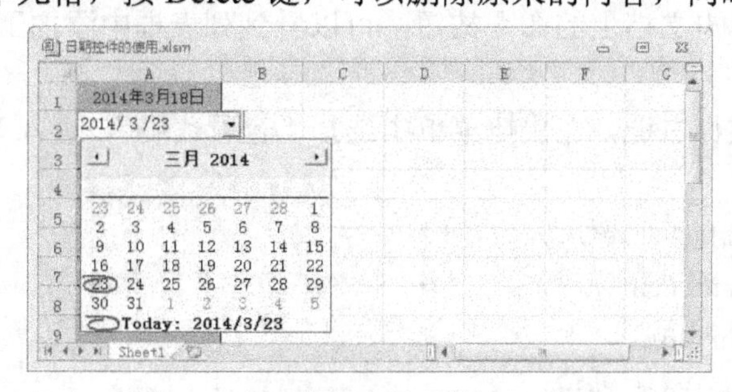

图 4.4　在工作表中显示的 DTP 控件

4.3　在 Word 文档中使用列表框控件

如同在 Excel 工作表中使用控件一样，在 Word 文档中也可以使用控件，从而为用户提供交互方式。本节结合一个实例介绍在 Word 文档中添加控件、设置属性和编写事件过程的有关技术。

1. 向文档中添加控件

若要向 Word 文档中添加控件，可在“开发工具”选项卡“控件”组中，单击“旧式工具”按钮，再单击要添加的控件。

用这种方法，我们在 Word 文档中放置两个 ActiveX 控件：一个列表框 ListBox1 和一个命令按钮 CommandButton1，并根据需要调整大小和位置。

2. 设置控件属性

在设计模式下，用鼠标右击控件，然后选择快捷菜单上的“属性”项，打开“属性”窗口。在属性窗口中，属性的名称显示在左边一列，属性的值显示在右边一列，在此可以设置属性值。

这里，我们设置命令按钮 CommandButton1 的 Caption 属性为“添加列表项”。

3. 命令按钮编程

在命令按钮上右击鼠标，在弹出的快捷菜单中选“查看代码”，进入 VB 编辑环境，输入如下代码：

```
Private Sub CommandButton1_Click()
  With ListBox1
    Do While .ListCount >= 1 '列表框包含列表项
      .RemoveItem (0)         '删除第一个列表项(编号 0)
Loop
    .AddItem "North"          '添加列表项
    .AddItem "South"
    .AddItem "East"
    .AddItem "West"
  End With
End Sub
```

这段程序对列表框控件 ListBox1 进行控制。先用循环语句和 RemoveItem 方法删除列表框中原有的列表项，再用 AddItem 方法添加四个列表项。

退出设计模式，单击文档上的命令按钮，可以看到列表框中添加了列表项。

4. 列表框编程

在列表框上单击鼠标右键，在快捷菜单中选择“查看代码”，进入 VB 编辑环境，输入如下代码：

```
Private Sub ListBox1_Change()
  With ActiveDocument.Content
    .InsertAfter Chr(10)
    .InsertAfter ListBox1.Value
  End With
End Sub
```

当在列表框中选择的列表项发生改变时，上述程序就会被执行。

它用 InsertAfter 方法在 Word 当前文档的末尾插入一个回车符后，再把列表框中当前被选中的列表项插入到文档的末尾。

退出设计模式，在列表框中选择任意一个列表项，该列表项就会被添加到文档末尾。

所有的控件都有一组预定义事件。例如，当用户单击命令按钮时，该命令按钮就引发一个 Click 事件。当用户在列表框中选择一个新的列表项时，该列表框就会引发一个 Change 事件。

编写事件处理过程，可以完成相应的操作。

要编写控件的事件处理过程，除了前面提到的方法外，还可以双击控件进入代码编辑环境，从“过程”下拉列表框内选择事件，再进行编码。

过程名包括控件名和事件名。例如，命令按钮 Command1 的 Click 事件过程的名为 Command1_Click。

4.4 用户窗体及控件示例

用户窗体是人机交互的界面。在利用 Office 开发应用软件时，多数情况下可以不必建立用户窗体，而直接使用系统工作界面。但是，如果希望创建专业级的应用软件，或者需要专门的数据输入、输出和操作界面，则应该使用用户窗体。

1. 创建用户窗体

在 Excel 或 Word 中创建用户窗体，可以在 VB 编辑器中实现。

在 VB 编辑环境中，选择工具栏上的“插入用户窗体”按钮或者在“插入”菜单选“用户窗体”项，便会插入一个用户窗体，同时打开一个如图 4.5 所示的“工具箱”窗口。

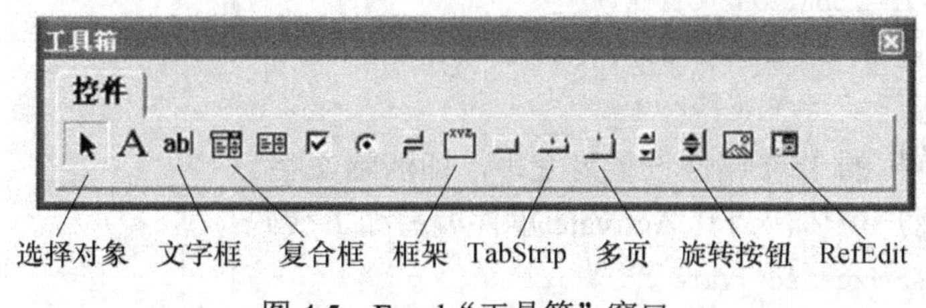

图 4.5 Excel“工具箱”窗口

在“工具箱”窗口中有许多已经熟悉的控件，但名字可能与表单控件、ActiveX 控件不同。其中“文字框”相当于 ActiveX 控件的“文本框”，“复合框”相当于 ActiveX 控件的“组合框”，“框架”相当于表单控件的“分组框”，“旋转按钮”相当于表单控件和 ActiveX 控件的“数值调节钮”。

按下“选择对象”按钮时，可以用鼠标在用户窗体上选择控件。

“工具箱”窗口中还有几个新的控件。

“选项卡条(TabStrip)”是包含多个选项卡的控件。通常用来对相关的信息进行组织或分类。

“多页”外观类似选项卡条，是包含一页或多页的控件。选项卡条给人相似的外观，而多页控件的各页包含各自不同的控件，有各自不同的布局。如果每一页都具有相同布局，则应选择选项卡条，否则应该选择多页。

“RefEdit”的外观像文本框，通过这个控件可以将用户窗体折叠起来，以便选择单元格区域。

向“用户窗体”中添加控件，可在“工具箱”中找到需要的控件，将该控件拖放到窗体上，然后拖动控件上的调整柄，调整大小和形状。

向窗体添加了控件之后，可用 VB 编辑器中“格式”菜单上的命令，调整多个控件的对齐方式和间距。

用鼠标右击某一控件，然后选择“属性”项，显示出属性窗口。属性的名称显示在该窗口的左侧，属性的值显示在右侧。在属性名称的右侧可以设置属性的值。

下面，我们进入VB编辑环境，打开“工程资源管理器”窗口，插入一个用户窗体UserForm1。在窗体上放置两个命令按钮CommandButton1和CommandButton2，放置一个文字框TextBox1。适当调整这些控件的大小和位置。

右击命令按钮 CommandButton1，在弹出菜单中选“属性”，设置 Caption 属性值为“显示”。用同样的方法设置 CommandButton2 的 Caption 属性值为“清除”。

2．用户窗体和控件编程

双击“显示”命令按钮，输入如下代码：

```
Private Sub CommandButton1_Click()
  TextBox1.Text = "你好，欢迎学习 VBA！"
End Sub
```

用户窗体运行后，当我们单击“显示”按钮时，产生 Click 事件，执行上述过程。该过程通过设置使文字框的 Text 属性显示一行文字。

双击“清除”命令按钮，为其 Click 事件编写代码如下：

```
Private Sub CommandButton2_Click()
  TextBox1.Text = ""
End Sub
```

该过程将文字框的 Text 属性设置为空串，即清除文字。

最后，双击用户窗体，为其 Activate 事件编写如下代码：

```
Private Sub UserForm_Activate()
   Me.Caption = "欢迎"
End Sub
```

Activate 事件在窗体激活时产生。通过代码设置窗体的 Caption 属性为“欢迎”。Me 代表当前用户窗体。

3．运行用户窗体

选择“运行”菜单的“运行子过程/用户窗体”项，或按 F5 键，运行该窗体。我们会看到窗体的标题已改为“欢迎”。单击“显示”命令按钮，得到如图 4.6 所示结果。

单击“清除”命令按钮，文字框的内容被清除。

图 4.6　窗体运行结果

4.5 进度条窗体的设计

开发应用软件的时候，往往要使用不同类型的窗体，通过窗体实现软件和用户的交互，也可以使用窗体实现一些特殊功能。

下面给出一个用窗体实现进度条的例子。

1．设置用户窗体和控件

创建一个 Excel 工作簿，进入 VB 编辑环境，在当前工程中添加一个用户窗体 UserForm1。设置窗体的 Height、Width 属性分别为 60 和 240，ShowModal 属性为 False。

在窗体上添加一个文字框 TextBox1，作为进度条的白色背景。设置其 Height、Width、Left、Top 属性分别为 18、220、8 和 8，TabStop 属性为 False，Text 属性为空白。背景颜色 BackColor 属性用默认的“白色”，BackStyle 属性用默认的 1(不透明)，SpecialEffect 属性用默认的 2(凹下)。

在窗体上添加一个文字框 TextBox2，用来显示进度的百分比。设置其 Height、Width、Left、Top 属性分别为 18、40、98 和 12，TabStop 属性为 False，TextAlign 属性为 2(水平居中)，文字颜色为蓝色，BackStyle 属性设置为 0(透明)，SpecialEffect 属性设置为 0(平面)。

在窗体上添加一个标签 Label1，作为进度条。设置其 Height、Width、Left、Top 属性分别为 18、0、8 和 8，Caption 属性为空白，BackColor 属性为“蓝色”。

2．编写子程序 jd

为了在窗体中显示进度条和完成的百分比，我们在模块中建立一个子程序 jd，代码如下：

```
Sub jd(h, lr)
  UserForm1.Label1.Width = Int(h / lr * 220)          '显示进度条
  If UserForm1.Label1.Width > 105 Then                '进度到达显示数值
    UserForm1.TextBox2.ForeColor = &HFFFFFF           '数值设置为白色
  Else
    UserForm1.TextBox2.ForeColor = &HFF0000           '数值设置为蓝色
  End If
  pct = Int(h / lr * 100)                             '进度值
  pct = IIf(pct < 10, " " & pct & "%", pct & "%")
  UserForm1.TextBox2.Text = pct                       '显示进度值
End Sub
```

这个子程序的两个形式参数 h 和 lr，分别表示“当前次数”和“总次数”。

在子程序中，根据 h 和 lr 的比值，设置标签 Label1 的宽度，比值为 1 时，达到最大宽度 220。如果 Label1 的宽度超过 105，则设置 TextBox2 的文本颜色为“白色”，否则为“蓝色”，进度的百分比数值用 TextBox2 的 Text 属性显示出来。

3．测试进度条

为了测试这个进度条窗体，我们在模块中再建立一个子程序“进度条”，代码如下：

```
Sub 进度条()
  UserForm1.Show              '显示用户窗体
  cnt = 10000                 '循环次数控制
  For m = 1 To cnt
```

```
    Call jd(m, cnt)
    DoEvents                    '转让控制权给操作系统
  Next
  Unload UserForm1              '卸载用户窗体
End Sub
```

执行“进度条”子程序后，屏幕上将显示如图 4.7 和图 4.8 所示的进度信息。可以看出，当进度到达显示的数值后，数值设置为白色，否则数值设置为蓝色。

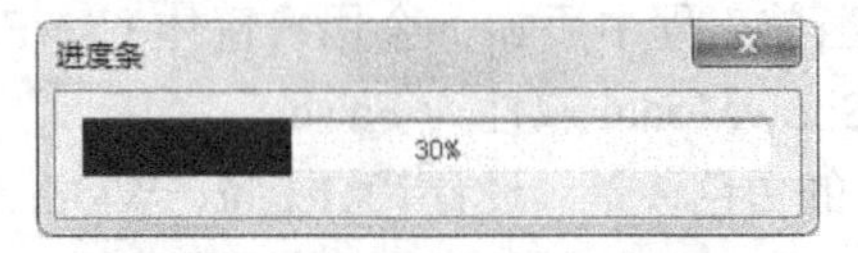

图 4.7　进度到达显示数值前

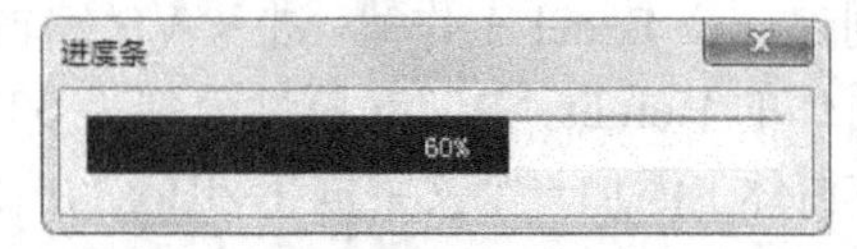

图 4.8　进度到达显示数值后

4.6　出生年份、生肖、年龄互查

本节设计一个软件，用来实现出生年份、生肖和年龄互查。

设计目标是：在 Excel 工作表上放三个选项按钮，用来选择“年份”、“年龄”和“生肖”。当选择“年份”项时，在指定的单元格中输入一个出生年份，单击“查询”按钮，显示出对应的年龄和生肖；当选择“年龄”项时，在指定的单元格中输入一个年龄，单击“查询”按钮，显示出对应的出生年份和生肖；当选择“生肖”项时，指定一个生肖，单击“查询”按钮，显示出与其对应的若干个出生年份和年龄。

1．工作表设计

创建一个 Excel 工作薄，保存为“出生年份、生肖、年龄互查.xlsm”。保留 Sheet1 工作表，删除区域工作表。

在 Sheet1 工作表中，放置控件，设置属性，得到如图 4.9 所示的工作表界面。

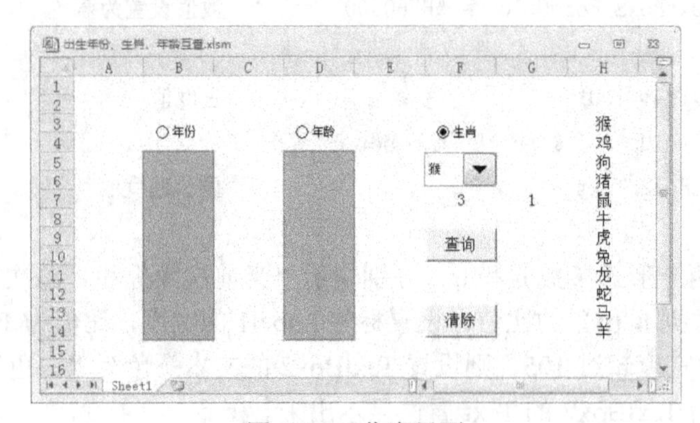

图 4.9　工作表界面

设计步骤如下：

(1) 选择全部单元格，设置背景颜色为“白色”。

(2) 在“开发工具”选项卡“控件”组中，单击“插入”按钮，在工作表上添加 3 个“选项按钮”表单控件，分别标记为“年份”、“年龄”和“生肖”。在任意一个选项按钮上单击鼠标右键，在快捷菜单中选择“设置控件格式”项，在“设置控件格式”对话框的

“控制”选项卡中，设置单元格链接为 F7。这样，单击任意一个选项按钮，F7 单元格就会出现对应的序号。

(3) 在 H3:H14 单元格区域输入十二生肖名字。在工作表上添加一个“组合框”表单控件。在组合框上单击鼠标右键，在快捷菜单中选择“设置控件格式”项，在如图 4.10 所示的“设置控件格式”对话框的“控制”选项卡中，设置数据源区域为 H3:H14，单元格链接为 G7，下拉显示项数为 12。这样，便可通过组合框选择任意一个生肖，G7 单元格会出现对应的序号。

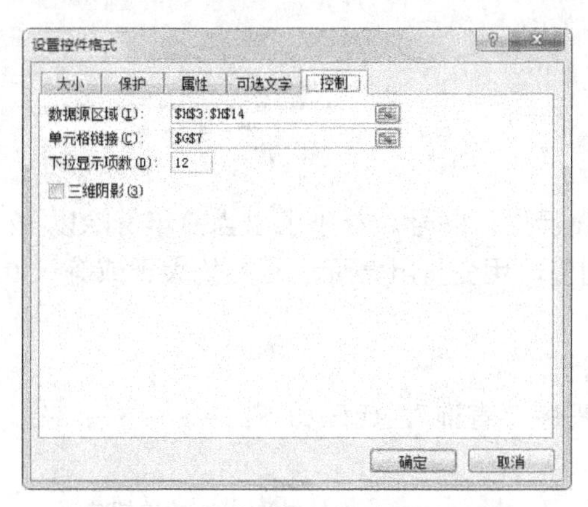

图 4.10 “设置控件格式”对话框

(4) 在工作表上添加两个“按钮”表单控件，分别标记为“查询”和“清除”，用来执行相应的子程序。

(5) 选中 B5:B14 和 D5:D14 单元格区域，填充“浅绿”颜色，设置外边框，用来输入或显示对应的信息。

(6) 参照图 4.9 调整各控件的大小和位置。

(7) 选中 F7、G7、H3:H14 单元格区域，设置字体颜色为“白色”，把该区域的内容隐藏起来。

2．编写自定义函数

进入 VB 编辑环境，插入一个模块，编写以下几个函数：

(1) a2y。本函数的功能既可由当前年龄求出生年份，也可由出生年份求当前年龄。形参 a 既可表示当前年龄，也可表示出生年份。具体代码如下：

```
Function a2y(a)
  a2y = Year(Date) - a
End Function
```

调用函数时，如果实参是当前年龄，则返回值是出生年份。如果实参是出生年份，则返回值是当前年龄。例如，当前为 2014 年，函数的实参为 30，返回值为 1984，实参为 1956，返回值为 58。

(2) y2b。这个函数的功能是由出生年份求生肖的序号。形参 y 表示出生年份，返回值为生肖数据区序号。具体代码为：

```
Function y2b(y)
  y2b = (y Mod 12) + 1
End Function
```

例如，调用函数时，实参为2012，则函数的返回值为9，对应生肖数据区的第9个生肖“龙”。

(3) b2a。这个函数的功能是由生肖求当前最小年龄。形参s表示生肖序号，返回值为当前最小年龄。比如，当前年份是2014，生肖为“猴”(序号为1)，当前最小年龄为10。具体代码如下：

```
Function b2a(s)
  m = Year(Date) Mod 12
  n = (m + 1) - s
  If n < 0 Then n = n + 12
  b2a = n
End Function
```

这段代码中，形参s表示生肖序号。首先求出当前年份除以12的余数，用变量m表示。用(m+1)-s得到最小年龄初值，用变量n表示。n的值大于或等于0，即为当前最小年龄，否则加12为当前最小年龄。

3. “查询”子程序设计

在模块中编写一个子程序“查询”，代码如下：

```
Sub 查询()
  k = Cells(7, 6)                      '取出选项按钮值
  Select Case k
    Case 1                             '选中第一个选项按钮
      nf = Cells(5, 2)                 '取出出生年份
      Cells(5, 4) = a2y(nf)            '求出当前年龄
      Cells(7, 7) = y2b(nf)            '求出生肖序号
    Case 2                             '选中第二个选项按钮
      ag = Cells(5, 4)                 '取出当前年龄
      nf = a2y(ag)                     '求出出生年份
      Cells(5, 2) = nf                 '填写出生年份
      Cells(7, 7) = y2b(nf)            '求出生肖序号
    Case 3                             '选中第三个选项按钮
      sx = Cells(7, 7)                 '取出生肖序号
      nn = b2a(sx)                     '求出当前最小年龄
      For r = 0 To 9                   '循环10次
        Cells(r + 5, 2) = a2y(nn) - r * 12 '填写出生年份
        Cells(r + 5, 4) = nn + r * 12  '填写年龄
      Next
  End Select
End Sub
```

在这个子程序中，首先从7行6列单元格，也就是F7单元格中取出选项按钮的序号，用变量k表示。然后用Select Case语句，根据不同的k值进行相应处理。

如果k的值为1，说明选中的是第一个选项按钮，需要由出生年份求年龄和生肖。从5行2列单元格取出出生年份，用a2y函数求出当前年龄填写到5行4列单元格。用y2b函数

求出生肖序号填写到7行7列单元格(G7单元格)，使组合框显示出对应的生肖。

如果k的值为2，说明选中的是第二个选项按钮，需要由当前年龄求出生年份和生肖。从5行4列单元格取出当前年龄，用a2y函数求出出生年份填写到5行2列单元格。同样用y2b函数求出生肖序号填写到7行7列单元格，使组合框显示出对应的生肖。

如果k的值为3，说明选中的是第三个选项按钮，需要由生肖求出生年份和年龄。从7行7列单元格取出生肖序号，用b2a函数求出该生肖对应的当前最小年龄，送给变量nn。再用For语句循环10次，每次往2列和4列数据区的末尾添加一个出生年份和一个年龄。年份的间隔、年龄的间隔都是12。

4．“清除”子程序设计

在模块中编写一个“清除”子程序，用来清除特定区域的原有内容，以便进行新的查询。子程序代码如下：

```
Sub 清除()
  Range("B5:B14,D5:D14,G7").ClearContents
End Sub
```

5．运行与测试

在工作表中，将“查询”和“清除”子程序分别指定给两个按钮。

单击“年份”选项按钮，在5行2列单元格输入一个出生年份，再单击“查询”按钮，显示出对应的年龄和生肖；单击“年龄”选项按钮，在5行4列单元格输入一个年龄，再单击“查询”按钮，显示出对应的出生年份和生肖；单击“生肖”选项按钮，指定一个生肖，再单击“查询”按钮，显示出与其对应的10个出生年份和年龄。

例如，单击“生肖”选项按钮，指定生肖为“猴”，将得到如图4.11所示的查询结果。

任何时候，单击“清除”按钮，将清除数据区和组合框的内容，以便重新查询。

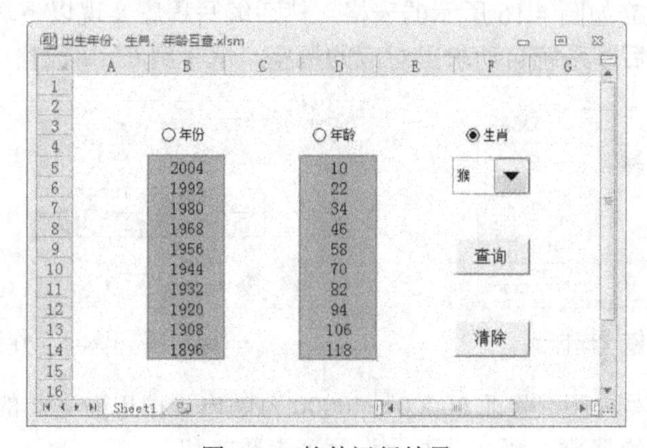

图4.11 软件运行结果

上机实验题目

1. 创建一个Excel工作簿，进入VB编辑环境，插入一个用户窗体，在窗体上放置两个复合框、两个标签。然后对窗口的Click事件编写一个尽可能简单的程序，使得单击窗口时，自动在每个复合框中添加列表项。两个复合框的列表项分别来源于Sheet1工作表的A～B列。

假设 Sheet1 工作表内容如图 4.12 所示，程序运行后，在两个复合框中将添加如图 4.13 和图 4.14 所示的列表项。

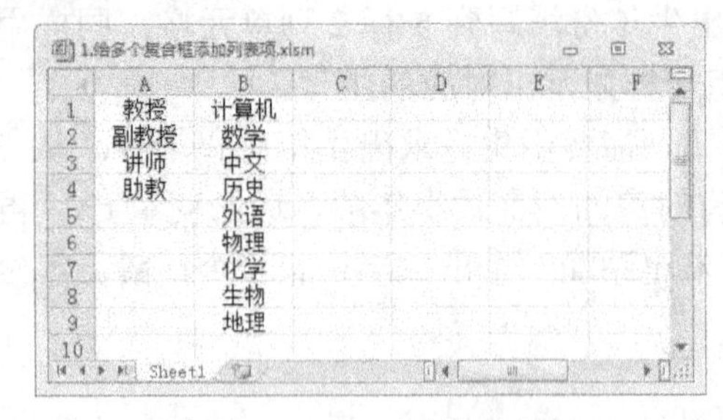

图 4.12　Sheet1 工作表内容

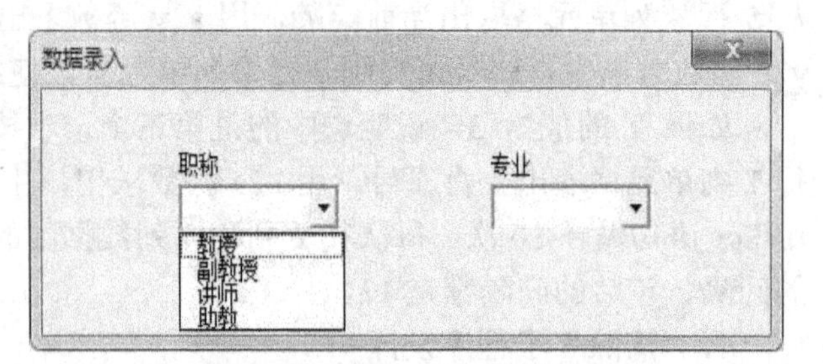

图 4.13　“职称”复合框的列表项

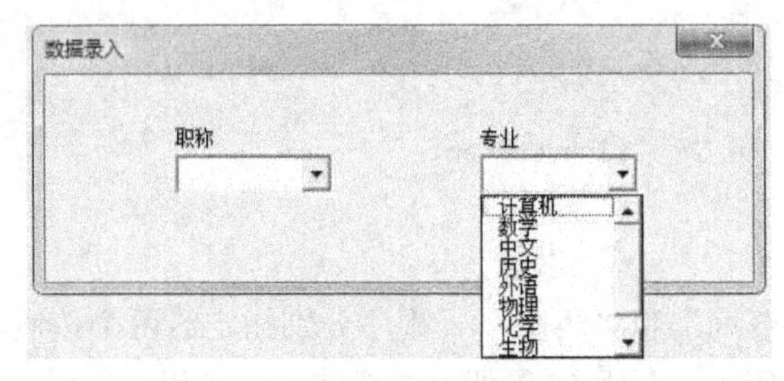

图 4.14　“专业”复合框的列表项

2. 创建一个 Word 文档，进入 VB 编辑环境，插入一个用户窗体，在窗体中放置一个标签、一个文字框、一个复选框和一个命令按钮，如图 4.15 所示。然后对按钮的 Click 事件编写程序，使得窗体运行后，单击命令按钮，能够统计文字框中字符串在 Word 当前文档中出现的次数。复选框用来区分大小写。

3. 在 Excel 中建立如图 4.16 所示的表格，然后编写程序实现以下功能：当在 B3 单元格中输入任意一个日期后，系统自动求出对应的星座，填写到 C3 单元格中。

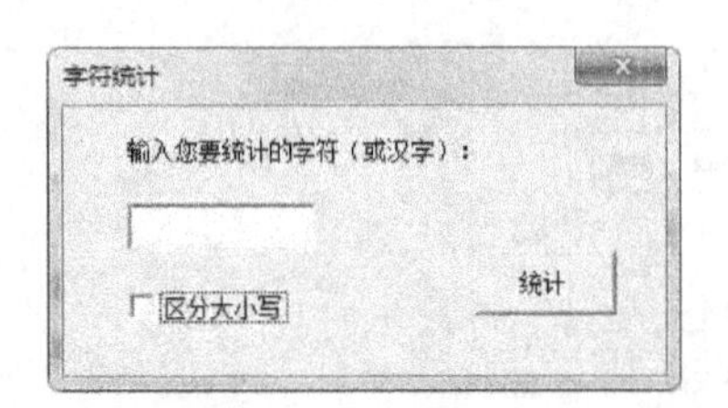

图 4.15　窗体及控件

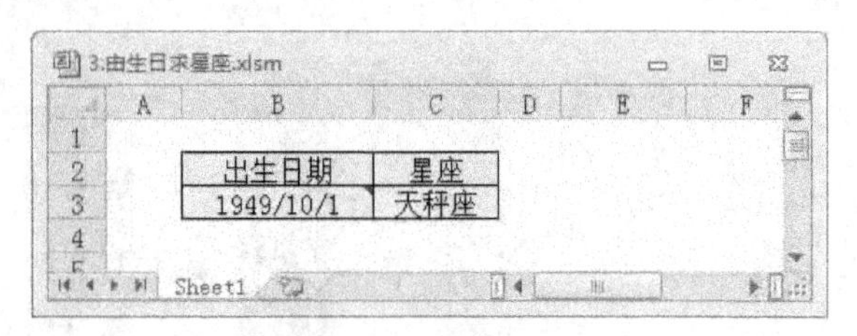

图 4.16　Excel 工作表界面

4. 在 Word 中编写程序，验证 20000～40000 范围内哥德巴赫猜想的正确性。哥德巴赫猜想：任何一个大于 5 的整数，都可以表示为两个素数之和。

要求用进度条窗体显示进度。

第5章 Office命令栏

在Microsoft Office中，工具栏、菜单栏和快捷菜单都可由同一种类型的对象进行编程控制，这类对象就是命令栏(CommandBar)。

通过VBA程序，可以为应用程序创建和修改自定义工具栏、菜单栏和快捷菜单栏，还可以给命令栏添加按钮、文字框、下拉式列表框和组合框等控件。

命令栏控件和ActiveX控件尽管具有相似的外观和功能，但两者并不相同。所以既不能在命令栏中添加ActiveX控件，也不能在文档或表格中添加命令栏控件。

5.1 创建自定义工具栏

本节结合几个实例，介绍用VBA程序添加、修改、控制工具栏及其控件的基本技术。

利用VBA代码可以创建和修改工具栏。如：改变按钮的状态、外观、功能，添加或修改组合框控件等等。

每个按钮控件都有两种状态：按下状态 (True) 和未按下状态 (False)。要改变按钮控件的状态，可为State属性赋予适当的值。也可以改变按钮的外观或功能。要改变按钮的外观而不改变其功能，可用CopyFace和PasteFace方法。CopyFace方法将某个特殊按钮的图符复制到剪贴板，PasteFace方法将按钮图符从剪贴板粘贴到指定的按钮上。要将按钮的动作改为自定义的功能，可给该按钮的OnAction属性指定一个自定义过程名。

表5.1列举了命令栏按钮常用的属性和方法。

表5.1 命令栏按钮常用的属性和方法

属性或方法	说　明
CopyFace	将指定按钮的图符复制到“剪贴板”上
PasteFace	将“剪贴板”上的内容粘贴到指定按钮的图符上
Id	代表按钮内置函数的值
State	按钮的外观或状态
Style	按钮图符是显示其图标还是显示其标题
OnAction	指定在用户单击按钮、显示菜单或更改组合框控件的内容时所运行的过程
Visible	对象是否可见
Enabled	对象是否有效

1．改变按钮外观

下面，我们创建包含一个按钮的命令栏，用代码改变按钮外观。

进入Excel的VB编辑器，插入一个模块，在模块中输入如下三个过程：

```
Sub CreateCB()
  Set myBar = CommandBars.Add(Name:="cbt")
  myBar.Visible = True
  Set oldc = myBar.Controls.Add(Type:=msoControlButton, ID:=23)
  oldc.OnAction = "ChangeFaces"
End Sub
Sub ChangeFaces()
  Set newc = CommandBars.FindControl(Type:=msoControlButton, ID:=19)
  newc.CopyFace
  Set oldc = CommandBars("cbt").Controls(1)
  oldc.PasteFace
End Sub
Sub DelCB()
  CommandBars("cbt").Delete
End Sub
```

过程 CreateCB 首先用 add 方法建立一个工具栏，命名为 cbt。然后让工具栏可见。接下来在工具栏上添加一个按钮，设置按钮的 ID 值为 23(对应于“打开”按钮)。最后通过命令栏按钮对象的 OnAction 属性，指定其执行的过程为 ChangeFace。

ChangeFace 过程首先找到 Excel 系统中 ID 为 19 的工具栏按钮，然后用 CopyFace 方法将该按钮的图符复制到“剪贴板”上，再用 PasteFace 方法将其粘贴到 cbt 工具栏的按钮上。这样就在运行时修改了命令栏按钮的外观。

过程 DelCB 用 Delete 方法删除工具栏 cbt。

运行 CreateCB 过程，在 Excel 功能区中会增加一个“加载项”选项卡，其中有一个“自定义工具栏”组，上面有一个按钮 。单击这个按钮，外观变为 。

运行 DelCB 过程，功能区上的“加载项”选项卡消失。

2．使用图文按钮

创建一个 Excel 工作簿，进入 VBE。在当前工程的 Microsoft Excel 对象中，双击 ThisWorkbook。在代码编辑窗口上方的“对象”下拉列表中，选择 Workbook，在“过程”下拉列表中选择 Open，对工作簿的 Open 事件编写如下代码：

```
Private Sub Workbook_Open()
  Set tbar = Application.CommandBars.Add(Temporary:=True)
  With tbar.Controls.Add(Type:=msoControlButton)
    .Caption = "统计"                    '按钮文字
    .FaceId = 16                         '按钮图符
    .Style = msoButtonIconAndCaption     '图文型按钮
    .OnAction = "tj"                     '执行的过程
  End With
  With tbar.Controls.Add(Type:=msoControlButton)
    .Caption = "增项"
    .FaceId = 12
```

```
        .Style = msoButtonIconAndCaption
        .OnAction = "zx"
    End With
    tbar.Visible = True
End Sub
```

当工作簿打开时，产生 Open 事件，执行上述代码。

这段代码首先建立一个自定义工具栏，设置临时属性(关闭当前工作簿后，工具栏自动删除)。然后在工具栏上添加两个图文型按钮，分别设置按钮的标题、图符和要执行的过程。

插入一个模块。在模块中编写一下两个过程：

```
Sub tj()
    MsgBox "统计功能！"
End Sub
Sub zx()
    MsgBox "增项功能！"
End Sub
```

这样，当打开该工作簿时，在 Excel 功能区中会自动出现一个“加载项”选项卡，其中有一个“自定义工具栏”组，上面有两个图文按钮 统计 和 增项，单击按钮，显示相应的提示信息。

3. 使用组合框

编辑框、下拉式列表框和组合框都是功能强大的控件，可以添加到 VBA 应用程序的工具栏中，这通常需要用 VBA 代码来完成。

要设计一个组合框，需要用到表 5.2 所示的属性和方法。

表 5.2　组合框常用属性和方法

属性或方法	说　明
Add	在命令栏中添加控件，可设置 Type 参数为： msoControlEdit、msoControlDropdown 或 msoControlComboBox
AddItem	在下拉式列表框或组合框中添加列表项
Caption	为组合框控件指定标签。 Style 属性设置为 msoComboLabel，则该标签在控件旁显示
Style	确定指定控件的标题是否显示在该控件旁。 msoComboLabel 显示 msoComboNormal 不显示
OnAction	指定当用户改变组合框控件的内容时要运行的过程

创建一个 Excel 工作簿，进入 VBE，插入一个模块。在模块中，首先用下面语句

```
Dim newCombo As Object
```

声明一个模块级对象变量 newCombo，用来表示自定义工具栏上的组合框。

然后，编写如下过程：

```
Sub 创建工具栏()
```

```
    Set myBar = CommandBars.Add(Temporary:=True)
    myBar.Visible = True
    Set newCombo = myBar.Controls.Add(Type:=msoControlComboBox)
    With newCombo
      .AddItem "Q1"
      .AddItem "Q2"
      .AddItem "Q3"
      .AddItem "Q4"
      .Style = msoComboLabel
      .Caption = "请选择一个列表项："
      .OnAction = "stq"
    End With
End Sub
```

该过程首先建立一个自定义工具栏，设置临时属性，使其可见。然后在工具栏上建立一个组合框，添加四个列表项，在旁边显示标题，指定当用户改变组合框控件的内容时要运行的过程 stq。

最后，编写 stq 过程如下：

```
Sub stq()
    k = newCombo.ListIndex
    MsgBox "选择了组合框的第" & k & "项！"
End Sub
```

这个子程序，通过模块级变量 newCombo 引用工具栏上的组合框，由组合框的 ListIndex 属性得到选项的序号，用 MsgBox 显示相应的信息。

运行“创建工具栏”过程，在 Excel 功能区中会自动出现一个“加载项”选项卡，其中有一个“自定义工具栏”组，上面有一个组合框，组合框的左边显示标题“请选择一个列表项:”。在组合框中选择任意一个列表项，将会显示相应的提示信息。

5.2 选项卡及工具栏按钮控制

下面，我们创建一个 Excel 工作簿，保留工作簿的三张工作表，通过 VBA 程序实现以下功能：

当工作簿打开时，自动建立一个临时自定义工具栏。工具栏上放置一个组合框、两个按钮。选中第一张工作表时，激活功能区的“开始”选项卡；选中第二张工作表时，激活功能区的“加载项”选项卡，组合框和第一个按钮可用，第二个按钮不可用；选中第三张工作表时，激活功能区的“加载项”选项卡，组合框和第二个按钮可用，第一个按钮不可用。选择组合框的任意一个列表项，该列表项文本添加到当前单元格区域。单击两个按钮，分别显示不同的提示信息。

首先创建一个 Excel 工作簿，保存为“选项卡及工具栏按钮控制.xlsm”。

然后，在 VB 编辑环境中，单击工具栏上的“工程资源管理器”按钮，在当前工程中的“Microsoft Excel 对象”中双击“ThisWorkBook”，对当前工作簿进行编程。

在代码编辑窗口上方的“对象”下拉列表框中选择 Workbook，在“过程”下拉列表框中选择 Open，对工作簿的 Open 事件编写如下代码：

```
Private Sub Workbook_Open()
  Set tbar = Application.CommandBars.Add(Temporary:=True)
  Set combx1 = tbar.Controls.Add(Type:=msoControlComboBox)
  With combx1
    .Width = 200
    .DropDownLines = 8
    .OnAction = "fill"
    .AddItem ("信息科学技术")
    .AddItem ("软件工程")
    .AddItem ("电子信息工程")
  End With
  Set butt1 = tbar.Controls.Add(Type:=msoControlButton)
  With butt1
    .Caption = "各省学生人数"
    .Style = msoButtonCaption
    .OnAction = "gsrs"
  End With
  Set butt2 = tbar.Controls.Add(Type:=msoControlButton)
  With butt2
    .Caption = "教材发放情况"
    .Style = msoButtonCaption
    .OnAction = "jcff"
  End With
  tbar.Visible = True
  Worksheets(1).Activate
End Sub
```

当工作簿打开时，这段程序被自动执行。它完成以下操作：

(1) 建立一个临时自定义工具栏，用对象变量 tbar 表示。设置自定义工具栏的临时属性，是为了不影响 Excel 系统环境，工作簿打开时建立，工作簿关闭时删除。

(2) 在工具栏上添加一个组合框，保存到对象变量 combx1 中。设置组合框的宽度、下列项目数，添加三个列表项，指定要执行的过程为 fill。

(3) 在工具栏上添加两个按钮，保存到对象变量 butt1 和 butt2 中。标题分别为“各省学生人数”和“教材发放情况”。为按钮分别指定要执行的过程为 gsrs 和 jcff。

(4) 让自定义工具栏可见，选中第一张工作表。

为了在选中不同工作表的情况下，激活不同的选项卡，控制工具栏按钮的可用性，我们对工作簿的 SheetActivate 事件编写如下代码：

```
Private Sub Workbook_SheetActivate(ByVal Sh As Object)
  Select Case Sh.Index
```

```
    Case 1
      Application.SendKeys "%H{F6}"
    Case 2
      Application.SendKeys "%X{F6}"
      butt1.Enabled = True
      butt2.Enabled = False
    Case Else
      Application.SendKeys "%X{F6}"
      butt1.Enabled = False
      butt2.Enabled = True
  End Select
End Sub
```

这段代码在工作簿的当前工作表改变时被执行。

如果当前选中的是第一张工作表，激活功能区的“开始”选项卡；是第二张工作表，激活功能区的“加载项”选项卡，第一个按钮可用，第二个按钮不可用；是第三张工作表，激活功能区的“加载项”选项卡，第二个按钮可用，第一个按钮不可用。组合框的 Enabled 属性默认值为 True，所以始终可用。

Microsoft 没有提供直接用 VBA 激活功能区选项卡的方法。但是，可以使用 SendKeys 方法模拟按键，来激活需要的选项卡。

例如，按 Alt 键，然后按 H 键，可激活“开始”选项卡。在功能区中会有这些按键的提示。如果要隐藏按键提示，只需按 F6 键。

语句

```
Application.SendKeys "%H{F6}"
```

发送按键信息，激活“开始”选项卡。

其中，“%H”相当于 Alt+H 键，“{F6} ”相当于 F6 键。

同样道理，语句

```
Application.SendKeys "%X{F6}"
```

可以激活“加载项”选项卡。

由于对象变量 combx1、butt1 和 butt2 在工作簿的 Open 事件中被赋值，而要在其他过程中引用，所以把它们声明为全局变量。

在 VB 编辑环境中，用“插入”菜单插入一个模块。在模块的顶部用下面语句声明全局型对象变量：

```
Public combx1, butt1, butt2 As Object
```

最后，在模块中编写以下三个过程：

```
Sub fill()
  Selection.Value = combx1.Text
End Sub
Sub gsrs()
  MsgBox "统计各省学生人数模块"
End Sub
```

```
Sub jcff()
  MsgBox "统计教材发放情况模块"
End Sub
```

这样，当我们选择组合框的任意一个列表项，该列表项文本将被添加到当前单元格区域中。单击两个按钮，将分别显示不同的提示信息。

5.3 获取系统工具栏按钮属性

控制系统内置工具栏按钮时，需要知道每个内置按钮的 ID、FaceId 属性值，以便设计出更专业、美观的工具栏。

在 Excel 中编写以下过程，可以列出所有内置工具栏按钮的 ID 和标题。

```
Sub OutputIDs()
  Set cbr = CommandBars.Add(Temporary:=True) '创建一个临时工具栏
  cbr.Visible = True                         '让工具栏可见
  For k = 1 To 4000
    On Error Resume Next                     '错误发生时，转到下一语句
    cbr.Controls.Add ID:=k                   '添加工具栏命令按钮
  Next
  On Error GoTo 0                            '恢复错误处理
  Cells(1, 1).Select
  For Each btn In cbr.Controls               '输出命令按钮的 ID 和标题
    Selection.Value = btn.ID
    Selection.Offset(0, 1).Value = btn.Caption
    Selection.Offset(1, 0).Select            '选择下一行
  Next
End Sub
```

在这段程序里，假设最大的内置命令按钮 ID 为 4000。首先创建一个临时自定义工具栏，将内置命令按钮都添加到这个工具栏上，然后对这个工具栏进行操作，获得内置命令按钮的 ID 值和对应的标题。

这里需要注意的是，内置命令按钮的 ID 并不是连续的，找不到对应的内置命令按钮时，语句 cbr.Controls.Add 就会出错，所以要在程序里面添加一条错误处理语句。

在 Excel 中运行以下过程，可以创建一个临时自定义工具栏，该工具栏包含了 Excel 里常用的前 300 个 FaceId 属性值所对应的图标，每个按钮设置一个提示文本。

```
Sub ShowFaceIds()
  Set tb = CommandBars.Add(Temporary:=True)
  For k = 0 To 299
    Set btn = tb.Controls.Add
    btn.FaceId = k
    btn.TooltipText = "FaceId = " & k
  Next
```

```
    tb.Visible = True
End Sub
```

5.4 自定义菜单

本节在Excel工作簿中建立一个如图5.1所示的自定义菜单。工作簿打开时自动出现在“加载项”选项卡中，当选择“输入”、“修改”、“删除”菜单命令时显示出相应的信息，选择“退出”菜单命令，删除“加载项”选项卡。

实现方法如下：

(1) 在Excel环境中，选择“开发工具”选项卡“代码”组的“Visual Basic”命令，或按Alt+F11键，打开VB编辑器。

(2) 打开“工程资源管理器”，在“Microsoft Excel 对象”的“ThisWorkbook”上双击鼠标，打开代码编辑器窗口，在上面的“对象”下拉列表中选择“Workbook”，在“过程”下拉列表中选择“Open”，输入代码，得到如下过程：

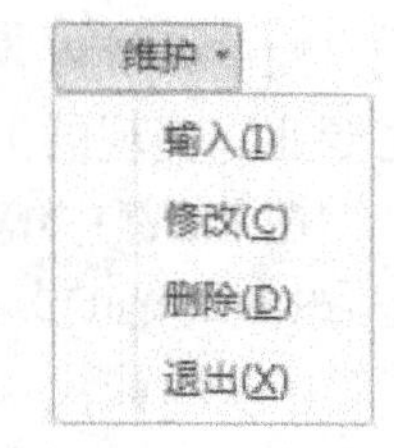

图5.1 自定义菜单

```
Private Sub Workbook_Open()
  Set mb = MenuBars.Add("MyMenu")                              '建立菜单栏
  Set mt = mb.Menus.Add("维护")                                '添加水平菜单项
  mt.MenuItems.Add Caption:="输入", OnAction:="in_p" '添加竖直菜单项
  mt.MenuItems.Add Caption:="修改", OnAction:="modi"
  mt.MenuItems.Add Caption:="删除", OnAction:="dele"
  mt.MenuItems.Add Caption:="退出", OnAction:="quit"
  mb.Activate                                                   '激活自定义菜单
End Sub
```

(3) 在VB编辑环境的“标准”工具栏上单击“模块”按钮，或选择“插入”菜单的“模块”命令，插入一个模块。在模块中输入如下4个过程：

```
Sub in_p()
  MsgBox ("执行输入功能")
End Sub
Sub modi()
  MsgBox ("执行修改功能")
End Sub
Sub dele()
  MsgBox ("执行删除功能")
End Sub
Sub quit()
  MenuBars("MyMenu").Delete '删除自定义菜单
End Sub
```

(4) 保存工作簿。

再次打开这个工作簿时，自定义菜单会自动被激活在“加载项”选项卡中。选择“输入”、

“修改”、“删除”菜单项时，显示相应的提示信息，选择“退出”菜单命令，删除“加载项”选项卡。

5.5　动态设置列表项

本节的任务是针对如图 5.2 所示的“信息”工作表，如图 5.3、图 5.4 所示的“课程表”工作表，写程序实现以下功能：

(1) 工作簿打开时创建一个临时自定义工具栏，在工具栏上添加一个组合框，设置组合框宽度、下拉项目数、要执行的过程，让工具栏可见。

(2) 在“课程表”工作表中，选中“课程”单元格时，将“信息”工作表“课程”列的信息添加到组合框作为下拉列表项；选中“班级”、“教师”、“教室”单元格时，将“信息”工作表对应列的信息添加到组合框作为下拉列表项。

(3) 在组合框中选择任意列表项，则将该项填写到当前单元格中。

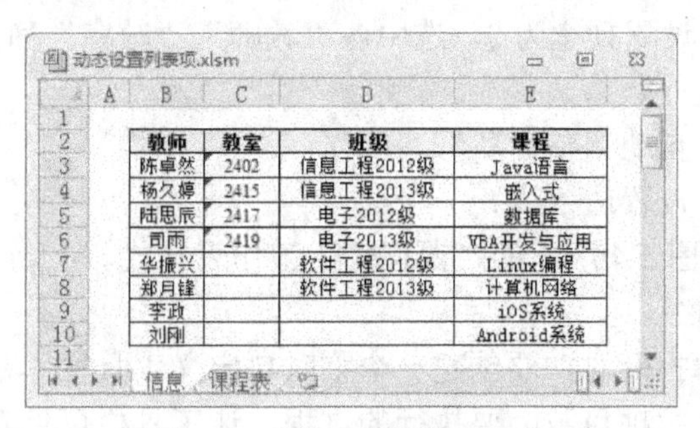

教师	教室	班级	课程
陈卓然	2402	信息工程2012级	Java语言
杨久婷	2415	信息工程2013级	嵌入式
陆思辰	2417	电子2012级	数据库
司雨	2419	电子2013级	VBA开发与应用
华康兴		软件工程2012级	Linux编程
郑月锋		软件工程2013级	计算机网络
李政			iOS系统
刘刚			Android系统

图 5.2　“信息”工作表内容

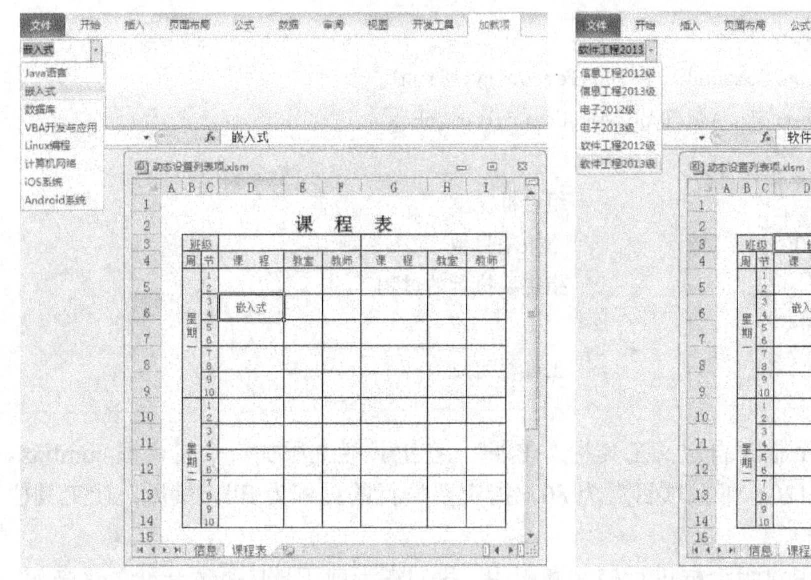

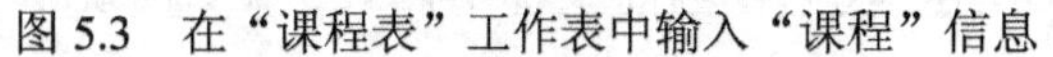

图 5.3　在“课程表”工作表中输入“课程”信息　　图 5.4 在“课程表”工作表中输入“班级”信息

1. “信息”工作表设计

创建一个 Excel 工作簿。将工作簿中的一个工作表重命名为“信息”。

本工作表的作用是提供排课时用到的“教师”、“教室”、“班级”和“课程”信息，对格式无特殊要求。但为了使数据清晰、规整，我们对工作表进行如下设置：

选中所有单元格，填充背景颜色为“白色”。

设计如图 5.2 所示的表格。包括设置边框线，设置表头背景颜色、添加文字，设置字体、字号等。

表格区域的单元格格式设置为水平居中，数字作为文本处理。

选中所有单元格，设置“自动调整行高”和“自动调整列宽”。

在表格中输入一些“教师”、“教室”、“班级”和“课程”信息，以便进行测试。

2.“课程表”工作表设计

将工作簿中的另一个工作表重命名为“课程表”。然后进行如下设置：

选中所有单元格，填充背景颜色为“白色”。

单元格格式设置为水平居中，垂直居中，数字作为文本处理，文本控制设置为自动换行。

标题为宋体、16 号字、加粗，上部表头和左边表头为宋体、10 号字、褐色，课表内容为宋体、9 号字、绿色。

选中各“课程”列，设置列宽为 9。选中各“教师”、“教室”列，设置列宽为 5，其余列按实际情况手动调整。

选中所有行，设置“自动调整行高”。

合并必要的单元格，设置边框线。

最后得到如图 5.3 和图 5.4 所示的“课程表”工作表样式。

3. 创建自定义工具栏

按照要求，当工作簿打开时，要创建一个临时自定义工具栏，在工具栏上添加一个组合框，设置组合框宽度、下拉项目数、要执行的过程，让工具栏可见。为此，我们对工作簿的 Open 事件编写如下代码：

```
Private Sub Workbook_Open()
  Set tbar = Application.CommandBars.Add(Temporary:=True)
  Set combox = tbar.Controls.Add(Type:=msoControlComboBox)
  With combox
    .Width = 120                        '组合框宽度
    .DropDownLines = 80                 '下拉项目数
    .OnAction = "fill"                  '指定要执行的过程
  End With
  tbar.Visible = True                   '工具栏可见
End Sub
```

这段程序首先建立一个临时自定义工具栏“排课”，在工具栏上添加一个组合框 combox。然后设置组合框的宽度为 120、下拉项目数为 80，指定要执行的过程为 fill。最后，让工具栏可见。

为了能够在其他过程中对组合框进行控制和引用，我们在当前工程中插入一个“模块 1”，用下面语句声明 combox 为全局对象变量：

```
Public combox As Object
```

为了能在选中“课程表”工作表时，激活“加载项”选项卡，在选中“信息”工作表时，激活“开始”选项卡，我们对工作簿的 SheetActivate 事件编写如下代码：

```
Private Sub Workbook_SheetActivate(ByVal Sh As Object)
  If Sh.Index = 1 Then
    Application.SendKeys "%H{F6}"
  Else
    Application.SendKeys "%X{F6}"
  End If
End Sub
```

4．动态设置组合框的下拉列表项

为了实现在“课程表”工作表中，选中“课程”单元格时，将“信息”工作表“课程”列的信息添加到组合框作为下拉列表项；选中“班级”、“教师”、“教室”单元格时，将“信息”工作表对应列的信息添加到组合框作为下拉列表项。我们对工作簿的 SheetSelectionChange 事件编写如下代码：

```
Private Sub Workbook_SheetSelectionChange(ByVal Sh As Object, ByVal Target As Range)
  If InStr(Sh.Name, "课程表") Then
    col = Target.Column                    '求当前列号
    ron = Target.Row                       '求当前行号
    If ron = 3 Then                        '第 3 行
      Call add_ComboBox(4, "—班级—")       '将 4 列班级名放入组合框
    ElseIf col = 4 Or col = 7 Then
      Call add_ComboBox(5, "—课程—")       '将 5 列课程名放入组合框
    ElseIf col = 5 Or col = 8 Then
      Call add_ComboBox(3, "—教室—")       '将 3 列教室名放入组合框
    ElseIf col = 6 Or col = 9 Then
      Call add_ComboBox(2, "—教师—")       '将 2 列教师名放入组合框
    End If
  End If
End Sub
```

工作簿任意一个工作表的单元格焦点改变时，都会产生 SheetSelectionChange 事件，执行上述程序。如果当前工作表是“课程表”，则取出当前单元格的列号和行号，再根据行、列位置，调用子程序 add_ComboBox，向组合框添加相应的项目。

5．子程序 add_ComboBox 设计

子程序 add_ComboBox 的功能是从“信息”工作表的 col 列、从第 3 行开始依次取出各单元格的内容，添加到组合框中，最后在组合框中显示 title。具体代码如下：

```
Public Sub add_ComboBox(col, title)
  combox.Clear                                      '清除组合框原项目
  hs = Sheets("信息").Cells(2, col).End(xlDown).Row  '求有效行数
  For k = 3 To hs
    entry = Sheets("信息").Cells(k, col)             '取得一项信息
    combox.AddItem (entry)                          '添加组合框项
  Next
```

```
    combox.Text = title                          '添加标题项
  End Sub
```

比如，执行语句 Call add_ComboBox(2, "—教师—")，会将“信息”工作表第 2 列的各教师名依次添加到组合框，并在组合框中显示“—教师—”字样。

执行语句 Call add_ComboBox(3, "—教室—")，会将“信息”工作表第 3 列的各教室名依次添加到组合框，并在组合框中显示“—教室—”字样。

6．将组合框的列表项填写到单元格

为了实现在组合框中选择任意一个列表项，将该项填写到当前单元格中。我们在“模块1”中编写一个子程序 fill。当自定义工具栏组合框选项改变时，该子程序被执行。代码如下：

```
  Public Sub fill()
    cv = Trim(combox.Text)          '取出组合框值
    If Left(cv, 1) <> "—" Then '不是标题项
      ActiveCell.Value = cv          '填写到当前单元格
    End If
  End Sub
```

这个子程序先将组合框的值送给变量 cv，然后根据左边第一个字符判断组合框的值是否为“标头”，如果不是标头，则将组合框的值填写到当前单元格中。

7．运行和测试

打开工作簿，我们会看到 Excel 功能区有一个“加载项”选项卡，其中自定义工具栏有一个组合框。

当我们在“课程表”工作表中将光标定位到任意一个“课程”单元格时，“信息”工作表“课程”列的信息将添加到组合框作为下拉列表项。光标定位到“班级”、“教师”、“教室”单元格时，组合框的下拉列表项随之改变。

在组合框中选择任意列表项，该项内容将填写到当前单元格中。结果如图 5.3 和图 5.4 所示。

5.6 工资条分解

在 Excel 工作簿中，有如图 5.5 所示的工资表。我们的任务是：把每个部门的工资数据分别保存为一个工作簿文件，并形成每个员工的工资条(每个数据行前面加表头)。

工资条分解.xlsm

	A	B	C	D	E	F	G	H	I	J	K	L	M	N
1	部门	工号	姓名	岗位工资	薪级工资	各种补贴	绩效工资	取暖补贴	应发合计	医疗基金	个人缴存	缴所得税	扣款合计	实发金额
2	0101	0101001	员工1	1900.00	1289.0	400.00	365.0	193.0	4147.00	61.3	184	936.74	1182.04	2964.96
3	0101	0101002	员工2	1900.00	1244.0	400.00	365.0	193.0	4102.00	60.4	182	1496.65	1739.05	2362.95
4	0103	0101006	员工3	1420.00	1289.0	400.00	365.0	193.0	3667.00	61.3	160	405.54	626.84	3040.16
5	0101	0101008	员工4	1420.00	1384.0	400.00	365.0	193.0	3762.00	63.1	165	423.18	651.28	3110.72
6	0101	0204002	员工5	1420.00	1289.0	400.00	365.0	193.0	3687.00	61.3	160	745.54	966.84	2700.16
7	0101	0906001	员工6	1420.00	834.0	400.00	365.0	193.0	3212.00	52.4	138	332.86	523.26	2688.74
8	0101	1105001	员工7	1640.00	1334.0	410.00	420.0	207.0	4011.00	66.8	174	569.64	810.44	3200.56
9	0102	0102005	员工8	1045.00	1109.0	390.00	270.0	152.0	2966.00	50.0	132	134.20	316.20	2649.80
10	0102	0102008	员工9	850.00	555.0	380.00	220.0	152.0	2157.00	46.7	94	28.03	168.73	1988.27
11	0102	0102010	员工10	720.00	295.0	375.00	185.0	124.0	1699.00	46.7	75	0.10	121.80	1577.20
12	0101	0201002	员工11	1045.00	944.0	390.00	270.0	152.0	2801.00	46.8	124	138.82	309.62	2491.38
13	0102	0315020	员工12	720.00	295.0	375.00	185.0	124.0	1699.00	46.7	75	0.10	121.80	1577.20
14	0102	1109001	员工13	590.00	233.0	375.00	155.0	97.0	1450.00	46.7	65	0.00	111.70	1338.30
15	0103	0103005	员工14	850.00	391.0	380.00	220.0	152.0	1993.00	46.7	86	23.35	156.05	1836.95
16	0103	0103006	员工15	575.00	340.0	375.00	150.0	97.0	1537.00	46.7	70	0.00	116.70	1420.30
17														

工资表

图 5.5 Excel 中的工资表

1. 创建自定义工具栏

为便于使用，并且不影响工作表界面，我们希望在工作簿打开时，自动创建一个临时自定义工具栏，上面放一个按钮来执行相应的操作，工作簿关闭时，删除自定义工具栏。实现方法：

(1) 打开 Excel 工作簿，选择“开发工具”选项卡“代码”组的“Visual Basic”命令，或按 Alt+F11 键，进入 VB 编辑环境。

(2) 在“工程资源管理器”中，双击“Microsoft Excel 对象”的“ThisWorkbook”，打开代码编辑器窗口，在上面的“对象”下拉列表中选择“Workbook”，在“过程”下拉列表中选择“Open”，编写如下过程：

```
Private Sub Workbook_Open()
  Set tbar = Application.CommandBars.Add(Temporary:=True)
  With tbar.Controls.Add(Type:=msoControlButton)
    .Caption = "工资条分解"
    .Style = msoButtonCaption
    .OnAction = "fj"
  End With
  tbar.Visible = True
End Sub
```

这样，当我们再次打开工作簿时，会看到 Excel 功能区有一个“加载项”选项卡，其中自定义工具栏，上面有一个“工资条分解”按钮。单击这个按钮将会执行子程序 fj。

2. fj 子程序设计

在 VBE 中，插入一个模块，编写一个子程序 fj，代码如下：

```
Sub fj()
  Application.ScreenUpdating = False              '关闭屏幕更新
  Set shr = ActiveSheet                           '设置对象变量
  rm = [A1].End(xlDown).Row                       '求当前工作表数据最大行号
  Columns("IV").Clear                             '清筛选条件区
  Columns(1).AdvancedFilter Action:=xlFilterCopy, _
  CopyToRange:=[IV1], Unique:=True                '第 1 列数据排除重复值复制到 IV 列
  For r = 2 To [IV1].End(xlDown).Row              '遍历筛选条件区的每个数据
    v = Cells(r, "IV")                            '取出一个条件数据
    If Len(Trim(v)) > 0 Then                      '不为空
      [A1].AutoFilter Field:=1, Criteria1:=v      '筛选数据
      Set wk = Workbooks.Add                      '创建新工作簿
      h = 1                                       '目标起始行
      rm = shr.Range("A1").End(xlDown).Row        '数据源最大行号
      For m = 2 To rm                             '数据源按行循环
        If Not shr.Rows(m).Hidden Then            '该数据行未被隐藏
          shr.Rows(1).Copy Destination:=wk.Sheets(1).Rows(h)       '复制表头
          shr.Rows(m).Copy Destination:=wk.Sheets(1).Rows(h + 1) '复制数据
```

```
            h = h + 3                           '调整目标行号
          End If
        Next
        wk.Sheets(1).Cells.Columns.AutoFit      '自动调整列宽
        pn = ThisWorkbook.Path & "\"            '求出当前路径
        wk.SaveAs Filename:=pn & v & ".xlsx"    '保存新工作簿
        wk.Close                                '关闭新工作簿
        [A1].AutoFilter                         '取消筛选
      End If
    Next
    Application.ScreenUpdating = True           '打开屏幕更新
    MsgBox "分解完毕！"
End Sub
```

为提高运行效率，在这个子程序中，先关闭屏幕更新，数据处理结束会再打开屏幕更新。为便于引用，将当前工作表用对象变量 shr 表示。

主要操作：

(1) 求出当前工作表数据区最大行号，用变量 rm 表示。

(2) 把 IV 列作为筛选条件区，将当前工作表第 1 列数据，排除重复值后，复制到 IV 列。

(3) 用 For 循环语句，遍历 IV 列筛选条件区的每个数据，将其作为筛选条件，对 A1 单元格对应的数据区(工资表数据区)，按第 1 列进行筛选。也就是把工资表中，部门编号为特定值的数据筛选出来。

(4) 将筛选出来的数据分解成工资条，放到一个新建的工作簿，然后把新工作簿另存为以部门编号命名的文件。

分解工资条的技术要点是用循环语句，将当前筛选出来数据区的每一行前面加上表头，复制到新工作簿，每个工资条间隔 1 行。

3．运行和测试

打开工作簿，在“加载项”选项卡的自定义工具栏中，单击“工资条分解”按钮，系统将自动把每个部门的工资数据保存为一个工作簿文件，并形成每个员工的工资条。

对于图 5.5 的工资表数据，将生成 3 个工作簿文件，分别为“0101.xlsx”、“0102.xlsx”和“0103.xlsx”。其中，“0102.xlsx”工作簿 Sheet1 工作表的内容如图 5.6 所示。

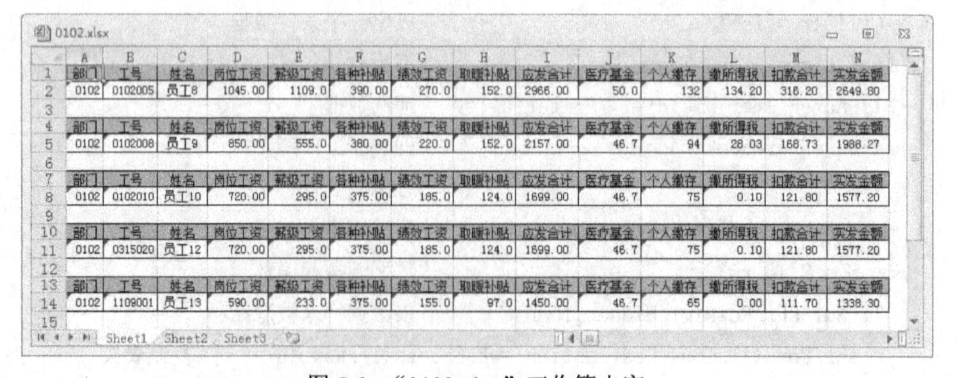

0102.xlsx

	A	B	C	D	E	F	G	H	I	J	K	L	M	N
1	部门	工号	姓名	岗位工资	薪级工资	各种补贴	绩效工资	取暖补贴	应发合计	医疗基金	个人缴存	缴所得税	扣款合计	实发金额
2	0102	0102005	员工8	1045.00	1109.0	390.00	270.0	152.0	2966.00	50.0	132	134.20	316.20	2649.80
3														
4	部门	工号	姓名	岗位工资	薪级工资	各种补贴	绩效工资	取暖补贴	应发合计	医疗基金	个人缴存	缴所得税	扣款合计	实发金额
5	0102	0102008	员工9	850.00	555.0	380.00	220.0	152.0	2157.00	46.7	94	28.03	168.73	1988.27
6														
7	部门	工号	姓名	岗位工资	薪级工资	各种补贴	绩效工资	取暖补贴	应发合计	医疗基金	个人缴存	缴所得税	扣款合计	实发金额
8	0102	0102010	员工10	720.00	295.0	375.00	185.0	124.0	1699.00	46.7	75	0.10	121.80	1577.20
9														
10	部门	工号	姓名	岗位工资	薪级工资	各种补贴	绩效工资	取暖补贴	应发合计	医疗基金	个人缴存	缴所得税	扣款合计	实发金额
11	0102	0315020	员工12	720.00	295.0	375.00	185.0	124.0	1699.00	46.7	75	0.10	121.80	1577.20
12														
13	部门	工号	姓名	岗位工资	薪级工资	各种补贴	绩效工资	取暖补贴	应发合计	医疗基金	个人缴存	缴所得税	扣款合计	实发金额
14	0102	1109001	员工13	590.00	233.0	375.00	155.0	97.0	1450.00	46.7	65	0.00	111.70	1338.30
15														

Sheet1 Sheet2 Sheet3

图 5.6 “0102.xlsx”工作簿内容

上机实验题目

1. 在 Word 中编写程序，列出前 200 个内置命令按钮的 ID 值和对应的标题。

2. 对如图 5.7 所示的学生考试成绩进行筛选。要求通过选择自定义工具栏中组合框的列表项，列出总分前 5 名、总分后 5 名、600 分以上、500～600 分、400～500 分、300～400 分、300 分以下的学生名单。图中左下角为筛选出来的总分前 5 名的数据。

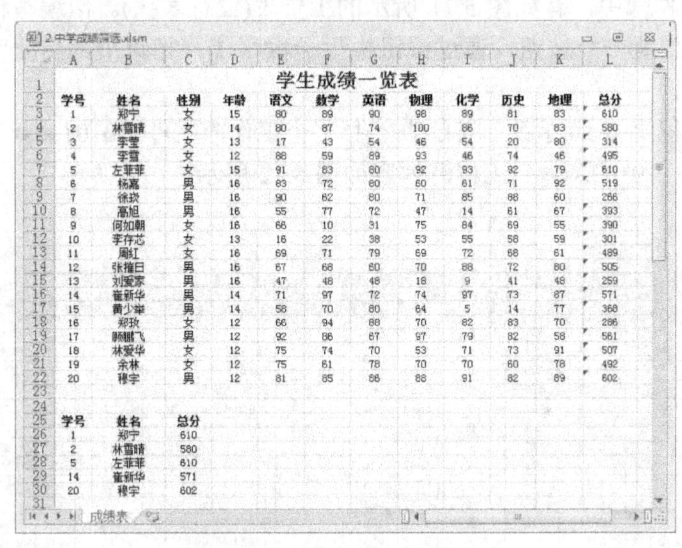

学生成绩一览表

学号	姓名	性别	年龄	语文	数学	英语	物理	化学	历史	地理	总分
1	郑宁	女	15	80	89	90	98	89	81	83	610
2	林雪晴	女	14	80	87	74	100	86	70	83	580
3	李莹	女	13	17	43	54	46	54	20	80	314
4	李雪	女	12	88	59	89	93	46	74	46	495
5	左菲菲	女	15	91	83	80	92	93	92	79	610
6	杨嘉	男	16	83	72	80	60	61	71	92	519
7	徐玖	男	16	90	62	80	71	85	88	60	286
8	高旭	男	16	55	77	72	47	14	61	67	393
9	何如朝	女	16	66	10	31	75	84	69	55	390
10	李存芯	女	13	16	22	38	53	55	58	59	301
11	周红	女	16	69	71	79	69	72	68	61	489
12	张推日	男	16	67	68	80	70	88	72	80	505
13	刘爱家	男	16	47	48	48	18	9	41	48	259
14	崔新华	男	14	71	97	72	74	97	73	87	571
15	黄少举	男	14	58	70	80	64	5	14	77	368
16	郑玫	女	12	66	94	88	70	82	83	70	286
17	顾鹏飞	男	12	92	86	67	97	79	82	58	561
18	林爱华	女	12	75	74	70	53	71	73	91	507
19	余林	女	12	75	61	78	70	70	60	78	492
20	穆宇	男	12	81	85	88	88	91	82	89	602

学号	姓名	总分
1	郑宁	610
2	林雪晴	580
5	左菲菲	610
14	崔新华	571
20	穆宇	602

图 5.7　成绩一览表及筛选结果

3. 利用 Excel 和 VBA，设计一个带有自定义工具栏的超市会员积分统计软件。要求根据消费记录自动统计每位会员的消费总额和总积分(每消费 50 元可获得 1 个积分)。

假设有如图 5.8、图 5.9 所示的会员信息表、消费记录表的结构和数据，统计后应得到如图 5.10 所示的结果。

会员号	姓名	电话	消费总额	总积分
06001	张三	010-68345599，13355667788		
06002	李四	78457890，0431-99887766		
06003	王五	13688890984		
06004	赵六	13899887766		
06005	孙七	13912345678		

图 5.8 “会员信息”工作表

会员号	日期	消费金额	备注
06001	2011/12/1	102.00	
06001	2011/11/27	50.00	
06002	2011/12/3	100.00	
06002	2011/11/26	70.00	
06003	2011/11/28	60.00	
06003	2011/12/5	55.00	
06004	2011/11/29	80.00	
06005	2011/12/2	108.00	

图 5.9 “消费记录”工作表

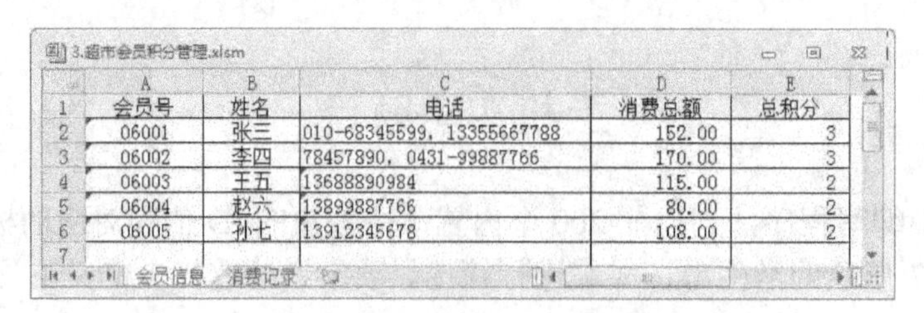

会员号	姓名	电话	消费总额	总积分
06001	张三	010-68345599，13355667788	152.00	3
06002	李四	78457890，0431-99887766	170.00	3
06003	王五	13688890984	115.00	2
06004	赵六	13899887766	80.00	2
06005	孙七	13912345678	108.00	2

图 5.10　消费总额和总积分统计结果

4. 在 Excel 工作簿中，有如图 5.11 所示的工资表(三行表头)。请编写程序，创建一个自定义工具栏，上面放置一个按钮，通过按钮执行子程序 fj，把每个部门的工资数据分别保存为一个工作簿文件。

也就是说，子程序 fj 运行后，应自动产生 3 个工作簿文件“0101.xlsx”、“0102.xlsx”和“0103.xlsx”，其中“0102.xlsx”工作簿内容如图 5.12 所示。

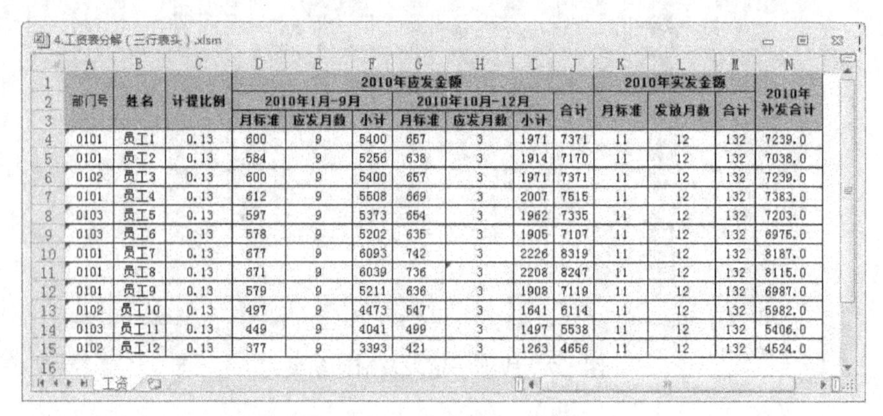

部门号	姓名	计提比例	2010年应发金额							2010年实发金额			2010年补发合计
			2010年1月-9月			2010年10月-12月			合计	月标准	发放月数	合计	
			月标准	应发月数	小计	月标准	应发月数	小计					
0101	员工1	0.13	600	9	5400	657	3	1971	7371	11	12	132	7239.0
0101	员工2	0.13	584	9	5256	638	3	1914	7170	11	12	132	7038.0
0102	员工3	0.13	600	9	5400	657	3	1971	7371	11	12	132	7239.0
0101	员工4	0.13	612	9	5508	669	3	2007	7515	11	12	132	7383.0
0103	员工5	0.13	597	9	5373	654	3	1962	7335	11	12	132	7203.0
0103	员工6	0.13	578	9	5202	635	3	1905	7107	11	12	132	6975.0
0101	员工7	0.13	677	9	6093	742	3	2226	8319	11	12	132	8187.0
0101	员工8	0.13	671	9	6039	736	3	2208	8247	11	12	132	8115.0
0101	员工9	0.13	579	9	5211	636	3	1908	7119	11	12	132	6987.0
0102	员工10	0.13	497	9	4473	547	3	1641	6114	11	12	132	5982.0
0103	员工11	0.13	449	9	4041	499	3	1497	5538	11	12	132	5406.0
0102	员工12	0.13	377	9	3393	421	3	1263	4656	11	12	132	4524.0

图 5.11　工资表结构及数据

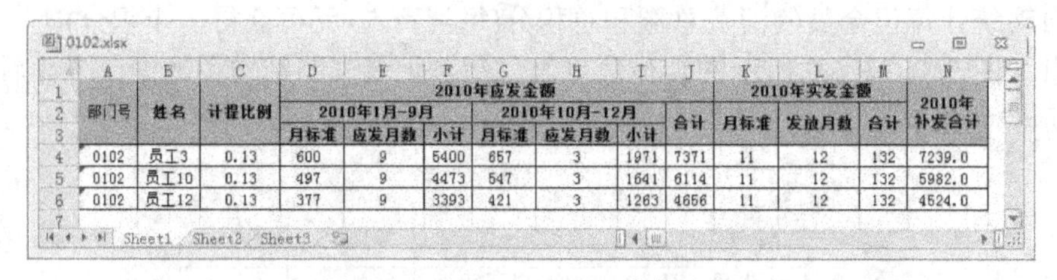

部门号	姓名	计提比例	2010年应发金额							2010年实发金额			2010年补发合计
			2010年1月-9月			2010年10月-12月			合计	月标准	发放月数	合计	
			月标准	应发月数	小计	月标准	应发月数	小计					
0102	员工3	0.13	600	9	5400	657	3	1971	7371	11	12	132	7239.0
0102	员工10	0.13	497	9	4473	547	3	1641	6114	11	12	132	5982.0
0102	员工12	0.13	377	9	3393	421	3	1263	4656	11	12	132	4524.0

图 5.12　“0102.xlsx”工作簿内容

第 6 章 应用程序之间调用与通讯

有时候我们需要在 Office 各组件之间传递数据，以便利用各组件的特性进行不同的处理。本节通过几个案例介绍 Office 应用程序之间调用与通讯的有关技术。

6.1 从 Excel 中进行 Word 操作

在某个 Office 应用程序中可以通过 VBA 代码处理其他 Office 应用程序对象。比如，在 Excel 中，可以通过对象连接与嵌入(OLE)或动态数据交换(DDE)等技术与 Word、PowerPoint、Access 等其他应用程序进行数据交换，反过来也一样。

下面给出一个在 Excel 中对 Word 进行操作的例子。

创建一个 Excel 工作簿，在 Sheet1 工作表中输入如图 6.1 所示的数据。

进入 VB 编辑器，在“工具”菜单中选“引用”项，在对话框中选择 MicroSoft Word 14.0 Object Libarary 项。

在 Sheet1 中编写一个通用子程序，代码如下：

```
Public Sub ExportWord()
  Dim WordApp As Word.Application
  Set WordApp = CreateObject("Word.Application")
  WordApp.Visible = True
  With WordApp
    Set newDoc = .Documents.Add
    With .Selection
      For Each C In Worksheets("Sheet1").Range("A1:B10")
        .InsertAfter Text:=C.Value
        Count = Count + 1
        If Count Mod 2 = 0 Then
          .InsertAfter Text:=vbCr
        Else
          .InsertAfter Text:=vbTab
        End If
      Next
      .Range.ConvertToTable Separator:=wdSeparateByTabs
      .Tables(1).AutoFormat Format:=wdTableFormatClassic1
    End With
  End With
```

```
  Set WordApp = Nothing
End Sub
```

该程序运行后，将创建一个 Word 文档，将 Execl 工作表指定区域的数据传递到 Word 文档，并将文本转换成表格，得到如图 6.2 所示的结果。

	A	B
1	星期一	甲
2	星期二	乙
3	星期三	丙
4	星期四	丁
5	星期五	戊
6	星期六	己
7	星期日	庚
8		辛
9		壬
10		癸

图 6.1　Excel 工作表的数据

星期一	甲
星期二	乙
星期三	丙
星期四	丁
星期五	戊
星期六	己
星期日	庚
	辛
	壬
	癸

图 6.2　Word 文档中的结果

在 Office 中，自动功能允许通过引用其他应用程序的对象、属性和方法来返回、编辑和输出数据。

若要使其他应用程序使用 Word 的自动功能，需要首先创建一个对 Word Application 对象的引用。在 VBA 中，可使用 CreateObject 或 GetObject 功能返回一个到 Word Application 对象的引用。

在 Excel 过程中，可以使用下面语句创建一个 Word Application 对象的引用。

```
Set WordApp = CreateObject("Word.Application")
```

该语句使 Word 中的 Application 对象可用于自动功能。使用 Word 的 Application 对象的对象、属性和方法，可以控制 Word。

下面语句用 Visible 属性使 Word 对象可见。

```
WordApp.Visible = True
```

下面语句用于创建一个新的 Word 文档，并用对象变量表示。

```
Set newDoc = WordApp.Documents.Add
```

下面程序段，用 For…Each 语句把 Sheet1 工作表 A1:B10 区域每个单元格的内容输出到 Word 新建的文档中，数据之间用 Tab(制表符)分隔，每一行的末尾输出一个回车符，最后将文本转换为表格并设置格式。

```
With WordApp.Selection
  For Each C In Worksheets("Sheet1").Range("A1:B10")
    .InsertAfter Text:=C.Value
    Count = Count + 1
    If Count Mod 2 = 0 Then
      .InsertAfter Text:=vbCr
    Else
      .InsertAfter Text:=vbTab
    End If
  Next
  .Range.ConvertToTable Separator:=wdSeparateByTabs
```

```
    .Tables(1).AutoFormat Format:=wdTableFormatClassic1
  End With
```

CreateObject 功能启动一个 Word 会话，当引用 Application 对象的变量过期时，不会关闭自动功能。使用 Quit 方法可关闭 Word 应用程序。用 Set WordApp = Nothing 语句可以释放对象变量。

这个程序使用了前绑定，因此必须在 VBE 中建立到 Microsoft Word 对象库的引用，即通过“工具|引用”菜单引用 MicroSoft Word 14.0 Object Libarary 项。

6.2 从 Word 中进行 Excel 操作

下面给出在 Word 中对 Excel 进行操作的两种方法。

1. 第一种实现方法

创建一个 Word 文档，进入 VB 编辑器，在“工具”菜单中选“引用”项，在对话框中选择 MicroSoft Excel 14.0 Object Libarary 项。

在当前文档中编写一个通用子程序，代码如下：

```
Public Sub 方法1()
  Dim xlsObj As Excel.Application                              '声明对象变量
  If Tasks.Exists("Microsoft Excel") Then                      '如果 Excel 已打开
    Set xlsObj = GetObject(, "Excel.Application")              '获取 Excel 对象
  Else
    Set xlsObj = CreateObject("Excel.Application")             '打开 Excel 对象
  End If
  xlsObj.Visible = True                                        '让 Excel 可见
  If xlsObj.Workbooks.Count = 0 Then xlsObj.Workbooks.Add '若无工作表,则添加
  xlsObj.ActiveSheet.Range("A1").Value = Selection.Text        '将选中内容添加到 Excel
  Set xlsObj = Nothing                                         '释放对象变量
End Sub
```

这个程序的功能是将 Word 中选中的文本传送到 Excel。

要在 Word 中通过自动功能与其他应用程序交换数据，首先使用 CreateObject 或 GetObject 函数获得应用程序的引用。然后设置应用程序对象的可见性，将 Word 中选中的内容添加到 Excel 当前工作表的 A1 单元格。最后使用 VBA 带有 Nothing 关键字的 Set 语句释放对象变量。

2. 第二种实现方法

此种方法的特点是不需要引用 MicroSoft Excel 14.0 Object Libarary 项。

创建一个 Word 文档，进入 VB 编辑环境，建立一个过程，编写如下代码：

```
Sub 方法2()
  Dim Exsht As Object
  Set Exsht = CreateObject("Excel.Sheet")                      '设置 Application 对象
  Exsht.Application.Visible = True                             '使 Excel 可见
  Exsht.Application.Cells(1, 1).Value = Selection.Text         '在单元中填写文本
  fd = ActiveDocument.Path & "\Test.xlsx"                      '形成路径和文件名
```

```
    Exsht.SaveAs fd                                 '保存工作簿
    Exsht.Application.Quit                          '关闭 Excel
    Set Exsht = Nothing                             '释放对象变量
End Sub
```

该程序首先创建一个工作表对象，设置其可见性。然后将 Word 选中的文本填写到工作表 A1 单元格中，并将工作簿保存到当前文件夹，命名为 Test.xlsx。最后，关闭 Excel，释放对象变量。

6.3 在 Word 中使用 Access 数据库

数据访问对象(DAO)的属性、对象和方法的用法与 Word 属性、对象和方法的用法相同。在建立对 DAO 对象库的引用之后，可打开数据库，设计和运行查询，并将结果记录集返回 Word。

为便于测试，我们首先建立一个 Access 数据库，在数据库中建立一个表 cj，并输入一些记录，如图 6.3 所示。将数据库保存为 test.mdb。

然后创建一个 Word 文档，并建立对 DAO 对象库的引用。方法是：进入"Visual Basic 编辑器"环境，在"工具"菜单上单击"引用"，在"可使用的引用"框中单击"Microsoft DAO 3.6 Object Library"。

接下来编写一个子程序，代码如下：

```
Sub DAOW()
  Dim dcN As Document                           '文档对象变量
  Dim dbN As DAO.Database                       'DAO数据库对象变量
  Dim rdS As Recordset                          '记录集对象变量
  dbpn = ThisDocument.Path & "\test.mdb"        '数据库路径及文件名
  Set dcN = ActiveDocument                      '当前文档
  Set dbN = OpenDatabase(Name:=dbpn)            '数据库
  Set rdS = dbN.OpenRecordset(Name:="cj")       '记录集
  For k = 1 To rdS.RecordCount                  '按记录数循环
    dcN.Content.InsertAfter Text:=rdS.Fields(0).Value & " "
    dcN.Content.InsertAfter Text:=rdS.Fields(1).Value & " "
    dcN.Content.InsertAfter Text:=rdS.Fields(2).Value & " "
    dcN.Content.InsertAfter Text:=rdS.Fields(3).Value & " "
    dcN.Content.InsertAfter Text:=rdS.Fields(4).Value
    dcN.Content.InsertParagraphAfter
    rdS.MoveNext                                '下一条记录
  Next
  rdS.Close                                     '关闭记录集
  dbN.Close                                     '关闭数据库
End Sub
```

该程序的功能是打开当前目录下的"test.mdb"数据库，将其中"cj"表中的记录插入 Word 当前文档，结果如图 6.4 所示。

学号	姓名	数学	语文	外语
101	张三	89	90	67
102	李四	98	87	90
103	王五	80	69	96
		0	0	0

图 6.3　test.mdb 数据库 cj 表内容

101 张三 89 90 67
102 李四 98 87 90
103 王五 80 69 96

图 6.4　Word 文档中的结果

程序中使用 OpenDatabase 方法连接并打开数据库，用 OpenRecordset 方法打开数据库的表(记录集)。RecordCount 属性表示记录集中记录的个数。MoveNext 方法用来移动记录指针。结束对数据库的操作后，用 Close 方法关闭记录集和数据库。

6.4　在 Excel 中使用 Access 数据库

本例将在 Excel 中实现以下功能：向 Access 数据库添加记录，从数据库中提取记录，删除 Access 数据库中的记录。

为便于测试，首先建立一个 Access 数据库，在数据库中建立一个表 table1，并输入一些记录，如图 6.5 所示。将数据库保存为 test.mdb。

然后建立一个 Excel 工作簿，在 Sheet1 工作表上放置“添加记录”、“删除记录”、“提取记录”三个按钮(窗体控件)，设置两个数据区，如图 6.6 所示。每个按钮与一个子程序相对应。A6:B6 区域用来提供向数据库添加的记录值，A6 单元格用来提供要删除记录的第 1 个字段值，D、E 列从 6 行开始的区域用来显示从数据库提取的记录值。

a1	a2
硬盘	80
计算机	50
计算机	50
打印机	60
打印机	60
光盘	100
	0

图 6.5　test.mdb 数据库 table1 表内容

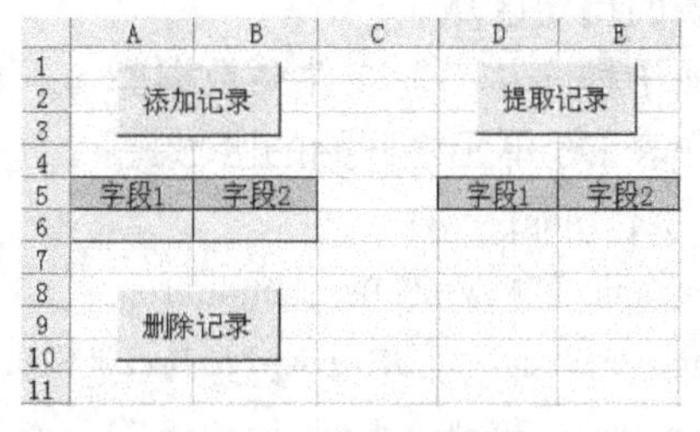

图 6.6　Excel 工作表内容

1. 向数据库添加记录

为了简化对 Access 数据库的操作，需要有一系列实用模块负责处理到该数据库的 ADO 连接。ADO(ActiveX Data Objects)是一个用于存取数据源的 COM 组件。它提供了编程语言和统一数据访问方式 OLE DB 的一个中间层。允许开发人员编写访问数据的代码而不用关心数据库是如何实现的，只需关心到数据库的连接。特定数据库支持的 SQL 命令可以通过 ADO 中的命令对象来执行。

在 VB 编辑环境中，通过“工具|引用”菜单设置 Microsoft ActiveX Data Object 2.1 Library 项。

定义好 ADO 连接后，通过下列步骤向当前文件夹中数据库 test.mdb 的表 table1 添加一条记录：

(1) 打开准备添加记录的数据库和数据表。
(2) 用 AddNew 方法添加一个新的记录。
(3) 设置新记录各个字段的值(A6、B6 单元格的内容)。
(4) 利用 Update 更新记录集。
(5) 关闭记录集并断开 ADO 连接。

具体代码如下：

```
Sub AddTransfer()
  Set cnn = New ADODB.Connection                  '创建 ADO 对象
  cnn.Provider = "Microsoft.Jet.OLEDB.4.0" '设置 ADO 对象属性
  cnn.Open ThisWorkbook.Path & "\test.mdb" '打开数据库
  Set rst = New ADODB.Recordset                   '定义记录集、打开数据表
  rst.Open Source:="table1", ActiveConnection:=cnn, LockType:=adLockOptimistic
  rst.AddNew                                      '添加新记录
  rst("a1") = Cells(6, 1)                         '设置记录值
  rst("a2") = Cells(6, 2)
  rst.Update                                      '更新记录
  rst.Close                                       '关闭记录集
  cnn.Close                                       '关闭 ADO 对象
End Sub
```

2. 从数据库中提取记录

从 Access 数据库读取记录十分简单。在定义记录集时，可以传递一个 SQL 字符串，返回需要的记录。

记录集定义好之后，可以使用 CopyFromRecordset 方法将所有匹配的记录从 Access 复制到工作表的指定区域。

下面子程序从当前文件夹数据库 test.mdb 的表 table1 中提取全部记录，结果放到 Excel 当前工作表 D6 单元格开始的区域。

```
Sub GetTransfers()
  Set cnn = New ADODB.Connection                  '创建 ADO 对象
  cnn.Provider = "Microsoft.Jet.OLEDB.4.0"        '设置 ADO 对象属性
  cnn.Open ThisWorkbook.Path & "\test.mdb"        '打开数据库
  Set rst = New ADODB.Recordset                   '定义记录集
  sSQL = "SELECT A1, A2 FROM table1"              '定义 SQL 语句
  rst.Open Source:=sSQL, ActiveConnection:=cnn '提取数据
  Range("D6:E1048576").ClearContents              '清除原有内容
  Range("D6").CopyFromRecordset rst               '复制记录集
  rst.Close                                       '关闭记录集
  cnn.Close                                       '关闭 ADO 对象
End Sub
```

3. 通过 ADO 删除记录

删除记录的关键是编写特定的 SQL 语句，来唯一地识别想要删除的一条或多条记录。

下面子程序从当前文件夹数据库 test.mdb 的表 table1 中删除指定的记录。要删除记录的关键字在 Excel 当前工作表 A6 单元格中指定。如果数据表 A1 字段的内容与单元格所指定的内容相等，则用 Execute 方法将 Delete 命令传递到 Access，删除对应的记录。

```
Sub DeleteRecord()
  RecID = Cells(6, 1)                                   '提取要删除的关键字
```

```
  With New ADODB.Connection                          '创建 ADO 对象
    .Provider = "Microsoft.Jet.OLEDB.4.0"            '设置 ADO 对象属性
    .Open ThisWorkbook.Path & "\test.mdb"            '打开数据库
    .Execute "Delete From table1 Where A1='" & RecID & "'" '删除指定记录
    .Close                                           '关闭 ADO 对象
  End With
End Sub
```

6.5 将 Word 文本传送到 PowerPoint

下面，我们编写一个 VBA 程序，将 Word 当前文档中第 1 段文本传送到 PowerPoint 演示文稿的幻灯片中。

1. 创建文档

创建一个 Word 文档，保存为“将 Word 文本传送到 PowerPoint.docm”。在文档中输入一些用于测试的文本，如图 6.7 所示。

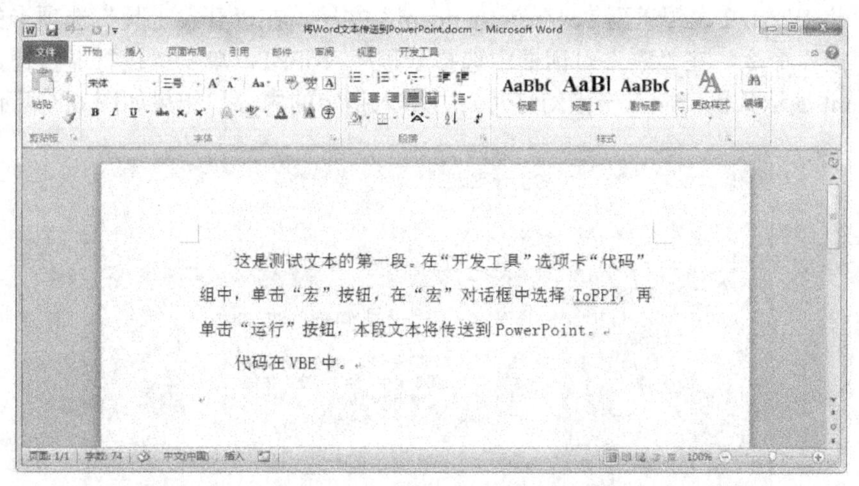

图 6.7 Word 文档中的测试文本

2. 编写程序

进入 VB 编辑器，在“工具”菜单中选“引用”项。在“引用”对话框中选择“Microsoft PowerPoint 14.0 Object Libarary”项。

插入一个模块，编写如下子程序：

```
Sub ToPPT()
  Dim pptObj As PowerPoint.Application
  If Tasks.Exists("Microsoft PowerPoint") Then
    Set pptObj = GetObject(, "PowerPoint.Application")
  Else
    Set pptObj = CreateObject("PowerPoint.Application")
  End If
  pptObj.Visible = True
```

```
    Set pptPres = pptObj.Presentations.Add  '创建演示文稿
    Set aSlide = pptPres.Slides.Add(Index:=1, Layout:=ppLayoutText) '添加幻灯片
    aSlide.Shapes(1).TextFrame.TextRange.Text = ActiveDocument.Name '填入文档名
    aSlide.Shapes(2).TextFrame.TextRange.Text = _
    ActiveDocument.Paragraphs(1).Range.Text '填入第一段文本
    Set pptObj = Nothing                    '释放对象变量
End Sub
```

这个程序首先声明一个对象变量 pptObj，用以保存 PowerPoint 对象引用。

然后查看 Microsoft PowerPoint 是否正在运行，是则用 GetObject 函数获取 PowerPoint 对象引用，否则用 CreateObject 函数创建 PowerPoint 对象引用。

接下来，让 PowerPoint 对象可见。创建一个演示文稿。在演示文稿中添加一张标题和文本版式的幻灯片。在幻灯片的第 1 个占位符中填入 Word 当前文档名。在幻灯片的第 2 个占位符中填入 Word 当前文档第一段文本。

最后，释放对象变量 pptObj。

3. 运行程序

打开“将 Word 文本传送到 PowerPoint.docm”文档。在“开发工具”选项卡的“代码”组中选择“宏”命令。在“宏”对话框中选择子程序 ToPPT，单击“运行”按钮，将创建一个 PowerPoint 演示文稿，插入一张幻灯片，并填入指定的内容。结果如图 6.8 所示。

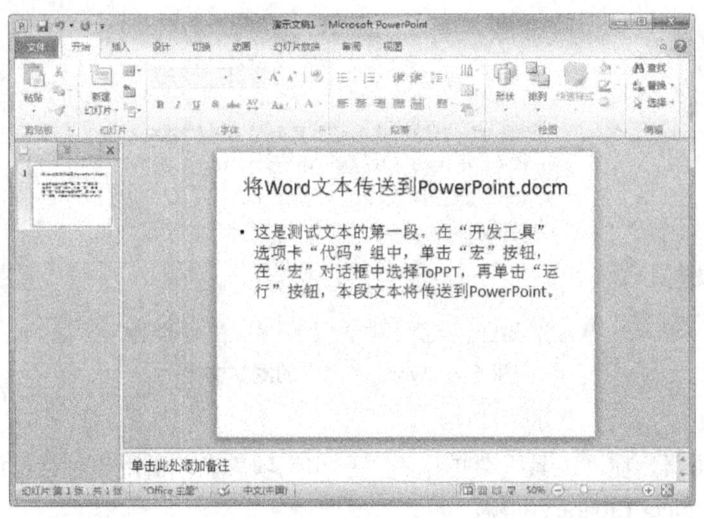

图 6.8 PowerPoint 演示文稿中幻灯片的内容

上机实验题目

1. 在 Word 中编写程序，将如图 6.1 所示 Execl 工作表特定区域的数据导入到 Word 当前文档，并将文本转换成表格，得到如图 6.2 所示的结果。

2. 在 PowerPoint 中编写程序，将当前演示文稿中所有幻灯片的文本、图片、表格等内容导出到 Word 文档。

第7章 网络功能

本章通过6个案例讨论VBA的网络功能和有关技术。包括：用VBA代码下载网络上的文件，用Web查询获取网页信息，定时刷新Web查询，打开网页获取Web信息，人民币汇率Web数据获取与加工，自动获取网站特定数据。

7.1 用VBA代码下载网络上的文件

创建一个Word文档，进入VB编辑环境，插入一个模块，在模块中编写如下子程序：

```
Sub 下载文件()
  Set H = CreateObject("Microsoft.XMLHTTP")              '建立 XMLHTTP 对象
  fp = "file:///" & ThisDocument.Path & "\test.rar"       '设置的文件 URL
  H.Open "GET", fp, False                                  '指定 URL、同步方式
  H.send                                                   '向指定的 URL 发送 GET 消息
  Set S = CreateObject("ADODB.Stream")                     '建立 ADODB.Stream 对象
  S.Type = 1                                               '设置对象类型(二进制)
  S.Open                                                   '从特定的 URL 打开一个流
  S.write H.Responsebody                                   '向一个流写服务器响应数据
  S.savetofile "d:\text.rar", 2                            '将流的内容保存为本地文件
  S.Close                                                  '关闭 stream 对象
End Sub
```

在脱机环境中，下载当前文件夹中的文件test.rar到D区根目录。

在这个子程序中，首先建立一个XMLHTTP对象，用变量H表示，对H对象用Open方法指定网络中文件的URL以及同步传送方式，用send方法向指定的URL发送GET消息。然后建立一个ADODB.Stream流对象，用变量S表示，设置对象为二进制类型，对S对象用Open方法从特定的URL打开一个流，用write方法向一个流写服务器响应数据，用savetofile方法将流的内容保存为本地文件，用Close方法关闭stream对象。更详细的信息请参考XMLHTTP和ADO的帮助文档。

在联网的情况下，修改代码中的网址，可以下载网络上的特定文件。

比如，将语句

```
fp = "file:///" & ThisDocument.Path & "\test.rar"
```

改为形如

```
fp = "http://web.jlnu.edu.cn/jsjyjs/xz/down/Excel_ydm.rar"
```

的语句，则可下载特定网址的文件。

7.2 用 Web 查询获取网页信息

首先，我们在 Excel 中手动创建一个 Web 查询。

打开 Excel，在当前工作表上找到一个空白区域，选中空白区域的起始单元格。在 Excel“数据”选项卡“获取外部数据”组中，选择“自网站”命令。

在打开的“新建 Web 查询”对话框中输入或复制 URL 到“地址”文本框并单击“转到”按钮，相应的 Web 页面将会显示在对话框中。

假设 D 区根目录有一个网页文件 xz.htm，在“新建 Web 查询”对话框“地址”文本框中输入地址 file:///D:/xz.htm，单击“转到”按钮，将得到如图 7.1 所示的内容。

类别	文件名称	更新日期	点击次数
1-源代码	《Excel高级应用案例教程》示例和源代码	2010-07-26	688
1-源代码	《VBA应用基础与实例教程（第2版）》源代码	2009-01-18	1450
1-源代码	《Visual FoxPro 9.0项目开发案例教程》源代码	2007-12-28	1515
1-源代码	《PowerBuilder 10.0 应用基础与实例教程》源代码	2006-10-31	1538
2-电子教案	《VBA应用基础与实例教程（第2版）》电子教案	2012-01-25	867
2-电子教案	《Excel高级应用案例教程》电子教案	2012-01-25	481
2-电子教案	《Visual FoxPro 9.0项目开发案例教程》电子教案	2007-12-28	1421
2-电子教案	《PowerBuilder 10.0 应用基础与实例教程》电子教案	2006-10-31	1431
3-软件	考试专用证生成模板	2012-01-25	996
3-软件	教学工作量统计模板	2006-05-02	1067

图 7.1 “新建 Web 查询”对话框内容

在“新建 Web 查询”对话框中，除了 Web 页，还有一些带有黑色箭头的黄色方块，这些方块位于 Web 页面各个表的左上角。

单击包含想要数据的方块，一个蓝色的边框会出现，黄色箭头变成绿色的选中标记，以确认它就是将要导入的表格。

单击“新建 Web 查询”对话框的“导入”按钮，再单击“导入数据”对话框中的“确定”按钮，就会看到实时数据被导入到 Excel 工作表指定的区域中。

下面，我们在 Excel 中编写一个 VBA 程序，自动建立一个 Web 查询并刷新数据。

建立一个 Excel 工作簿，进入 VB 编辑环境，插入一个模块，编写如子程序：

```
Sub CreateNewQuery()
  For Each QT In ActiveSheet.QueryTables
    QT.Delete                                           '清除原有 Web 查询
  Next QT
  Cells.Clear                                           '清全部单元格
  S = "URL;file:///" & ThisWorkbook.Path & "\xz.htm"    '设置脱机网页地址
```

```
    Set QT = ActiveSheet.QueryTables.Add(S, Range("A1")) '建立新的Web查询
    QT.Refresh                                              '刷新查询
End Sub
```

在这个子程序中，首先用 For Each 语句清除当前工作表原来的所有 Web 查询，以防止新建 Web 查询时出错。然后用 Clear 方法清除当前工作表的全部内容。接下来设置网页地址，在当前工作表上用 Add 方法建立一个新的 Web 查询，目标数据区的起始单元格地址为 A1，网页中默认的数据区为第 2 个标记➡对应的表格。最后用 Refresh 方法刷新查询，将网页数据导入到 Excel 工作表指定的区域中。

导入 Web 信息时，如果不需要原来的格式，只导入数据，可用下面语句设置为无格式：

```
QT.WebFormatting = xlWebFormattingNone
```

在联网情况下，如果将语句

```
S = "URL;file:///" & ThisWorkbook.Path & "\xz.htm"
```

改为形如

```
S = "URL;http://web.jlnu.edu.cn/jsjyjs/xz/"
```

的语句，则可获取真实网页信息。

7.3　定时刷新 Web 查询

本节我们要在 Excel 当前工作表 A2 单元格建立一个 Web 查询，用于导入即时变化的网页数据，然后编写程序，每隔 15 秒刷新一次 Web 查询，并保存 web 查询结果到指定的数据区。

1. 工作表设计

创建一个 Excel 工作簿，保存为“定时刷新 Web 查询.xlsm”。将第一张工作表改名为 WebQuery，删除其余工作表。

在 WebQuery 工作表中，选中所有单元格，填充背景颜色为“白色”。选中 A、B 两列，设置全部边框，再把 A3:B4 区域的中间表格线取消。在 A1:B1、A5:B5 单元格设置表头，填充背景颜色为“浅绿”。

在当前工作表上添加一个按钮(窗体控件)，设置按钮标题为“启动定时刷新”。

得到如图 7.2 所示的工作表界面。

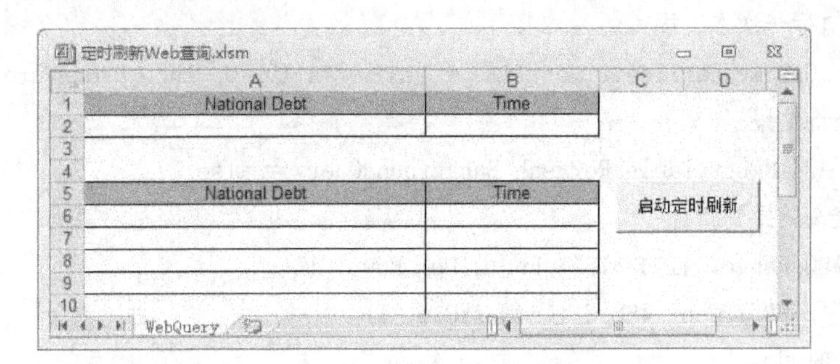

图 7.2　WebQuery 工作表界面

2. 建立 Web 查询

在 WebQuery 工作表中，选择 A2 单元格，在“数据”选项卡“获取外部数据”组中，选

择“自网站”命令。

在“新建 Web 查询”对话框的“地址”栏中输入网址

http://www.brillig.com/debt_clock

单击“转到”按钮，转到指定的网页。

单击页面中第 2 个图标，该图标变为，对应的表格被选中，得到如图 7.3 所示的界面。

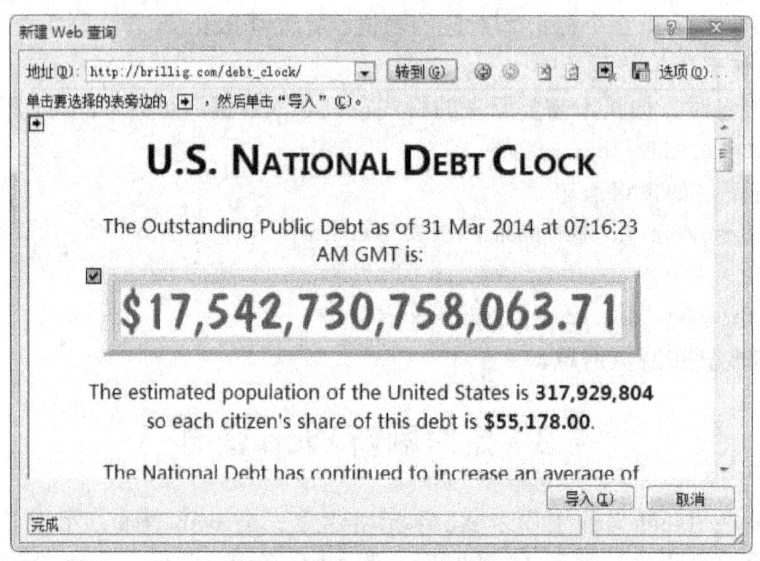

图 7.3 “新建 Web 查询”对话框

单击“导入”按钮，选中的表格内容被填写到当前单元格。

此外，为了显示系统当前时间，我们在 WebQuery 工作表的 B2 单元格输入公式“=NOW()”，并设置 B 列数字为自定义格式“yyyy-mm-dd hh:mm:ss”。

3. “启动定时刷新”程序设计

进入 VB 编辑环境，插入一个模块，编写一个过程 DebtClock，代码如下：

```
Sub DebtClock()
  '当前工作表用变量表示
  Set WSQ = Worksheets("WebQuery")
  '每隔 15 秒执行一次本过程
  Application.OnTime EarliestTime:=Time + TimeSerial(0, 0, 15), Procedure:="DebtClock"
  '更新 Web 查询结果
  WSQ.Range("A2").QueryTable.Refresh BackgroundQuery:=False
  '复制 web 查询结果到新行
  NextRow = WSQ.Range("A1048576").End(xlUp).Row + 1
  WSQ.Range("A2:B2").Copy WSQ.Cells(NextRow, 1)
  '冻结日期、时间
  WSQ.Cells(NextRow, 2).Value = WSQ.Cells(NextRow, 2).Value
End Sub
```

这个过程首先将当前工作表用对象变量 WSQ 表示。

然后用 OnTime 方法，设置从当前时刻开始，15 秒后再次运行本过程。也就是说，本过程一旦被启动，会每隔 15 秒重新执行一次。

接下来，刷新 A2 单元格的 Web 查询结果，并将 Web 查询结果以及当前时间复制到数据区的新行。

最后，重新填写数据区新行的时间值，达到冻结日期、时间之目的。

4．运行与测试

在 WebQuery 工作表的“启动定时刷新”按钮上单击鼠标右键，在弹出的快捷菜单中选择“指定宏”项，将过程 DebtClock 指定给该按钮。

在联网的情况下，单击“启动定时刷新”按钮，每隔 15 秒，在工作表中将添加一行新的数据。这行数据包括最新 Web 查询结果和当前日期、时间值，如图 7.4 所示。

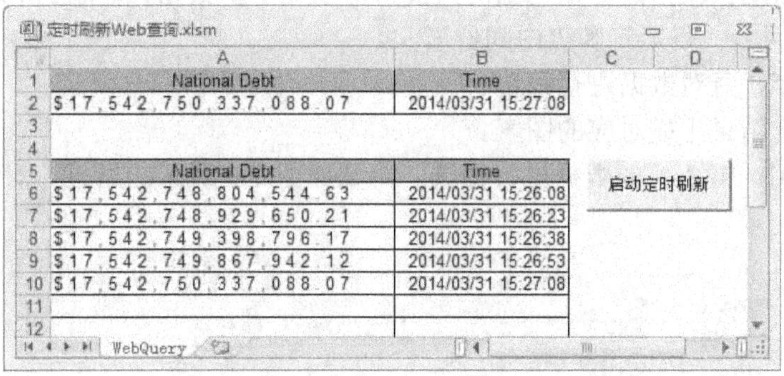

定时刷新Web查询.xlsm

	A	B	C	D
1	National Debt	Time		
2	$17,542,750,337,088.07	2014/03/31 15:27:08		
3				
4				
5	National Debt	Time		
6	$17,542,748,804,544.63	2014/03/31 15:26:08	启动定时刷新	
7	$17,542,748,929,650.21	2014/03/31 15:26:23		
8	$17,542,749,398,796.17	2014/03/31 15:26:38		
9	$17,542,749,867,942.12	2014/03/31 15:26:53		
10	$17,542,750,337,088.07	2014/03/31 15:27:08		
11				
12				

WebQuery

图 7.4　定时刷新的 Web 查询结果

7.4　打开网页获取 Web 信息

在 Excel 中，可以打开指定网页，并将网页信息复制到当前工作表的特定区域，以便进一步加工和应用。

建立一个工作簿，进入 VB 编辑环境，插入一个模块，编写如下子程序：

```
Sub CopyWebData()
  Workbooks.Open ThisWorkbook.Path & "\xz.htm" '打开 Web 页(用 Excel 作编辑器)
  n = Range("A3").End(xlDown).Row  '求有效数据最大行号
  Range("A3:D" & n).Select         '选中 Web 页特定区域
  Selection.Copy                   '复制
  ActiveWindow.Close               '关闭临时工作簿
  Range("A10").Select              '选中目标起始单元格
  ActiveSheet.Paste                '粘贴
  Range("A1").Select               '取消选中状态
End Sub
```

这个程序首先创建一个新的 Excel 临时工作簿，在新的工作簿中打开指定的 Web 页。然后求出有效数据最大行号，选中 Web 页特定区域，将数据复制到目标区域，关闭临时工作簿。

在联网情况下，执行 CopyWebData 子程序，网页特定区域的内容将被复制到当前工作表 A10 开始的区域。

在联网情况下，如果将语句

```
Workbooks.Open ThisWorkbook.Path & "\xz.htm"
```

改为形如

```
Workbooks.Open "http://www.bdxy.com.cn"
```

的语句，则可打开指定的真实网页。

建议读者单步跟踪执行上面的代码，以便进一步理解每一条语句的作用。

7.5 人民币汇率 Web 数据获取与加工

本节将按以下要求制作一个人民币对欧元汇率动态图表。

(1) 从网上自动获取指定日期范围的人民币对欧元汇率数据，复制到 Excel 工作表。数据项包括“年”、“月”、“日期”和“中间价”。

(2) 能够按年、月对数据进行筛选。

(3) 根据筛选结果生成对应的图表。

比如，对 2014 年 3 月的数据进行筛选，得到如图 7.5 所示的结果。对应的图表如图 7.6 所示。

	A	B	C	D
1	年	月	日期	中间价
328	2014	3	2014/3/1	8.3897
329	2014	3	2014/3/2	8.3897
330	2014	3	2014/3/3	8.4305
331	2014	3	2014/3/4	8.4105
332	2014	3	2014/3/5	8.4158
333	2014	3	2014/3/6	8.4101
334	2014	3	2014/3/7	8.4840
335	2014	3	2014/3/8	8.4840
336	2014	3	2014/3/9	8.4840
337	2014	3	2014/3/10	8.5129
338	2014	3	2014/3/11	8.5076
339	2014	3	2014/3/12	8.5006
340	2014	3	2014/3/13	8.5232
341	2014	3	2014/3/14	8.5022
342	2014	3	2014/3/15	8.5022
343	2014	3	2014/3/16	8.5022
344	2014	3	2014/3/17	8.5264
345	2014	3	2014/3/18	8.5463
346	2014	3	2014/3/19	8.5453
347	2014	3	2014/3/20	8.4953
348	2014	3	2014/3/21	8.4716
349	2014	3	2014/3/22	8.4716
350	2014	3	2014/3/23	8.4716
351	2014	3	2014/3/24	8.4752
352	2014	3	2014/3/25	8.4995
353	2014	3	2014/3/26	8.4913
354	2014	3	2014/3/27	8.4757
355	2014	3	2014/3/29	8.4506
356	2014	3	2014/3/30	8.4506
357	2014	3	2014/3/31	8.4607

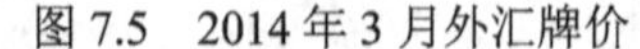

图 7.5 2014 年 3 月外汇牌价

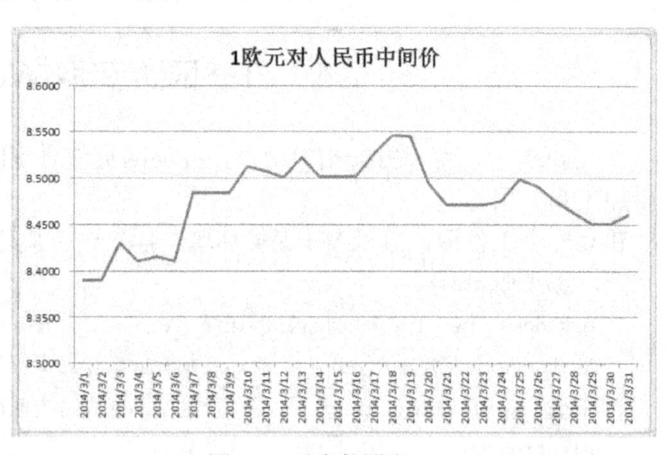

图 7.6 对应的图表

1. 工作表设计

创建一个 Excel 工作簿，保存为“人民币对欧元汇率动态图表.xlsm”。在工作簿中保留 Sheet1 工作表，删除其余工作表。

在 Sheet1 工作表中，选中所有单元格，填充背景颜色为“白色”。设置“宋体”、10 号字。

选中 A～D 列，设置虚线边框。

选中 C 列，将单元格的数字设置为日期格式。水平右对齐。

选中 D 列，将单元格的数字设置为 4 位小数数值格式。水平右对齐。

填充 A1:D1 区域的背景颜色，设置水平居中对齐方式。输入标题文字“年”、“月”、“日期”和“中间价”。

调整适当的列宽、行高。

在工作表上放置一个按钮(窗体控件)，按钮标题设置为“导入数据”。得到如图 7.7 所示的工作表样式。

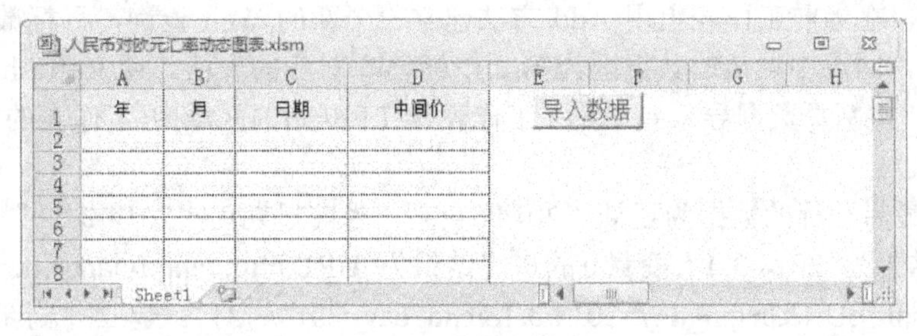

图 7.7 工作表样式

2. Web 数据获取

进入 VB 编辑环境，插入一个模块，在模块中编写如下子程序：

```
Sub 导入数据()
  n = [C1048576].End(xlUp).Row
  d = Cells(n, 3)
  If IsDate(d) Then
    d = d + 1
  Else
    d = Date - 365
  End If
  u = "URL;http://app.finance.ifeng.com/hq/rmb/quote.php?symbol=EUR"
  u = u & "&begin_day=" & d & "&end_day=" & Date
  Set QT = ActiveSheet.QueryTables.Add(u, Range("T1"))
  QT.Refresh BackgroundQuery:=False
  m = [T1048576].End(xlUp).Row
  For r = 2 To m
    Cells(n + r - 1, 3) = Cells(r, 20)
    Cells(n + r - 1, 4) = Cells(r, 21) / 100
    Cells(n + r - 1, 1).FormulaR1C1 = "=YEAR(RC[2])"
    Cells(n + r - 1, 2).FormulaR1C1 = "=MONTH(RC[1])"
  Next
  ActiveSheet.QueryTables(1).Delete
  Range("T:Z").Delete
  Columns("A:D").Sort Key1:=Range("C2"), Order1:=xlAscending, Header:=xlGuess
  Range("A1").AutoFilter
End Sub
```

这个子程序的功能是从凤凰网财经栏目中获取指定日期范围的“欧元-人民币”汇率数据，导入当前工作表 C、D 列现有数据的后面，并提取每个日期中的年份、月份数填写到 A、B 列。

程序中，首先求出 C 列有效数据最大行号，并取出 C 列最后一行数据。如果是日期型数据，则加一天得到新的起始日期，否则将当前日期减去 365 天，得到一年前的一个日期作为起始日期。起始日期用变量 d 表示。

然后，在字符串变量 u 中形成凤凰网财经栏目指定日期范围的“欧元-人民币”汇率数据网页地址 URL，在当前工作表上用 Add 方法建立一个新的 Web 查询，目标数据区的起始单元格地址为 T1，网页中默认的数据区为第 2 个标记➡对应的表格。用 Refresh 方法，以同步方式刷新查询，将网页数据导入到 Excel 工作表从 T1 开始的区域中(工作表的 E 到 S 列之间用于放置图表)。

假设 C 列最后一行的数据为日期“2014-2-28”，当前日期为“2014-3-31”，程序执行后，变量 d 的最终结果为“2014-3-1”，变量 u 的最终结果为“URL;http://app.finance.ifeng.com/hq/rmb/quote.php?symbol=EUR&begin_day=2014/3/1&end_day=2014/3/31”。建立并刷新查询后，当前工作表 T1 开始的区域将得到如图 7.8 所示的结果。

T	U	V	W	X	Y	Z
日期	中间价	钞买价	汇买价	钞/汇卖价	涨跌额	涨跌幅
2014/3/31	846.07	824.74	851.01	857.85	1.01	0.12%
2014/3/30	845.06	824.4	850.66	857.5	0	0.00%
2014/3/29	845.06	824.98	851.26	858.1	0	0.00%
2014/3/28	845.06	824.38	850.64	857.48	-2.51	-0.30%
2014/3/27	847.57	825.22	851.51	858.35	-1.56	-0.18%
2014/3/26	849.13	826.93	853.27	860.13	-0.82	-0.10%
2014/3/25	849.95	826.58	852.91	859.77	2.43	0.29%
2014/3/24	847.52	822.3	848.49	855.31	0.36	0.04%
2014/3/23	847.16	829.24	855.65	862.53	0	0.00%
2014/3/22	847.16	829.24	855.65	862.53	0	0.00%
2014/3/21	847.16	829.24	855.65	862.53	-2.37	-0.28%
2014/3/20	849.53	826.19	852.51	859.35	-5	-0.59%
2014/3/19	854.53	832.17	858.68	865.58	-0.1	-0.01%
2014/3/18	854.63	830.91	857.38	864.26	1.99	0.23%
2014/3/17	852.64	827.86	854.23	861.09	2.42	0.28%
2014/3/16	850.22	825.76	852.07	858.91	0	0.00%
2014/3/15	850.22	824.1	850.35	857.19	0	0.00%
2014/3/14	850.22	825.76	852.07	858.91	-2.1	-0.25%
2014/3/13	852.32	826.27	852.6	859.44	2.26	0.27%
2014/3/12	850.06	823.86	850.11	856.93	-0.7	-0.08%
2014/3/11	850.76	820.98	847.14	853.94	-0.53	-0.06%
2014/3/10	851.29	822.05	848.23	855.05	2.89	0.34%
2014/3/9	848.4	820.49	846.63	853.43	0	0.00%
2014/3/8	848.4	820.25	846.38	853.18	0	0.00%
2014/3/7	848.4	820.49	846.63	853.43	7.39	0.88%
2014/3/6	841.01	811.46	837.31	844.03	-0.57	-0.07%
2014/3/5	841.58	812.3	838.17	844.91	0.53	0.06%
2014/3/4	841.05	815.49	841.47	848.23	-2	-0.24%
2014/3/3	843.05	816.7	842.72	849.48	4.08	0.49%
2014/3/2	838.97	817.65	843.7	850.48	0	0.00%
2014/3/1	838.97	817.65	843.7	850.48	0	0.00%

图 7.8　导入工作表的 Web 查询结果

接下来，求 T 列有效数据最大行号，保存到变量 m 中。用 For 语句从 2 到 m 行循环，将 20 列(T 列)、21 列(u 列)的数据转存到 3、4 列原有数据的后面，并在 1、2 列分别填写公式“=YEAR(RC[2])”和“=MONTH(RC[1])”，用以从日期中提取年份和月份数。

最后，删除 Web 查询和 T～Z 列的临时数据，对 A～D 列数据按日期升序排序，设置自动筛选功能，以便按年、月进行筛选。这时，在“年”下拉列表中选择“2014”，在“月”下拉列表中选择“3”，就会得到如图 7.5 所示的筛选结果。在“开始”选项卡“编辑”组中，单击“排序和筛选”下拉箭头，通过“筛选”命令，可以设置或取消筛选状态。

在工作表的“导入数据”按钮上单击鼠标右键，在弹出的快捷菜单中选择“指定宏”项，将“导入数据”子程序指定给该按钮，以便于操作。

3. 图表设计与动态刷新

打开“人民币对欧元汇率动态图表”工作簿，在 Sheet1 工作表中，选中 C、D 列，在“插入”选项卡的“图表”组中，选择二维“折线图”，得到如图 7.9 所示的图表。

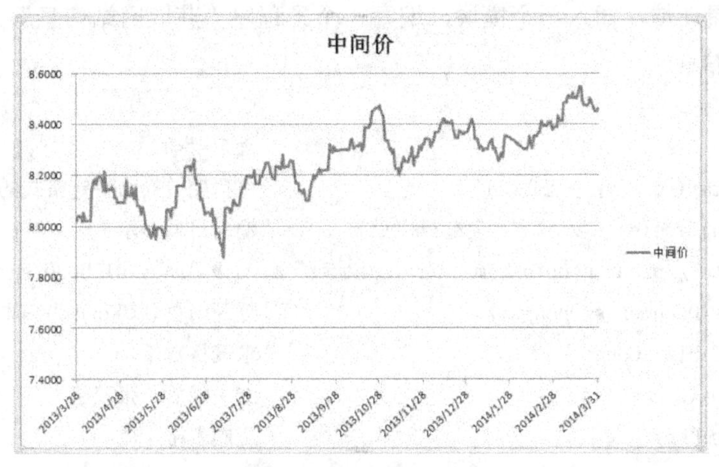

图 7.9 最初得到的图表

选中图表区右侧的“图例”项，按 Delete 键将其删除。

在图表区上单击鼠标右键，在快捷菜单中选择“设置图表区域格式”命令。在“设置图表区格式”对话框的“属性”选项卡中，设置对象位置为“大小和位置均固定”。

在图表标题上单击鼠标右键，在快捷菜单中选择“编辑文字”命令，设置标题为“1 欧元对人民币中间价”。

最后得到如图 7.10 所示的图表。

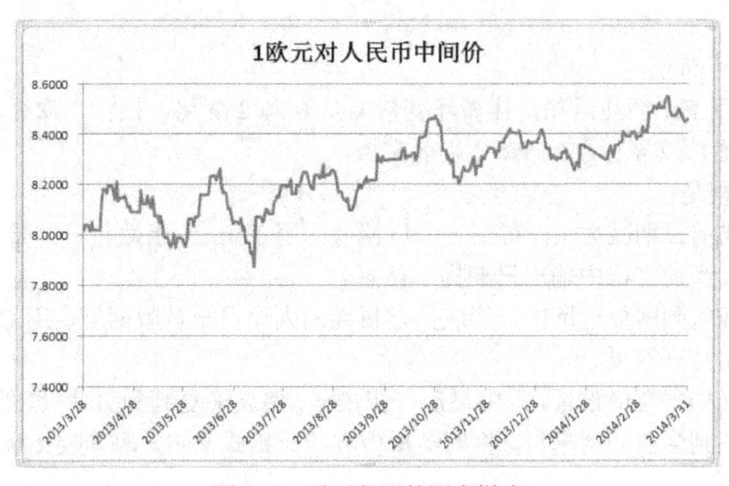

图 7.10 最后得到的图表样式

此后，在工作表的数据区中，不论是添加、删除数据，还是对数据进行筛选，图表都会自动刷新。

7.6 自动获取网站特定数据

本节设计一个软件，用 VBA 程序自动将人民日报近三天首版的文章标题提取到 Word 文档。

1. 程序设计

创建一个 Word 文档，保存为“自动获取网站特定数据.docm”。

进入 VB 编辑环境，插入一个模块，编写一个子程序“获取网站信息”，代码如下：

```
Sub 获取网站信息()
  For k = 0 To 2
    rq = Date - k                                        '确定日期
    rq = Format(rq, "yyyy-mm\/dd")                       '将日期转换为特定格式的字符串
    Selection.TypeText (rq & "：" & vbCrLf)              '输出日期提示
    ul = "http://paper.people.com.cn/rmrb/html/" & rq & "/nbs.D110000renmrb_01.htm"
    Set dor = Documents.Open(ul)                         '打开网页(以 Word 为编辑器)
    n = dor.Tables.Count                                 '求表格数量
    dor.Tables(n).Select                                 '选中最后一张表格
    Selection.Copy                                       '复制表格
    dor.Close (wdDoNotSaveChanges)                       '关闭网页文档
    Selection.EndKey Unit:=wdStory                       '光标定位到文档末尾
    Selection.PasteAndFormat (wdFormatPlainText)         '粘贴无格式文本
  Next
  For Each i In ActiveDocument.Paragraphs                '遍历当前文档的每个段落
    If Len(Trim(i.Range)) < 5 Then i.Range.Delete        '删除无意义段落
  Next
  MsgBox "完成！"
End Sub
```

子程序包括两部分。

第一部分，用 For 循环语句，让循环变量 k 从 0 到 2 变化，执行 3 次循环体，每次提取人民日报一天的首版文章标题到 Word 当前文档。

具体操作过程是：

(1) 将系统当前日期减去 k，得到一个日期值，用 Format 函数将日期转换为特定格式的字符串，在 Word 当前文档中输出日期提示信息。

(2) 将日期插入到网页地址中，形成指定日期的人民日报首版网址，用 Open 方法在一个新的 Word 文档中打开网页。

(3) 求出新文档中表格数量，选中最后一张表格，将表格复制到剪贴板，然后关闭该文档。

(4) 光标定位到当前文档末尾，将剪贴板内容的无格式文本，即首版文章标题，粘贴到当前文档。

第二部分，用 For Each 语句，对当前文档的每一个段落进行处理，将无意义的段落删除。

2. 运行与测试

打开“自动获取网站特定数据”文档，运行“获取网站信息”子程序，系统将自动从网

上获取近三天人民日报首版的文章标题，保存到 Word 当前文档，并自动删除无意义的段落，使内容更加紧凑。

假如系统当前日期为 2014 年 3 月 31 日，程序运行后，Word 当前文档将得到如图 7.11 所示的内容。

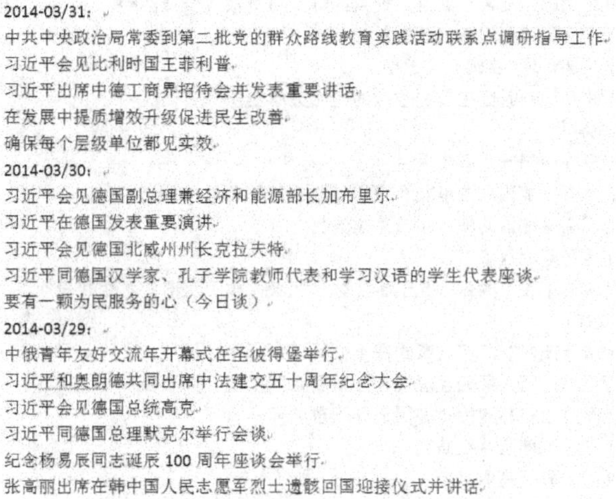

2014-03/31：
中共中央政治局常委到第二批党的群众路线教育实践活动联系点调研指导工作
习近平会见比利时国王菲利普
习近平出席中德工商界招待会并发表重要讲话
在发展中提质增效升级促进民生改善
确保每个层级单位都见实效
2014-03/30：
习近平会见德国副总理兼经济和能源部长加布里尔
习近平在德国发表重要演讲
习近平会见德国北威州州长克拉夫特
习近平同德国汉学家、孔子学院教师代表和学习汉语的学生代表座谈
要有一颗为民服务的心（今日谈）
2014-03/29：
中俄青年友好交流年开幕式在圣彼得堡举行
习近平和奥朗德共同出席中法建交五十周年纪念大会
习近平会见德国总统高克
习近平同德国总理默克尔举行会谈
纪念杨易辰同志诞辰 100 周年座谈会举行
张高丽出席在韩中国人民志愿军烈士遗骸回国迎接仪式并讲话

图 7.11　Word 文档内容

利用这种技术，可以获取其他网站的特定信息，实现收集信息工作的自动化。

上机实验题目

1. 制作一个人民币对美元汇率动态图表。要求：

(1) 从网上自动获取指定日期范围的人民币对美元汇率数据。

(2) 能够按年、月对数据进行筛选，并求出筛选结果中“中间价”的最大值、最小值及其对应的日期。

(3) 根据筛选结果生成对应的图表。

比如，对 2014 年 3 月的数据进行筛选，应得到如图 7.12 所示的结果。

图 7.12　筛选结果及图表

2. 设计一个软件，用VBA程序自动将光明日报近三天首版的文章标题提取到Word文档。

假设系统当前日期为2014年3月31日，程序运行后，Word当前文档应得到如图7.13所示的内容。

2014-03/31：

- 中共中央政治局常委到第二批党的群众路线教育实践活动联系点调研指导工作
- 习近平会见比利时国王菲利普
- 把握中国机遇 实现共同发展
- 习近平和比利时国王菲利普共同出席大熊猫园开园仪式

2014-03/30：

- 习近平在德国发表重要演讲
- 习近平会见德国副总理兼经济和能源部长加布里尔
- 习近平会见德国北威州州长克拉夫特
- 文明因平等而互鉴
- 习近平同德国汉学家、孔子学院教师代表和学习汉语的学生代表座谈

2014-03/29：

- 中俄青年友好交流年开幕式在圣彼得堡举行
- 希望中法两国人民相互理解相互帮助共同实现“中法梦”
- 习近平抵达柏林开始对德国进行国事访问
- 习近平会见德国总统高克
- 文明因多彩而美丽
- 习近平同德国总理默克尔举行会谈

图7.13 Word文档内容

第8章　文件管理

本章结合几个应用案例介绍 VBA 的文件管理功能。涉及的主要技术包括：Dir 函数、文件对话框对象、文件系统对象、文件夹对象的应用，递归程序设计，二进制文件管理。

8.1　在 Word 文档中列文件目录

本节我们编写一个 VBA 程序，在 Word 文档中，提取当前文件夹中所有文件名、扩展名，转换为表格，并按扩展名、文件名排序。

1. 设计子程序

创建一个 Word 文档，保存为“在 Word 文档中列文件目录.docm”。

进入 VB 编辑环境，在当前工程中用鼠标双击 ThisDocument 对象，编写一个通用子程序“列文件目录”，代码如下：

```
Sub 列文件目录()
  cpath = ThisDocument.Path
  adoc = Dir(cpath & "\*.*")
  Do While adoc <> ""
    Selection.TypeText Text:=adoc
    Selection.TypeParagraph
    adoc = Dir()
  Loop
  Selection.WholeStory
  Selection.MoveLeft Unit:=wdCharacter, Count:=1, Extend:=wdExtend
  Selection.ConvertToTable Separator:="."
  Selection.Tables(1).Style = "网格型"
  Selection.Sort FieldNumber:="列 2", FieldNumber2:="列 1"
  Selection.HomeKey Unit:=wdStory
End Sub
```

在这个子程序中，先用 ThisDocument.Path 取出当前路径名，用 Dir 函数取出当前路径下第一个文件名(含扩展名)。

然后用 Do While 循环语句，将当前路径下的所有文件名、扩展名输出到 Word 文档，文件名和扩展名之间用小数点“.”分隔，各文件之间用回车符分隔。

接下来，选中除最后一个回车符之外的全部文本，用 ConvertToTable 方法将选中的内容，以小数点为分隔符转换为表格，设置表格边框线。

最后，用 Sort 方法对表格内容按扩展名、文件名进行排序并取消选中状态。

2．运行子程序

在“开发工具”选项卡的“代码”组中选择“宏”项，在“宏”对话框中选择“列文件目录”项，然后单击“运行”按钮，在文档中将以表格形式列出当前文件夹的所有文件名、扩展名，并按扩展名、文件名排序。

假设当前文件夹下的文件如图 8.1 所示，程序运行后将得到如图 8.2 所示的结果。

名称	修改日期	类型	大小
将指定元素逆置.xlsm	2014/3/17 8:33	Microsoft Excel 启用宏的工作表	16 KB
输出所有对等数（三种方法）.docm	2014/3/17 8:34	Microsoft Word 启用宏的文档	18 KB
提取字符串中的数字.docm	2014/3/17 8:35	Microsoft Word 启用宏的文档	19 KB
百马驮百担问题.docm	2014/3/17 8:35	Microsoft Word 启用宏的文档	18 KB
将Word字符改为大写、小写、全角、半角.docm	2014/3/17 8:51	Microsoft Word 启用宏的文档	22 KB
制作九九乘法表.xlsm	2014/3/17 8:54	Microsoft Excel 启用宏的工作表	24 KB
生成ASCII码表.docm	2014/3/17 9:23	Microsoft Word 启用宏的文档	21 KB
在Word文档中输出1000以内的素数.docm	2014/3/20 9:38	Microsoft Word 启用宏的文档	19 KB
在Word文档中列文件目录.docm	2014/4/2 13:47	Microsoft Word 启用宏的文档	20 KB

图 8.1　当前文件夹下的文件

百马驮百担问题	docm
将 Word 字符改为大写、小写、全角、半角	docm
生成 ASCII 码表	docm
输出所有对等数（三种方法）	docm
提取字符串中的数字	docm
在 Word 文档中列文件目录	docm
在 Word 文档中输出 1000 以内的素数	docm
将指定元素逆置	xlsm
制作九九乘法表	xlsm

图 8.2　Word 当前文档内容

8.2　列出指定路径下全部子文件夹和文件名

本节我们要在 Excel 中编写 VBA 程序，列出指定路径下全部子文件夹和文件名。实现方法是使用文件系统对象 FileSystemObject，结合递归程序来完成。

1．“列目录”子程序

创建一个 Excel 工作簿，保存为“列出全部子文件夹和文件名.xlsm”。

进入 VB 编辑环境，在“工具”菜单中选择“引用”命令。在对话框“可使用的引用”列表框中选择“Microsoft Scripting Runtime”，然后单击“确定”按钮。

插入一个模块，创建如下子程序：

```
Sub 列目录()
  Columns("A:D").Delete Shift:=xlToLeft  '删除 1～4 列
  Set fd = Application.FileDialog(msoFileDialogFolderPicker) '创建对象
  k = fd.Show                            '打开文件对话框
  If k = 0 Then Exit Sub                 '在对话框中单击了“取消”按钮
  dn = fd.SelectedItems.Item(1)          '取出选中的文件夹名
  Call getf(dn)                          '调用递归子程序
  Cells.Columns.AutoFit                  '自动调整列宽
End Sub
```

这个子程序首先删除当前工作表的 1～4 列，目的是删除这 4 列的原有信息并使用默认列宽。

然后创建一个文件对话框对象，用变量 fd 表示。用 Show 方法显示文件对话框，用于选择文件夹。如果用户在对话框中单击了“取消”按钮，则退出子程序。否则，从文件对话框对象的 SelectedItems 集合中取出被选中的文件夹路径名送给变量 dn。

最后，以当前文件夹路径名为实参，调用递归子程序 getf，将文件夹路径名和该文件夹下的所有文件名填写到 Excel 当前工作表中，并自动调整列宽。

2．递归子程序 getf

子程序 getf 将当前文件夹路径名和该文件夹下的所有文件名填写到 Excel 工作表，再递归调用自身，对当前文件夹下的所有子文件夹进行同样操作，从而列出每一个子文件夹路径名以及子文件夹下的所有文件名。

子程序 getf 代码如下：

```
Sub getf(path)
  Dim fs As New FileSystemObject             '创建文件系统对象
  r = Range("A1048576").End(xlUp).Row + 1   '空白区起始行号
  With Range(Cells(r, 1), Cells(r, 4))
    .Merge                                   '合并单元格
    .Interior.ColorIndex = 35                '填充颜色
    .Value = path                            '填写当前路径名
  End With
  Set fd = fs.GetFolder(path)                '创建文件夹对象
  For Each f In fd.Files                     '对文件夹中的所有文件进行操作
    r = r + 1                                '调整行号
    Cells(r, 1) = f.Name                     '填写目录信息
    Cells(r, 2) = f.Size
    Cells(r, 3) = f.Type
    Cells(r, 4) = f.DateLastModified
  Next
  For Each s In fd.SubFolders                '对当前文件夹下的所有子文件夹进行操作
    Call getf(s.path)
  Next
End Sub
```

该子程序的形参 path 为指定的文件夹路径名。

它首先创建一个文件系统对象，用变量 fs 表示。求出当前工作表 A 列空白区起始行号，用变量 r 表示。将 r 行 1～4 列合并，填写当前文件夹路径名，并填充“浅绿”背景颜色，以便区分文件名和文件夹路径名。

然后，用 GetFolder 方法创建指定的文件夹对象，并把该文件夹中的每一个文件名、大小、类型、修改日期依次填入当前工作表的 1～4 列。

最后，递归调用 getf 自身，对指定文件夹下的每一个子文件夹进行同样的操作。即：填写文件夹路径名，填写该文件夹每个文件信息，再递归调用 getf，对下一级的每一个子文件夹进行同样的操作。

3．运行程序

打开 Excel 工作簿文件“列出全部子文件夹和文件名.xlsm”，运行“列目录”子程序，系统会弹出一个文件夹选择对话框。

选择一个文件夹，单击“确定”按钮后，在 Excel 当前工作表中将列出指定文件夹下的所有文件夹、子文件夹的路径名以及所有文件名信息，其中文件夹路径名所在单元格用“浅绿”颜色标识，得到形如图 8.3 所示的结果。

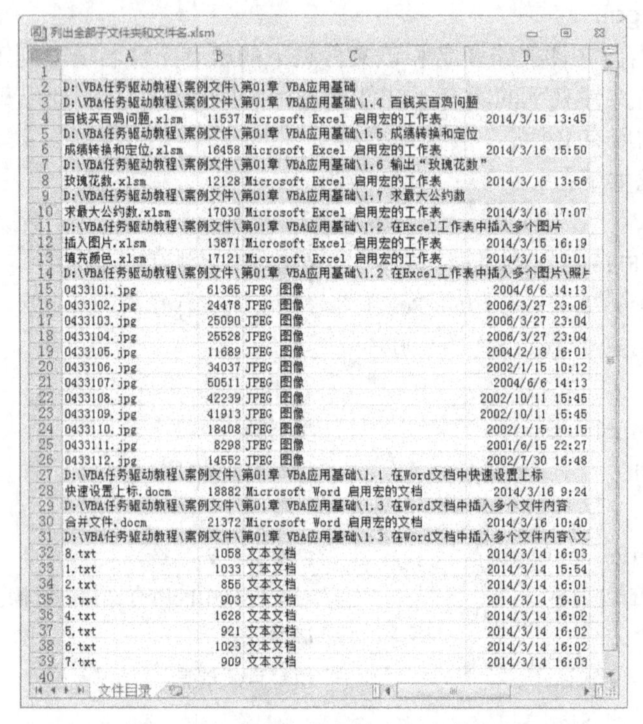

图 8.3　工作表中的文件夹和文件信息

8.3　批量重命名文件

下面在 Excel 中编写一个 VBA 程序，对指定文件夹下的文件进行批量重新命名。

1．创建工作簿和自定义工具栏

创建一个 Excel 工作簿，保存为“批量重命名文件.xlsm”。

在 Sheet1 工作表中，选中所有单元格，设置背景颜色为“白色”。选中 A～D 列，设置虚线边框，水平居中对齐方式。在 A1:D1 单元格区域中填写表头，设置“浅绿”背景颜色。得到如图 8.4 所示的工作表结构。

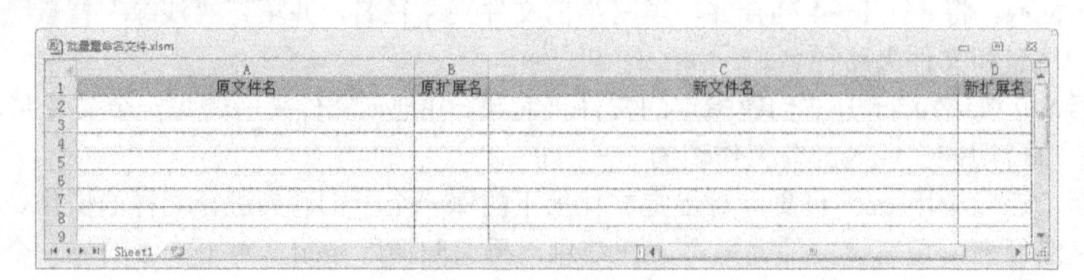

图 8.4　Sheet1 工作表结构

进入 VB 编辑环境，在“工具”菜单中选择“引用”命令，选中“Microsoft Scripting Runtime”项。

对工作簿的 Open 事件编写如下代码：

```
Private Sub Workbook_Open()
  Set tbar = Application.CommandBars.Add(Temporary:=True)
  tbar.Visible = True
  Set butt1 = tbar.Controls.Add(Type:=msoControlButton)
  With butt1
    .Caption = "选文件夹"
    .Style = msoButtonCaption
    .OnAction = "wjj"
  End With
  Set butt2 = tbar.Controls.Add(Type:=msoControlButton)
  With butt2
    .Caption = "重新命名"
    .Style = msoButtonCaption
    .OnAction = "cmm"
    .Enabled = False
  End With
End Sub
```

工作簿打开时，通过这段程序建立一个临时自定义工具栏，并使其可见。在工具栏上添加两个按钮“选文件夹”和“重新命名”，指定要执行的子程序分别为 wjj 和 cmm。“重新命名”按钮的初始状态设置为不可用。

2. 子程序 wjj

在 VB 编辑环境中，插入一个模块。在模块的顶部用以下语句声明两个全局对象变量 butt1、butt2，用来保存工具栏按钮对象。声明一个全局字符串变量 dn，用来保存选定的文件夹名。

```
Public butt1, butt2 As Object
Public dn As String
```

在模块中，编写一个子程序 wjj，代码如下：

```
Sub wjj()
  Set fd = Application.FileDialog(msoFileDialogFolderPicker)
  If fd.Show = 0 Then Exit Sub
  rm = Range("A1048576").End(xlUp).Row + 1
  Range("A2:D" & rm).ClearContents
  dn = fd.SelectedItems.Item(1)
  Dim fs As New FileSystemObject
  Set ff = fs.GetFolder(dn)
  r = 2
  For Each f In ff.Files
```

```
      p = InStrRev(f.Name, ".")
      If p > 0 Then
        Cells(r, 1) = Left(f.Name, p - 1)
        Cells(r, 3) = Left(f.Name, p - 1)
        Cells(r, 2) = Mid(f.Name, p + 1)
        Cells(r, 4) = Mid(f.Name, p + 1)
      Else
        Cells(r, 1) = f.Name
        Cells(r, 3) = f.Name
      End If
      r = r + 1
    Next
    Cells.Columns.AutoFit
    rm = Range("A1048576").End(xlUp).Row
    Range("A1:D" & rm).Sort Key1:=Range("B2"), Order1:=xlAscending, _
    Key2:=Range("A2"), Order2:=xlAscending, Header:=xlGuess
    Cells(2, 3).Select
    butt1.Enabled = False
    butt2.Enabled = True
  End Sub
```

这个子程序用来选择文件夹，并将该文件夹下所有文件名、扩展名填写到当前工作表的数据区。

它首先用 Application 的 FileDialog 属性返回一个文件对话框对象，用 Show 方法显示文件对话框。如果用户在对话框中单击了“取消”按钮，则退出子程序。否则，进行以下操作：

(1) 求出当前工作表 A 列空白区起始行号，用变量 rm 表示。清除 A～D 列第一行以外的数据区，目的是清除原有数据。

(2) 从文件对话框对象的 SelectedItems 集合中取出选中的文件夹名，送给全局变量 dn。

(3) 创建一个文件系统对象，用变量 fs 表示。

(4) 用文件系统对象的 GetFolder 方法，由文件夹名 dn 创建一个文件夹对象，用变量 ff 表示。

(5) 设置目标起始行号，用变量 r 表示。

(6) 用 For Each 循环语句，对文件夹中的每个文件进行处理。如果文件全名中包含小数点“.”，说明该文件有扩展名，则将文件名填写到 r 行的 1、3 列，扩展名填写到 r 行的 2、4 列。如果文件全名中不含小数点“.”，说明该文件无扩展名，则只将文件名填写到 r 行的 1、3 列。每填写一行信息后，都调整目标行号 r 的值。

(7) 对所有单元格设置最适合的列宽。

(8) 取出数据区最大行号，对数据区按扩展名、文件名排序。光标定位到 2 行 3 列单元格，让工具栏按钮“选文件夹”不可用性、“重新命名”可用。

3. 子程序 cmm

在模块中，编写一个子程序 cmm，代码如下：

```
Sub cmm()
  rm = Range("A1048576").End(xlUp).Row                 '取出数据区最大行号
  For r = 2 To rm                                      '循环
    sf = dn & "\" & Cells(r, 1) & "." & Cells(r, 2)    '源文件全路径名
    df = dn & "\" & Cells(r, 3) & "." & Cells(r, 4)    '目标文件全路径名
    Name sf As df                                      '重新命名
  Next
  MsgBox "文件重命名成功！"
  butt1.Enabled = True                                 '设置工具栏按钮的可用性
  butt2.Enabled = False
End Sub
```

这个子程序的功能是：将当前工作表以 A、B 列为文件名、扩展名的所有文件，改为 C、D 列指定的文件名、扩展名。

它首先取出数据区最大行号，然后用 For 语句从第 2 行到最后一个数据行循环。从每一行的 1、2 列取出源文件名、扩展名，拼接成文件全名，保存到变量 sf 中。从 3、4 列取出新文件名、扩展名，拼接成文件全名，保存到变量 df 中。用 Name 语句源文件名改为新文件名。

循环结束后，提示“文件重命名成功！”，让工具栏按钮“选文件夹”可用性、“重新命名”不可用。

4．运行与测试

打开“批量重命名文件”工作簿，单击自定义工具栏上的“选文件夹”按钮，在对话框中选择一个文件夹，单击“确定”按钮后，当前工作表得到如图 8.5 所示的结果。

将 C2 单元格的内容改为“12001”，并向下以序列方式填充，得到如图 8.6 所示的结果。

	A	B	C	D
1	原文件名	原扩展名	新文件名	新扩展名
2	0433101	jpg	0433101	jpg
3	0433102	jpg	0433102	jpg
4	0433103	jpg	0433103	jpg
5	0433104	jpg	0433104	jpg
6	0433105	jpg	0433105	jpg
7	0433106	jpg	0433106	jpg
8	0433107	jpg	0433107	jpg
9	0433108	jpg	0433108	jpg
10	0433109	jpg	0433109	jpg
11	0433110	jpg	0433110	jpg
12	0433111	jpg	0433111	jpg
13	0433112	jpg	0433112	jpg

图 8.5　打开文件夹时的工作表信息

	A	B	C	D
1	原文件名	原扩展名	新文件名	新扩展名
2	0433101	jpg	01	jpg
3	0433102	jpg	02	jpg
4	0433103	jpg	03	jpg
5	0433104	jpg	04	jpg
6	0433105	jpg	05	jpg
7	0433106	jpg	06	jpg
8	0433107	jpg	07	jpg
9	0433108	jpg	08	jpg
10	0433109	jpg	09	jpg
11	0433110	jpg	10	jpg
12	0433111	jpg	11	jpg
13	0433112	jpg	12	jpg

图 8.6　修改新文件名后的工作表信息

这时，单击自定义工具栏的“重新命名”按钮，该文件夹下的所有文件就被改成新文件名了。通过设置工作表内容，可以灵活地修改部分文件名或扩展名。

8.4　提取汉字点阵信息

本节给出一个从 16 点阵字库中提取汉字点阵信息的例子。能够在如图 8.7 所示的 Excel 工作表中显示任意一个汉字的点阵信息。

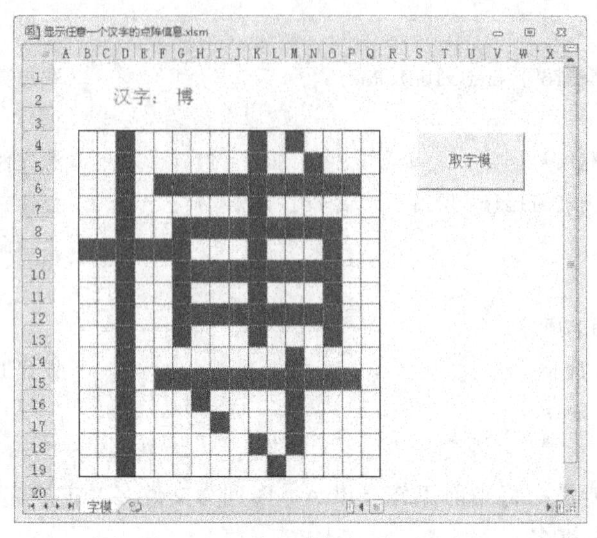

图 8.7　汉字点阵信息显示界面

1．工作表设计

建立一个文件夹，将一个宋体 16 点阵汉字库文件 hzk16 复制到该文件夹。然后创建一个 Excel 工作簿，将其保存到该文件夹，命名为“显示任意一个汉字的点阵信息.xlsm”。

在工作簿中，将其中一个工作表重命名为“字模”，删除其余的工作表。

选中所有单元格，填充背景颜色为“白色”。

选中 B～Q 列，在“开始”选项卡“单元格”组中，单击“格式”下拉列表，设置“列宽”为 2。选中 4～19 行，用同样的方式设置“行高”为 18。

选中 B4:Q19 区域，设置虚线边框。

将 B2:F2 单元格区域合并后居中，输入文字“汉字：”。合并 G2:Q2 单元格区域，设置左对齐方式，用于输入一个汉字。

在“开发工具”选项卡“控件”组中，单击“插入”下拉列表，在工作表上放置一个按钮(窗体控件)，设置标题为“取字模”。得到如图 8.8 所示的工作表结构。

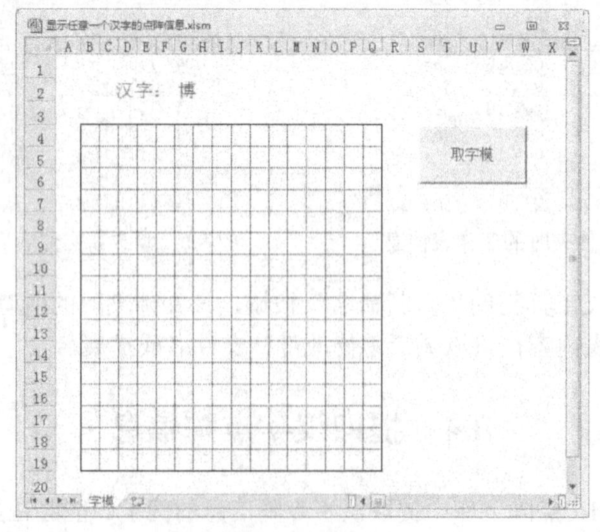

图 8.8　工作表结构

2. 子程序设计

在当前工程中插入一个模块，在模块中编写一个子程序 qzm，代码如下：

```
Sub qzm()
  Dim Hz(0 To 31) As Byte                       '存放1个汉字32字节的字模数据
  Range("4:19").Interior.ColorIndex = 2 '设置区域背景为“白色”
  tt = Range("G2").Value                        '取出汉字
  zk = ThisWorkbook.Path & "\hzk16"             '形成字库全路径名
  Open zk For Binary Access Read As #1 '打开字库文件用于读
  nm = Hex(Asc(tt))                             '汉字内码，十六进制
  nm_h = "&H" & Left(nm, 2)                     '高两位
  nm_l = "&H" & Right(nm, 2)                    '低两位
  C1 = nm_h - &HA1                              '区码
  C2 = nm_l - &HA1                              '位码
  rec = C1 * 94 + C2                            '记录号
  Location = CLng(rec) * 32 + 1                 '该汉字字模在字库中的起始位置
  Get #1, Location, Hz                          '读取该汉字在字库中的字模送数组Hz
  For k = 0 To 31                               '按字节循环
    For p = 7 To 0 Step -1                      '按二进制位循环
      bit = Hz(k) And 2 ^ p                     '取第p位
      If bit Then                               '该位为1，对应单元格填充红色
        Cells(4 + k \ 2, 8 * (k Mod 2) + 9 - p).Interior.ColorIndex = 3
      End If
    Next p
  Next k
  Close #1                                      '关闭文件
End Sub
```

这个子程序通过“取字模”按钮来执行，其功能是从字库 hzk16 中提取指定汉字的字模，也就是组成这个汉字的点阵信息，在 Excel 当前工作表特定的单元格区域中显示出用红色背景组成的汉字。

由于选用的是 16×16 点阵汉字库，每个汉字的字形由 16×16 个点组成，每个点用一个二进制位，每个汉字的字形码需要 32 个字节的存储空间。因此，程序中声明了一个字节型数组 Hz(0 To 31)，用于存放从字库中取出的一个汉字的 32 个字节点阵数据。

程序首先设置 4～19 行背景为“白色”，从当前工作表的 G2 单元格中取出汉字，然后进行如下操作：

(1) 打开当前文件夹的字库文件 hzk16，取出汉字的内码(4 位十六进制数)，拆分为高位字节和低位字节，进而求出区码和位码，算出记录号，根据记录号求出该汉字的字形码在 16×16 点阵字库的起始位置，读取该汉字在字库中的字模到数组 Hz。

(2) 用循环程序，对汉字的 32 个字节字形码，用逻辑“与”分别取出每一个二进制位，如果该位是 1，则在 Excel 工作表对应的单元格中填充红色背景，组成一个汉字的字形。

其中，汉字字模数据中第 k 个字节、第 p 个二进制位对应于 Excel 单元格的行号为“4 +

K \ 2”、列号为“8 * (K Mod 2) + 9 – p”。

最后，关闭字库文件。

3．运行与测试

在当前工作表的“取字模”按钮上单击鼠标右键，在快捷菜单上选择“指定宏”项，将子程序 qzm 指定给按钮。

在 G2 单元格输入任意一个汉字，比如“博”字，单击“取字模”按钮，将会得到如图 8.7 所示的结果。输入其他汉字，同样会得到相应的结果。

8.5 标记、删除重复文件

很多人的计算机中都存有大量重复的文件，既浪费存储空间，又增加了管理上的负担。本节的任务是：用 Excel 和 VBA 设计一个小软件，能够提取指定路径所有文件夹和子文件夹下的文件名、大小、修改时间，对重复文件进行标识，删除选定的文件。

1．工作表和工具栏设计

创建一个 Excel 工作簿，保存为“标记、删除重复文件.xlsm”。

在工作簿中，将其中一个工作表重命名为“文件目录”，删除其余的工作表。

选中所有单元格，设置背景颜色为“白色”。

选中 A～D 列，设置虚线边框。

在 A1:D1 单元格区域中填写表头，设置适当的背景颜色。

分别设置 E1、F1 单元格为另外两种不同的背景颜色，用于显示文件总数和重复文件数，得到如图 8.9 所示的工作表结构。

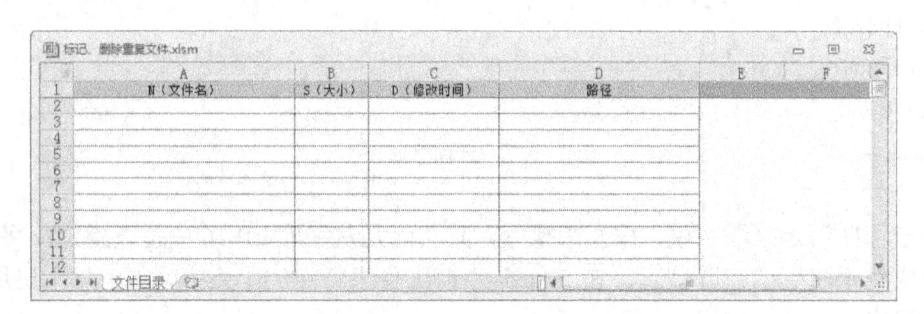

图 8.9 工作表结构

进入 VB 编辑环境，对工作簿的 Open 事件编写如下代码：

```
Private Sub Workbook_Open()
  Set tbar = Application.CommandBars.Add(Temporary:=True)
  With tbar.Controls.Add(Type:=msoControlButton)
    .Caption = "列出文件目录"
    .Style = msoButtonCaption
    .OnAction = "dir"
  End With
  With tbar.Controls.Add(Type:=msoControlButton)
    .Caption = "标记重复文件"
```

```
    .Style = msoButtonCaption
    .OnAction = "nsd"
  End With
  With tbar.Controls.Add(Type:=msoControlButton)
    .Caption = "删除选定文件"
    .Style = msoButtonCaption
    .OnAction = "del"
  End With
  tbar.Visible = True
End Sub
```

工作簿打开时，通过这段程序建立一个临时自定义工具栏。在工具栏上添加三个按钮“列出文件目录”、“标记重复文件”和“删除选定文件”，指定要执行的子程序分别为 dir、nsd 和 del。最后，让工具栏可见。

2．列出文件目录子程序 dir

进入 VB 编辑环境，在“工具”菜单中选择“引用”命令。在对话框“可使用的引用”列表框中选择“Microsoft Scripting Runtime”，然后单击“确定”按钮。

插入一个模块，创建如下子程序：

```
Sub dir()
  With Range("A2:D1048576")                                 '清理数据区
    .ClearContents
    .Interior.ColorIndex = 2
  End With
  Range("E1:F1").ClearContents                              '清理信息区
  Set fd = Application.FileDialog(msoFileDialogFolderPicker) '创建对象
  k = fd.Show                                               '打开文件对话框
  If k = 0 Then Exit Sub                                    '单击了"取消"按钮
  dn = fd.SelectedItems.Item(1)                             '取出选中的文件夹名
  Call getf(dn)                                             '调用递归子程序
  r = Range("A1048576").End(xlUp).Row - 1                   '求数据区最大行号
  Cells(1, 5) = "文件数:" & r                               '显示文件总数
  Cells.Columns.AutoFit                                     '自动调整列宽
  Range("A1").Select                                        '光标定位
End Sub
```

这个子程序首先将 1～4 列第 2 行以后的内容清除，设置白色背景，将 E1:F1 区域内容清除。

然后创建一个文件对话框对象，用变量 fd 表示。用 Show 方法显示文件对话框，用于选择文件夹。如果用户在对话框中单击了“取消”按钮，则退出子程序。否则，从文件对话框对象的 SelectedItems 集合中取出被选中的文件夹路径名送给变量 dn。

接下来，以当前文件夹路径名为实参，调用递归子程序 getf，将当前文件夹以及子文件夹下的所有文件目录信息填写到 Excel 当前工作表中。

最后，在 E1 单元格显示文件总数，自动调整列宽，将光标定位到 A1 单元格。

3. 递归子程序 getf

子程序 getf 将当前文件夹下的所有文件目录信息填写到 Excel 工作表，再递归调用自身，对当前文件夹下的所有子文件夹进行同样操作。

子程序 getf 代码如下：

```
Sub getf(path)
  Dim fs As New FileSystemObject              '创建文件系统对象
  On Error Resume Next                        '忽略错误
  r = Range("A1048576").End(xlUp).Row + 1     '空白区起始行号
  Set fd = fs.GetFolder(path)                 '创建文件夹对象
  For Each f In fd.Files                      '对文件夹的每个文件进行操作
    Cells(r, 1) = f.Name                      '填写目录信息
    Cells(r, 2) = f.Size
    Cells(r, 3) = f.DateLastModified
    Cells(r, 4) = path
    r = r + 1                                 '调整行号
  Next
  For Each sf In fd.SubFolders                '对所有子文件夹进行操作
    Call getf(sf.path)
  Next
End Sub
```

该子程序的形参 path 为指定的文件夹路径名。

它首先创建一个文件系统对象，用变量 fs 表示。求出当前工作表 A 列空白区起始行号，用变量 r 表示。

然后，用 GetFolder 方法创建指定的文件夹对象，并把该文件夹中的每一个文件名、大小、修改时间、路径名依次填入当前工作表的 1～4 列。

最后，递归调用 getf 自身，对指定文件夹下的每一个子文件夹进行同样的操作。

4. 标记重复文件 nsd

子程序 nsd 用来对文件名、大小、修改时间完全相同的文件做出标记。代码如下：

```
Sub nsd()
  k = 0                                                       '计数器初值
  Range("A1").Sort Key1:=Range("A2"), Key2:=Range("B2"), _
  Key3:=Range("C2"), Header:=xlGuess                          '按 n、s、d 排序
  rm = Range("A1048576").End(xlUp).Row                        '有效数据最大行号
  Cells(2, 1).Resize(rm, 4).Interior.ColorIndex = 2           '清数据区背景颜色
  For r = 2 To rm
    a1 = Cells(r, 1)
    b1 = Cells(r, 2)
    c1 = Cells(r, 3)
    If a1 = a0 And b1 = b0 And c1 = c0 Then                   '与上一行相同
```

```
    Cells(r - 1, 1).Resize(2, 4).Interior.ColorIndex = clr '设置背景颜色
    k = k + 1                                                '计数
  Else
    clr = IIf(clr = 34, 35, 34)                              '交换颜色值
  End If
  a0 = a1: b0 = b1: c0 = c1                                  '保存n、s、d
 Next
 Cells(1, 6) = "重复数:" & k                                 '显示重复文件数
End Sub
```

在这个子程序中，首先设置重复文件计数器 k 的初值，对 A1 单元格对应的数据区按文件名、大小、修改时间排序，求出有效数据最大行号，将表头以外的数据区背景颜色清为白色。

然后，用 For 循环语句遍历表头以外的每一数据行。对于每一数据，分别取出文件名、大小、修改时间。如果与上一行的文件名、大小、修改时间相同，则设置上一行背景颜色，计数器加 1。否则交换背景颜色值，以保证相邻行、不同文件背景颜色不同。

最后，在 F1 单元格显示重复文件数。

5．删除选定文件 del

子程序 del 用来删除在 Excel 工作表中选中的所有文件。代码如下：

```
Sub del()
  msg = "确实要删除选定的文件吗？"                      '定义提示信息
  Style = vbYesNo + vbQuestion + vbDefaultButton1       '定义按钮
  Title = "提示"                                        '定义标题
  Response = MsgBox(msg, Style, Title)                  '显示对话框
  If Response = vbYes Then                              '用户选择"是"
    On Error Resume Next                                '忽略错误
    For Each c In Selection                             '对选定的每个文件进行操作
      r = c.Row
      fn = Cells(r, 4) & "\"                            '取出文件路径
      fn = fn & Cells(r, 1)                             '形成文件全路径名
      Kill fn                                           '删除文件
    Next
  End If
End Sub
```

在这个子程序中，首先用 MsgBox 函数显示一个对话框，提示“确实要删除选定的文件吗？”。

如果用户选择“是”，则用 For Each 语句删除选定的每一个文件。具体方法是：

从 Excel 工作表每一个被选中行的第 4 列去除文件路径名，与该行第 1 列的文件名拼接，形成文件的全路径名，用 Kill 命令删除文件。

6．运行和测试

打开“标记、删除重复文件”工作簿，在“加载项”选项卡中可以看到“自定义工具栏”组。

单击“列文件目录”按钮，选定文件夹，将得到如图 8.10 所示的文件目录信息。

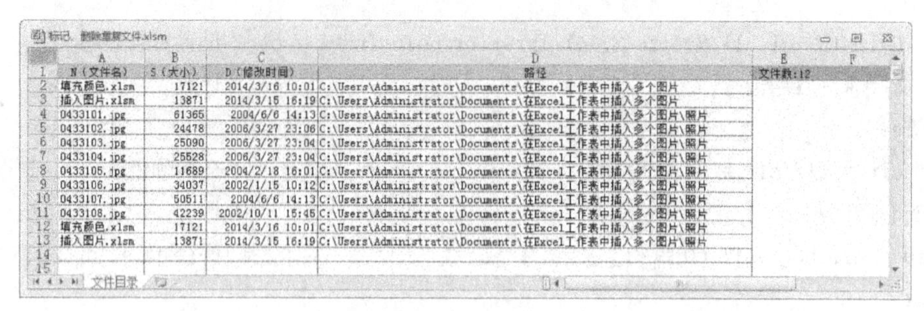

	A	B	C	D	E	F
1	N（文件名）	S（大小）	D（修改时间）	路径	文件数:12	
2	填充颜色.xlsm	17121	2014/3/16 10:01	C:\Users\Administrator\Documents\在Excel工作表中插入多个图片		
3	插入图片.xlsm	13871	2014/3/15 16:19	C:\Users\Administrator\Documents\在Excel工作表中插入多个图片		
4	0433101.jpg	61365	2004/6/6 14:13	C:\Users\Administrator\Documents\在Excel工作表中插入多个图片\照片		
5	0433102.jpg	24478	2006/3/27 23:06	C:\Users\Administrator\Documents\在Excel工作表中插入多个图片\照片		
6	0433103.jpg	25090	2006/3/27 23:04	C:\Users\Administrator\Documents\在Excel工作表中插入多个图片\照片		
7	0433104.jpg	25528	2006/3/27 23:04	C:\Users\Administrator\Documents\在Excel工作表中插入多个图片\照片		
8	0433105.jpg	11689	2004/2/18 16:01	C:\Users\Administrator\Documents\在Excel工作表中插入多个图片\照片		
9	0433106.jpg	34037	2002/1/15 10:12	C:\Users\Administrator\Documents\在Excel工作表中插入多个图片\照片		
10	0433107.jpg	50511	2004/6/6 14:13	C:\Users\Administrator\Documents\在Excel工作表中插入多个图片\照片		
11	0433108.jpg	42239	2002/10/11 15:45	C:\Users\Administrator\Documents\在Excel工作表中插入多个图片\照片		
12	填充颜色.xlsm	17121	2014/3/16 10:01	C:\Users\Administrator\Documents\在Excel工作表中插入多个图片\照片		
13	插入图片.xlsm	13871	2014/3/15 16:19	C:\Users\Administrator\Documents\在Excel工作表中插入多个图片\照片		
14						
15						

图 8.10　文件目录信息

单击“标记重复文件”按钮，得到如图 8.11 所示的结果。可以看出，有两个重复文件，每组重复文件用相同的背景颜色标识，相邻行、不同组的重复文件背景颜色不同。

	A	B	C	D	E	F
1	N（文件名）	S（大小）	D（修改时间）	路径	文件数:12	重复数:2
2	0433101.jpg	61365	2004/6/6 14:13	C:\Users\Administrator\Documents\在Excel工作表中插入多个图片\照片		
3	0433102.jpg	24478	2006/3/27 23:06	C:\Users\Administrator\Documents\在Excel工作表中插入多个图片\照片		
4	0433103.jpg	25090	2006/3/27 23:04	C:\Users\Administrator\Documents\在Excel工作表中插入多个图片\照片		
5	0433104.jpg	25528	2006/3/27 23:04	C:\Users\Administrator\Documents\在Excel工作表中插入多个图片\照片		
6	0433105.jpg	11689	2004/2/18 16:01	C:\Users\Administrator\Documents\在Excel工作表中插入多个图片\照片		
7	0433106.jpg	34037	2002/1/15 10:12	C:\Users\Administrator\Documents\在Excel工作表中插入多个图片\照片		
8	0433107.jpg	50511	2004/6/6 14:13	C:\Users\Administrator\Documents\在Excel工作表中插入多个图片\照片		
9	0433108.jpg	42239	2002/10/11 15:45	C:\Users\Administrator\Documents\在Excel工作表中插入多个图片\照片		
10	插入图片.xlsm	13871	2014/3/15 16:19	C:\Users\Administrator\Documents\在Excel工作表中插入多个图片		
11	插入图片.xlsm	13871	2014/3/15 16:19	C:\Users\Administrator\Documents\在Excel工作表中插入多个图片\照片		
12	填充颜色.xlsm	17121	2014/3/16 10:01	C:\Users\Administrator\Documents\在Excel工作表中插入多个图片		
13	填充颜色.xlsm	17121	2014/3/16 10:01	C:\Users\Administrator\Documents\在Excel工作表中插入多个图片\照片		
14						
15						

图 8.11　对相同文件进行标识

在工作表中，同时选中第 11 行、第 13 行，在单击“删除选定文件”按钮，确认后对应的文件将被删除。

再次列文件目录、标记重复文件，将得到如图 8.12 所示的结果。

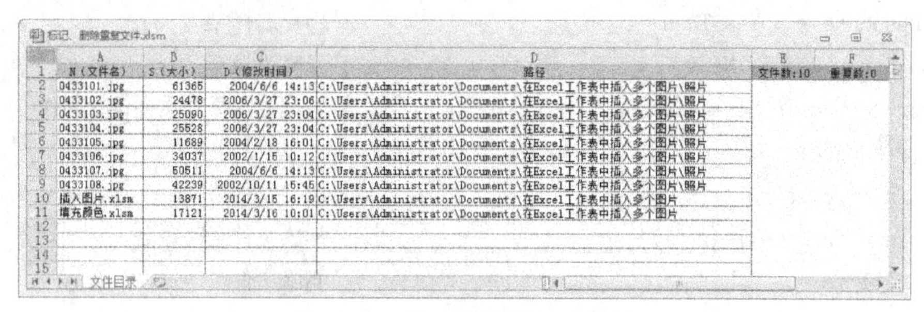

	A	B	C	D	E	F
1	N（文件名）	S（大小）	D（修改时间）	路径	文件数:10	重复数:0
2	0433101.jpg	61365	2004/6/6 14:13	C:\Users\Administrator\Documents\在Excel工作表中插入多个图片\照片		
3	0433102.jpg	24478	2006/3/27 23:06	C:\Users\Administrator\Documents\在Excel工作表中插入多个图片\照片		
4	0433103.jpg	25090	2006/3/27 23:04	C:\Users\Administrator\Documents\在Excel工作表中插入多个图片\照片		
5	0433104.jpg	25528	2006/3/27 23:04	C:\Users\Administrator\Documents\在Excel工作表中插入多个图片\照片		
6	0433105.jpg	11689	2004/2/18 16:01	C:\Users\Administrator\Documents\在Excel工作表中插入多个图片\照片		
7	0433106.jpg	34037	2002/1/15 10:12	C:\Users\Administrator\Documents\在Excel工作表中插入多个图片\照片		
8	0433107.jpg	50511	2004/6/6 14:13	C:\Users\Administrator\Documents\在Excel工作表中插入多个图片\照片		
9	0433108.jpg	42239	2002/10/11 15:45	C:\Users\Administrator\Documents\在Excel工作表中插入多个图片\照片		
10	插入图片.xlsm	13871	2014/3/15 16:19	C:\Users\Administrator\Documents\在Excel工作表中插入多个图片		
11	填充颜色.xlsm	17121	2014/3/16 10:01	C:\Users\Administrator\Documents\在Excel工作表中插入多个图片		
12						
13						
14						
15						

图 8.12　删除重复文件后的情形

上机实验题目

1. 参考如图 8.13 所示的界面，在 Excel 中用 VBA 编写程序，生成任意一个汉字的 24×24 点阵字模。

2. 创建一个 Excel 工作簿，编写 VBA 程序实现以下功能：

(1) 工作簿打开时，自动在 Excel 功能区的“加载项”选项卡中添加一个临时自定义工具栏，上面放两个按钮“列出文件目录”和“复制到指定文件夹”。

(2) 单击“列出文件目录”按钮时，打开一个选择文件夹对话框。选定文件夹后，自动将该文件夹及其子文件夹下的所有文件目录信息填写到当前工作表。

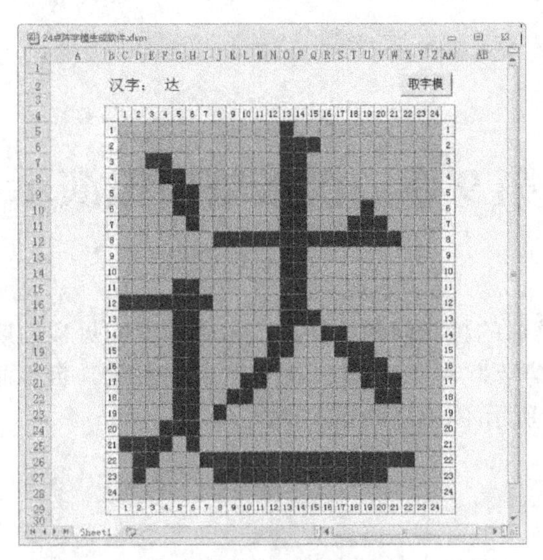

图 8.13　点阵字模生成软件界面和工具栏

(3) 单击“复制到指定文件夹”按钮时，再次打开选择文件夹对话框。选定文件夹后，自动将所有文件复制到指定位置。

比如，D 盘根目录有一个文件夹“2014-04-03 学生作业”，目录结构如图 8.14 所示。

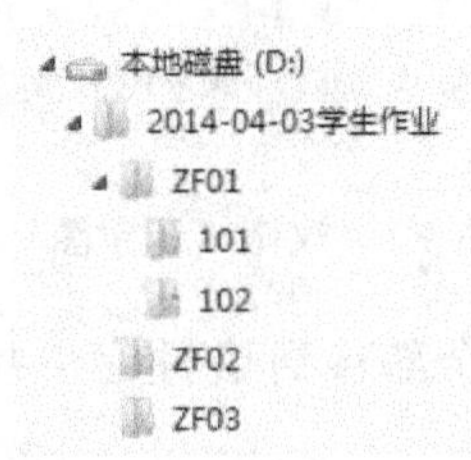

图 8.14　“2014-04-03 学生作业”文件夹目录结构

其中，ZF01\101 下有一个文件“101 王婧怡.rar”，ZF01\102 下有一个文件“102 韩明卿.rar”，ZF02 下有一个文件“103 张愉.rar”，ZF03 下有两个文件“104 陈薪竹.rar”和“105 戴胜达.rar”。

单击“列出文件目录”按钮，选定文件夹“2014-04-03 学生作业”后，当前工作表应得到如图 8.15 所示的结果。

2.复制指定文件夹及其子文件夹下的所有文件.xlsm

	A	B	C	D	E
1	N（文件名）	S（大小）	D（修改时间）	路径	文件数:5
2	101王婧怡.rar	1053	2014/4/3 14:49	D:\2014-04-03学生作业\ZF01\101	
3	102韩明卿.rar	1205	2014/4/3 14:17	D:\2014-04-03学生作业\ZF01\102	
4	103张愉.rar	1123	2014/4/3 14:44	D:\2014-04-03学生作业\ZF02	
5	104陈薪竹.rar	1027	2014/4/3 14:18	D:\2014-04-03学生作业\ZF03	
6	105戴胜达.rar	25525	2014/4/4 17:20	D:\2014-04-03学生作业\ZF03	
7					
8					

文件目录

图 8.15　文件目录信息

单击“复制到指定文件夹”按钮，选定文件夹为 D 区根目录，所有文件将被复制到指定的位置。

提示：复制文件可以用 FileCopy 命令。

第 9 章　汉诺塔模拟演示

汉诺塔问题是一个著名的趣味问题。传说在古代印度的贝拿勒斯圣庙里，安放了一块铜板，板上插了三根柱子(编号为 A、B、C)，在其中 A 号柱上，自上而下按由小到大的顺序串有若干个盘子，如图 9.1 所示(图中只画出 5 个盘子)。

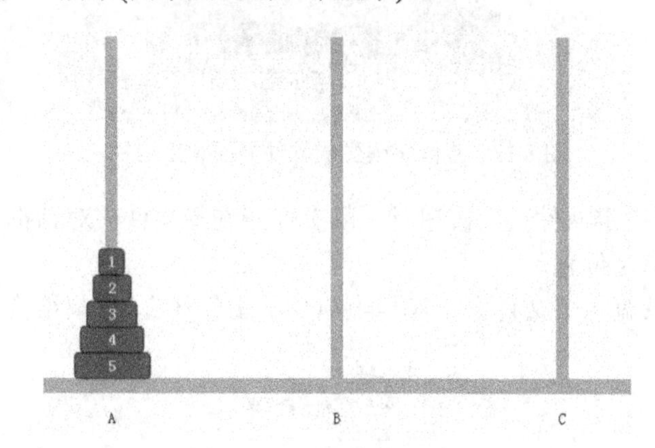

图 9.1　汉诺塔示意图

圣庙的僧侣们要把 A 柱上的盘子全部移到 C 柱上，并仍按原有顺序叠放好。规则是：

(1) 一次只能移一个盘子；

(2) 盘子只能在三个柱子上存放；

(3) 任何时候大盘不能放在小盘上面。

根据计算，把 64 个盘子从 A 柱全部移到 C 柱，至少需移动 2^{64}-1 次。如果每移动一次需 1 秒，则完成此项工程约需要 5800 多亿年的时间。

下面，我们在 Excel 环境中，用 VBA 程序做出一种动画效果，来模拟只有几个盘子的汉诺塔的移动过程。

9.1　界面设计

进入 Excel，建立一个工作簿“汉诺塔模拟演示.xlsm”，只保留 Sheet1 工作表。

在 Sheet1 工作表中，选中第 23 行，设置背景颜色为“橙色”，调整适当的行高，表示汉诺塔的底座铜板。

选中 1～22 行，设置背景颜色为“浅蓝”，然后对 D3:D22、G3:G22、J3:J22、D2:J2 区域设置“白色”背景颜色，在 D24、G24、J24 三个单元格分别输入 A、B、C 三个字符，表示三根柱子以及盘子的移动通道。

在 A 柱中，用填充“茶色”背景、“绿色”边框的单元格表示盘子，单元格的数字表示盘子的编号。为了演示盘子的移动过程，可以把某个单元格的颜色、数字和边框清除，再在需要的另一个单元格中填充颜色、数字和边框。

为便于操作并使程序具有一定通用性，在工作表上放置两个按钮“准备”和“移动”，用25行6列、25行9列两个单元格指定盘子数和延时系数。这样就得到如图9.2所示的汉诺塔模拟演示界面。

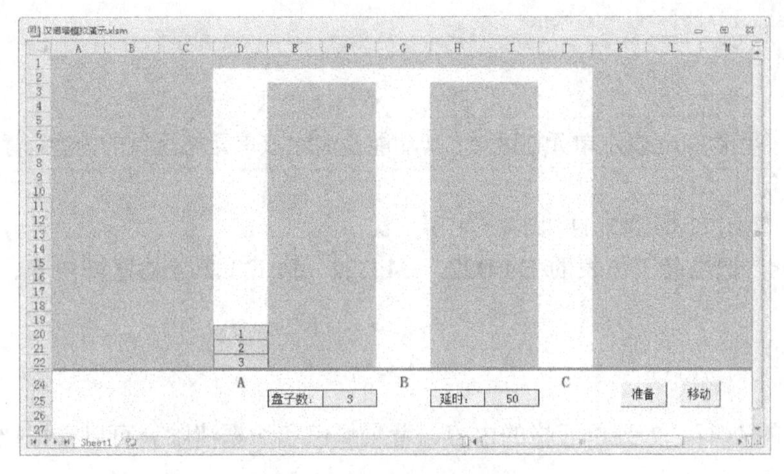

图9.2　汉诺塔模拟演示界面

9.2　基础程序设计

为了实现汉诺塔模拟演示，先设计几个基础程序。分别实现在单元格中放置盘子、清除盘子、初始准备、移动一个盘子、延时功能。

1．设置单元格内容、背景颜色和边框

打开Excel工作簿“汉诺塔模拟演示.xlsm”，进入VB编辑环境，在当前工程中插入“模块1”，编写一个子程序fil，代码如下：

```
Sub fil(rg As Range, k)
  With rg
    .Value = k
    .Interior.ColorIndex = 40
    .Borders.ColorIndex = 10
  End With
End Sub
```

这个子程序有两个形参，rg表示单元格，k表示要填写到单元格的数值。其功能是：对单元格填写数值k，设置“茶色”背景、“绿色”边框。

例如，语句

```
fil Cells(22, 7), 1
```

调用子程序fil，对当前工作表的22行、7列单元格填写数值“1”，并设置该单元格“茶色”背景、“绿色”边框。可以模拟把“1”号盘子放置在该单元格中。

2．清除区域内容、背景颜色和边框

在“模块1”中编写一个子程序cls，代码如下：

```
Sub cls(rg As Range)
  With rg
    .ClearContents
    .Interior.ColorIndex = 2
    .Borders.LineStyle = xlNone
  End With
End Sub
```

这个子程序用形参 rg 表示单元格区域。其功能是清除该单元格区域的内容、背景颜色和边框。

例如，语句

```
cls Range("D4:D22,G4:G22,J4:J22")
```

调用子程序 cls，把当前工作表的 D4:D22、G4:G22、J4:J22 单元格区域内容、背景颜色和边框清除。

语句

```
cls Cells(2, 7)
```

把当前工作表的 2 行、7 列单元格的内容、背景颜色和边框清除。可以模拟把该单元格的盘子移走。

3．“准备”按钮代码设计

在“模块 1”中编写一个子程序 init，代码如下：

```
Sub init()
  '清除内容、背景颜色、边框
cls Range("D4:D22,G4:G22,J4:J22")
  '设置N个盘子到A柱
  n = Cells(25, 6)
  For k = n To 1 Step -1
    fil Cells(22 + k - n, 4), k
  Next
End Sub
```

这个子程序用来进行初始准备。

它首先调用子程序 cls，把当前工作表的 D4:D22、G4:G22、J4:J22 单元格区域内容、背景颜色和边框清除。

然后从当前工作表的 25 行 6 列单元格中取出指定的盘子数送给变量 n，再用 For 循环语句在 4 列从 22 行向上设置 n 个盘子。相当于在 A 柱子放置 n 个盘子。其中，调用子程序 fil 设置单元格数值、背景颜色和边框。

在工作表的“准备”按钮上单击鼠标右键，在快捷菜单中选择“指定宏”命令，将子程序 init 指定给该按钮。

在工作表的 25 行 6 列单元格中输入盘子数，再单击“准备”按钮，就做好了汉诺塔的初始准备。

4．将 n 号盘子从一个单元格移动到另一个单元格

在“模块 1”中编写一个子程序 shift1，完成一个盘子移动过程。这个子程序代码如下：

```
Sub shift1(n, ac, ar, cc, cr)
```

```
    '向上
    cls Cells(ar, ac)
    fil Cells(2, ac), n
    dely
    '向左(右)
    cls Cells(2, ac)
    fil Cells(2, cc), n
    dely
    '向下
    cls Cells(2, cc)
    fil Cells(cr, cc), n
    dely
End Sub
```

这个子程序有 5 个形式参数，n 表示盘子号，ac、ar 表示起始单元格的列号、行号，cc、cr 表示目标单元格的列号、行号。功能是将 n 号盘子从 ac 列 ar 行，移到 cc 列 cr 行。

移动过程分 3 个动作：

(1) 将 ac 列的 n 号盘子从 ar 行向上移动到第 2 行。方法是分别调用子程序 cls 和 fil，将 ac 列、ar 行单元格的内容、背景颜色和边框清除，在 ac 列、2 行单元格填写数值 n，设置背景颜色和边框。

(2) 用同样的方法，将 n 号盘子从第 2 行的 ac 列向左或向右移动到 cc 列。

(3) 将 cc 列的 n 号盘子从第 2 行向下移动到 cr 行。

每个动作之后，都调用子程序 dely 延时一点时间，以便人眼能够看清盘子的运动过程。

5．延时子程序

延时子程序 dely 定义如下：

```
Sub dely()
  DoEvents
  n = Cells(25, 9)
  For i = 1 To n * 999999
  Next
End Sub
```

该程序首先用 DoEvents 语句转让控制权，达到刷新屏幕作用。

然后，从当前工作表的 25 行 9 列单元格中取出延时系数送给变量 n，用来控制延时时间的长短，n 的值越大，延时时间越长。

最后，用循环程序进行延时。

9.3 递归程序设计与调用

有了前面这些基础，现在来考虑如何编写程序来演示汉诺塔的移动过程。

假定盘子编号从小向大依次为：1、2、…、N。在盘子比较多的情况下，很难直接写出移动步骤。可以先分析盘子比较少的情况。

如果只有一个盘子，则不需要利用B柱，直接将盘子从A柱移动到C柱即可。

如果有2个盘子，可以先将1号盘子移动到B柱，再将2号盘子移动到C柱，最后将1号盘子移动到C柱。这说明，可以借助B柱将2个盘子从A柱移动到C柱，当然，也可以借助C柱将2个盘子从A柱移动到B柱。

如果有3个盘子，那么根据2个盘子的结论，可以借助C柱将3号盘子上面的两个盘子从A柱移动到B柱，再将3号盘子从A柱移动到C柱，这时A柱变成空柱，最后借助A柱，将B柱上的两个盘子移动到C柱。

上述的思路可以一直扩展到N个盘子的情况：可以借助空柱C将N号盘子上面的N-1个盘子从A柱移动到B柱，再将N号盘子移动到C柱，这时A柱变成空柱，最后借助空柱A，将B柱上的N-1个盘子移动到C柱。

概括起来，把N个盘子从A柱移到C柱，可以分解为三步：

第1步，按汉诺塔的移动规则，借助空柱C，把N-1个盘子从A柱移到B柱；

第2步，把A柱上最下边的一个盘子移到C柱；

第3步，按汉诺塔的移动规则，借助空柱A，把N-1个盘子从B柱移到C柱。

注意：把N-1个盘子从一个柱子移到另一个柱子，不是直接整体搬动，而是要按汉诺塔的移动规则，借助于空柱进行。N-1个盘子的移动方式与N个盘子的移动方式相同，或者说，N-1个盘子的移动和N个盘子的移动可以用同一个程序实现。这正符合递归的思想，适合用递归程序实现。

下面我们来设计实现这一目标的递归子程序。

这个子程序显然应该带有参数，那么它需要哪几个参数呢？在调用这个子程序时，应该告诉它有多少个盘子，这些盘子初始放在Excel工作表的单元格区域位置，可利用的中间单元格区域位置，目标单元格区域位置，这三个区域位置都需要标明单元格的列号和最底层单元格的行号。这样子程序共需要7个参数：n、ac、ar、bc、br、cc和cr，分别表示盘子数、初始区列号、初始区底层单元格行号、中间区列号、中间区底层单元格行号、目标区列号、目标区底层单元格行号。

进入VB编辑环境，在“模块1”中编写出如下递归子程序：

```
Sub shift(n, ac, ar, bc, br, cc, cr)
  If n = 1 Then
    Call shift1(n, ac, ar, cc, cr)
  Else
    Call shift(n - 1, ac, ar - 1, cc, cr, bc, br)
    Call shift1(n, ac, ar, cc, cr)
    Call shift(n - 1, bc, br, ac, ar, cc, cr - 1)
  End If
End Sub
```

这个子程序用来将Excel当前工作表中从ac列ar行向上摆放的n个盘子，借助bc列br行向上的区域，移动到cc列cr行向上的区域中。

程序的基本原理为：如果盘子数是1，直接将其从ac列ar行移动到cc列cr行。如果盘子数大于1，则首先进行递归调用，将从ac列ar-1行向上摆放的n-1个盘子，借助cc列cr行向上的区域，移动到bc列br行向上的区域中。然后将ac列ar行的盘子移动到cc列cr行。

最后，再进行递归调用，将从 bc 列 br 行向上摆放的 n-1 个盘子，借助 ac 列 ar 行向上的区域，移动到 cc 列 cr-1 行向上的区域中。

为了调用递归子程序 shift，再编写如下子程序：

```
Sub move()
  n = Cells(25, 6)
  Call shift(n, 4, 22, 7, 22, 10, 22)
End Sub
```

这个子程序先从当前工作表的 25 行 6 列单元格中取出盘子数送给变量 n，然后调用递归子程序 shift，传递 7 个实际参数，将 n 个盘子从 4 列 22 行向上的区域，经由 7 列 22 行向上的区域，移到 10 列 22 行向上的区域。

为便于操作，将子程序 move 指定给“移动”按钮。

至此，整个汉诺塔演示软件设计完毕。

在工作表中设置盘子数、延时系数，单击“准备”按钮，再单击“移动”按钮，就可以看到模拟的汉诺塔移动过程。

在这个演示系统当中，我们仅安排了最多 20 个盘子。因为随着盘子数量的增加，移动次数会急剧上升。假设 12 个盘子，每秒移动一次，整个过程需要一个多小时。如果 20 个盘子，每秒移动一次，则需要 12 天多。

上机实验题目

1. 分别用递归和循环方法编写程序，在 Excel 当前工作表中输出 Fibonacci 数列的前 30 项。Fibonacci 数列的前两个数都是 1，第三个数是前两个数之和，以后每个数都是其前两个数之和，即 1，1，2，3，5，8，13……。

2. 对本章汉诺塔模拟演示程序进行改造，使之能够逐单元格显示盘子的移动过程。

第 10 章　教师课表速查工具

本章的任务是用 Excel 和 VBA 开发一个工具软件，用来快速查询教师授课时间、地点、课程等信息。

10.1 功能要求

在许多校园网的教务管理系统中，都可以在线查询教师的课表，也可以把每位教师的课表保存为一个 Excel 工作簿文件。

比如，把某个系的所有教师课表保存到一个文件夹中，会得到如图 10.1 所示的文件目录。

名称	修改日期	类型	大小
陈卓然.xls	2014/3/4 14:10	Microsoft Excel 97-2003 工作表	27 KB
华振兴.xls	2014/4/5 13:42	Microsoft Excel 97-2003 工作表	28 KB
李淑梅.xls	2014/4/5 13:42	Microsoft Excel 97-2003 工作表	27 KB
李政.xls	2014/4/5 13:43	Microsoft Excel 97-2003 工作表	27 KB
刘刚.xls	2014/4/5 13:42	Microsoft Excel 97-2003 工作表	27 KB
刘洪波.xls	2014/4/5 13:43	Microsoft Excel 97-2003 工作表	27 KB
陆思辰.xls	2014/4/5 13:44	Microsoft Excel 97-2003 工作表	27 KB
秦帅.xls	2014/4/5 13:44	Microsoft Excel 97-2003 工作表	27 KB
司雨.xls	2014/4/5 13:44	Microsoft Excel 97-2003 工作表	28 KB
孙艳波.xls	2014/4/5 13:45	Microsoft Excel 97-2003 工作表	27 KB
滕国文.xls	2014/4/5 13:45	Microsoft Excel 97-2003 工作表	27 KB
杨久婷.xls	2014/4/5 13:45	Microsoft Excel 97-2003 工作表	28 KB
张刚.xls	2014/4/5 13:45	Microsoft Excel 97-2003 工作表	27 KB
张海燕.xls	2014/4/5 13:46	Microsoft Excel 97-2003 工作表	26 KB
张文波.xls	2014/4/5 13:46	Microsoft Excel 97-2003 工作表	27 KB
郑月锋.xls	2014/4/5 13:46	Microsoft Excel 97-2003 工作表	27 KB
朱宏.xls	2014/4/5 13:46	Microsoft Excel 97-2003 工作表	27 KB

图 10.1　教师课表文件目录

各工作簿中的课表结构如图 10.2 所示。

我们的任务是：

(1) 创建一个 Excel 工作簿，通过编写 VBA 程序，使得工作簿打开时自动添加一个临时自定义工具栏，上面放两个按钮“导入课表”和“清除数据”。

(2) 单击“导入课表”按钮，打开一个“浏览”对话框，选择一个教师课表工作簿文件后，将相应的信息导入当前工作表。得到如图 10.3 所示的结果。

其中，单元格内容为“*”，表示该教师在对应的课节有授课任务，具体授课地点、班级、课程等信息用批注形式表达。比如，M6 单元格有“*”，说明李政老师周三 3～4 节有课。当鼠标移动到该单元格时，显示批注信息。可以进一步了解到对应的课程名称为“VBA 开发与应用”，授课班级为“2012 级信息科学技术专业 1 班”，3～18 周的单周在 2402 教室上课、双周在 2517 教室上课。

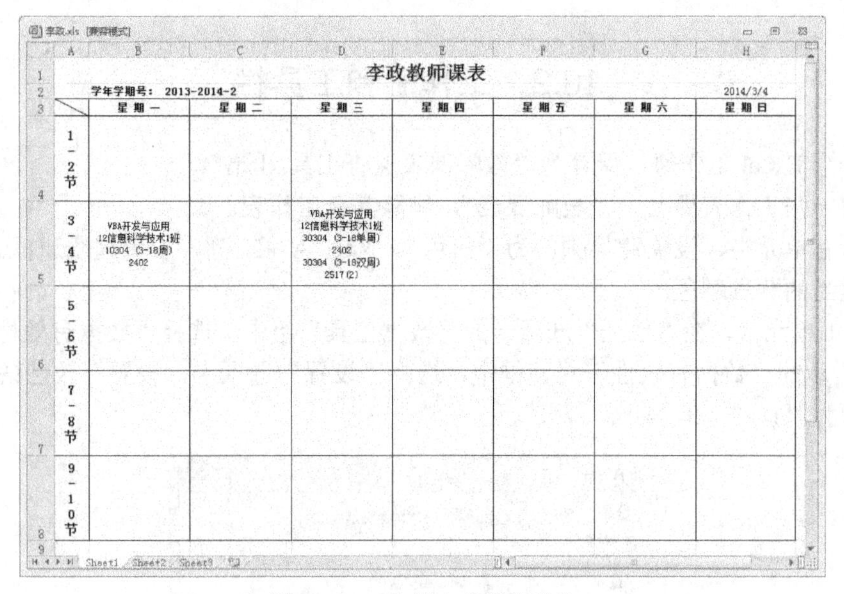

图 10.2　工作簿中的课表结构

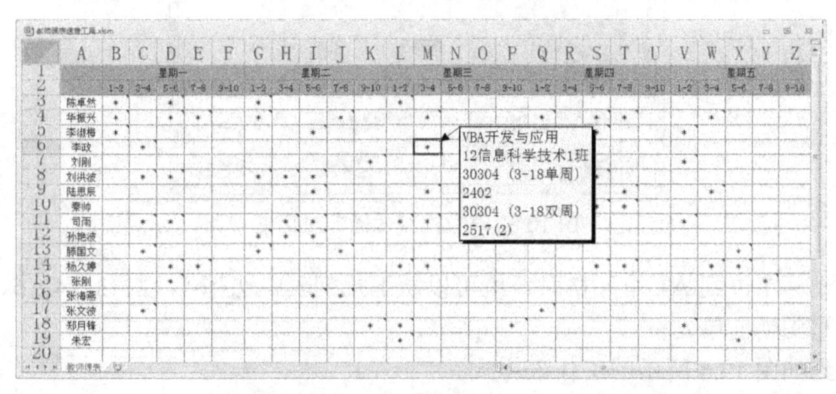

图 10.3　导入数据后的工作表

(3) 单击“清除数据”按钮，将当前工作表第 3 行以后的数据和批注删除，以便重新导入课表数据。

(4) 通过 A1 单元格的下拉列表，可以指定星期一至星期五的任意一天或全部。打开工作簿时，也会根据系统日期自动选定星期一至星期五的某一天。

(5) 用鼠标单击第 2 行 B～Z 列的任意单元格，系统自动筛选出该时间有课的教师名单。假如当天是星期三，鼠标单击 M2 单元格，将得到如图 10.4 的筛选结果。

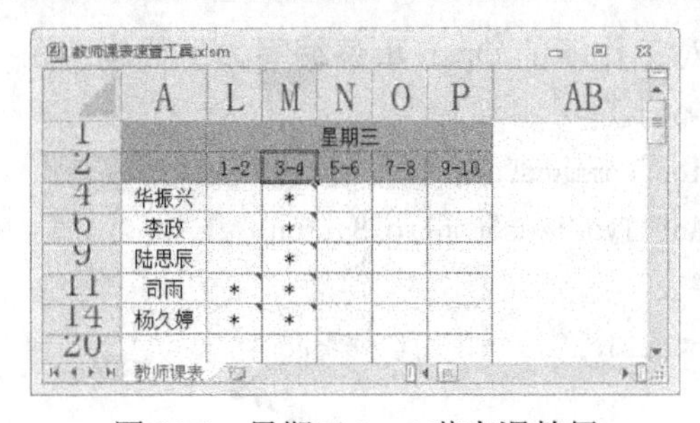

图 10.4　星期三 3～4 节有课教师

10.2 工作表和工具栏

创建一个 Excel 工作簿，保存为“教师课表速查工具.xlsm”。

将其中一张工作表更名为“教师课表”，删除其余工作表。

选中所有单元格，设置背景颜色为“白色”。选中 A～Z 列，设置虚线边框。设置 1～2 行表头和适当的背景颜色。

选中 A1 单元格，在“数据”选项卡的“数据工具”组中，选择“数据有效性”命令。在如图 10.5 所示的“数据有效性”对话框中，选择“设置”选项卡，设置有效性条件为：允许序列，来源为“1，2，3，4，5，All”。

数据有效性

设置 | 输入信息 | 出错警告 | 输入法模式

有效性条件

允许(A)：

序列

☑ 忽略空值(B)

☑ 提供下拉箭头(I)

数据(D)：

介于

来源(S)：

1,2,3,4,5,All

☐ 对有同样设置的所有其他单元格应用这些更改(P)

全部清除(C)　　确定　　取消

图 10.5 “数据有效性”对话框

这样，光标定位到 A1 单元格时，就可以从下拉列表中选择 1、2、3、4、5、All 中的任意一项，填写到当前单元格。

最终得到如图 10.6 所示的工作表样式。

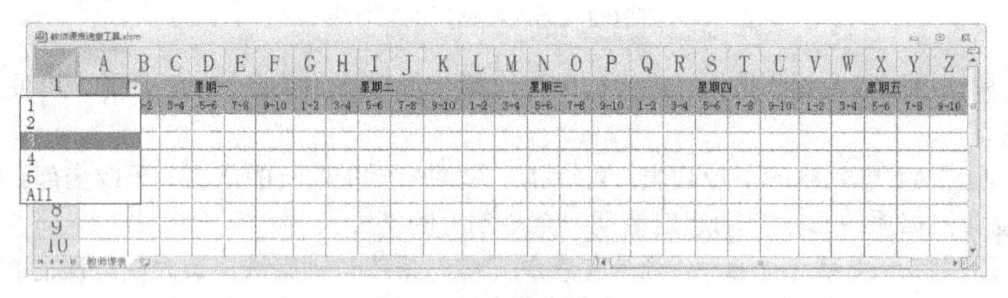

图 10.6 工作表样式

进入 VB 编辑环境，对工作簿的 Open 事件编写如下代码：

```
Private Sub Workbook_Open()
  Set tbar = Application.CommandBars.Add(Temporary:=True)
  With tbar.Controls.Add(Type:=msoControlButton)
    .Caption = "导入课表"
    .Style = msoButtonCaption
    .OnAction = "dr"
  End With
```

```
  With tbar.Controls.Add(Type:=msoControlButton)
    .Caption = "清除数据"
    .Style = msoButtonCaption
    .OnAction = "qc"
  End With
  tbar.Visible = True
  w = Weekday(Date, vbMonday) - 1
  Call sxl(w)
End Sub
```

工作簿打开时，通过这段代码建立一个临时自定义工具栏。在工具栏放置两个按钮“导入课表”和“清除数据”，指定要执行的子程序分别为 dr 和 qc，让工具栏可见。

然后，用 Weekday 函数求出当前是星期几。第二个参数用 vbMonday，则函数的返回值：1 表示星期一、2 表示星期二、……、7 表示星期日。这样，变量 w 的值 0、1、……、6 对应于星期一、星期二、……、星期日。

最后，以 w 为实参，调用子程序 sxl，对当前工作表的数据列进行筛选，显示教师姓名列、星期几对应的列，隐藏其余数据列。

子程序 sxl 代码如下：

```
Sub sxl(w)
  c = 5 * w + 2
  Range(Columns(2), Columns(26)).EntireColumn.Hidden = True
  Range(Columns(c), Columns(c + 4)).EntireColumn.Hidden = False
  Range("A1").Select
End Sub
```

这个子程序，首先根据参数 w 求出当前工作表中星期几对应的起始列号 c。然后，隐藏 2～26 列，再显示从 c 开始的 5 列。最后，光标定位到 A1 单元格。

假设当前是星期三，则 w 的值为 2，c 的值为 12。执行 sxl(w)后，将显示教师姓名列和 12～16 列(L～P 列)，即星期三课表。

10.3 导入课表

在 VB 编辑环境中，插入一个模块，在模块中编写一个子程序 dr，代码如下：

```
Sub dr()
  Cells(1, 1) = "All"                                   '显示全部列
  With Application.FileDialog(msoFileDialogFilePicker) '选取文件
    .Filters.Clear                                      '清除文件过滤器
    .Filters.Add "Excel Files", "*.xls;*.xlsx"          '设置文件过滤器
    If .Show = -1 Then                                  '显示对话框，确定
      sfn = .SelectedItems(1)                           '获取文件全路径名
    Else
      Exit Sub                                          '退出子程序
```

```
    End If
  End With
  r = Range("A1048576").End(xlUp).Row + 1              '目标行号
  c = 1                                                '目标列号初值
  Set ds = ThisWorkbook.Sheets(1)                      '目标工作表
  Set sf = Workbooks.Open(sfn)                         '源工作簿
  s_cmb = Cells(1, 1)
  m = Len(s_cmb)
  ds.Cells(r, c) = Left(s_cmb, m - 4)                  '填写教师名
  For k = 2 To 6                                       '按列循环(周1～周5)
    For n = 4 To 8                                     '按行循环(1～5大节)
      c = c + 1                                        '调整目标列号
      pz = Trim(Cells(n, k))                           '取出单元格值
      If Len(pz) > 0 Then                              '不空
        With ds.Cells(r, c)                            '对目标单元格进行操作
          .Value = "*"                                 '填写有课标记
          .AddComment                                  '添加批注
          .Comment.Text pz                             '设置批注文本
          .Comment.Shape.TextFrame.AutoSize = True     '自动调整批注大小
        End With
      End If
    Next
  Next
  sf.Close savechanges:=False                          '关闭、不保存源文件
  Cells(1, 1).Select                                   '光标定位
End Sub
```

这个子程序与自定义工具栏的“导入课表”按钮关联。

它首先在A1单元格中填写一个字符串“All”，使得全部列都显示出来(后面会介绍其原理)。由FileDialog对象打开一个对话框，用于选取Excel工作簿文件，得到文件全路径名，保存到变量sfn中。

然后，确定当前工作表的目标行号r、列号c，把当前工作表用对象变量ds表示。打开指定的工作簿文件，用对象变量sf表示。把sf工作簿当前工作表A1单元格中的教师名取出来，填写到ds工作表r行、c列单元格。

接下来，用双重循环语句，遍历sf工作表的2～6列、4～8行每个单元格。如果该单元格的内容不空，则把它作为批注信息，添加到ds工作表对应的单元格，并自动调整批注大小，设置单元格的值为“*”。

最后，关闭、不保存sf工作簿，光标定位ds工作表的A1单元格，完成一个教师课表的导入。

再次运行这个子程序，另一个教师课表信息导入到ds工作表的下一行。

为了清除导入的课表数据，我们在模块中编写一个子程序qc，代码如下：

```
Sub qc()
  ans = MsgBox("此操作将清除现有数据！确定吗？", vbYesNo, "警告")
  If ans = vbNo Then Exit Sub
  Cells(1, 1) = "All"
  Rows("3:1048576").Delete Shift:=xlUp
End Sub
```

这个子程序首先用 MsgBox 函数给出提示，确认后在 A1 单元格中填写一个字符串“All”，显示全部列，删除第 3 行以后的所有行。

10.4 筛选课表

筛选课表包括两方面：一是筛选出星期几对应的列，二是筛选出指定课节有课教师对应的数据行，这样就可以迅速查到指定时间有课的教师的课表信息。

1. 筛选列

筛选列通过子程序 sxl 实现。

前面已经介绍过，在工作簿打的 Open 事件代码中，用 Weekday 函数求出当前是星期几，再以 w 为实参，调用子程序 sxl，对当前工作表的数据列进行筛选，显示教师姓名列、星期几对应的列，隐藏其余数据列。

除此之外，在工作表的 A1 单元格，可以通过下拉列表选择星期几。

当工作簿的任意单元格的内容改变时，会产生 SheetChange 事件。

对工作簿的 SheetChange 事件编写如下代码，同样可以实现对列的筛选：

```
Private Sub Workbook_SheetChange(ByVal Sh As Object, ByVal Target As Range)
  If Target.Address = "$A$1" Then
    If Target.Value = "All" Then
      Cells.EntireColumn.Hidden = False
      Cells(1, 1).Select
    Else
      w = Target.Value - 1
      Call sxl(w)
    End If
  End If
End Sub
```

在这段程序中，首先对内容发生变化的单元格进行判断。如果是A1单元格，则取出该单元格的内容。单元格内容为字符串“All”，则显示全部列，否则把其中的星期几减去1送给变量w，再以w为实参，调用子程序sxl，对当前工作表的数据列进行筛选。

2. 筛选行

对工作簿的 SheetSelectionChange 事件编写如下代码：

```
Private Sub Workbook_SheetSelectionChange(ByVal Sh As Object, ByVal Target As Range)
  On Error Resume Next
  Cells.EntireRow.Hidden = False
```

```
    r = Target.Row
    c = Target.Column
    If r = 2 Then
      rn = Range("A1048576").End(xlUp).Row
      Range(Cells(3, c), Cells(rn, c)).SpecialCells(xlCellTypeBlanks). _
      EntireRow.Hidden = True
    End If
End Sub
```

在工作簿中，改变选中的单元格，会产生 SheetSelectionChange 事件，执行对应的代码。

这段代先取消对所有行的隐藏，取出当前行号、当前列号。然后判断行号，如果当前选定的单元格在第 2 行，则用 SpecialCells 方法，把当前列从第 3 行到最后一行空白单元格所在的整行隐藏，达到只显示有课教师课表的目的。

上机实验题目

1. 对“教师课表速查工具”进行修改。

(1) 通过“导入数据”子程序，将选定教师课表信息填写到当前工作表的对应单元格(而不是批注)，取代“*”。但要保证数据按“缩小字体填充”，不改变列宽和行高。得到如图 10.7 所示的结果。

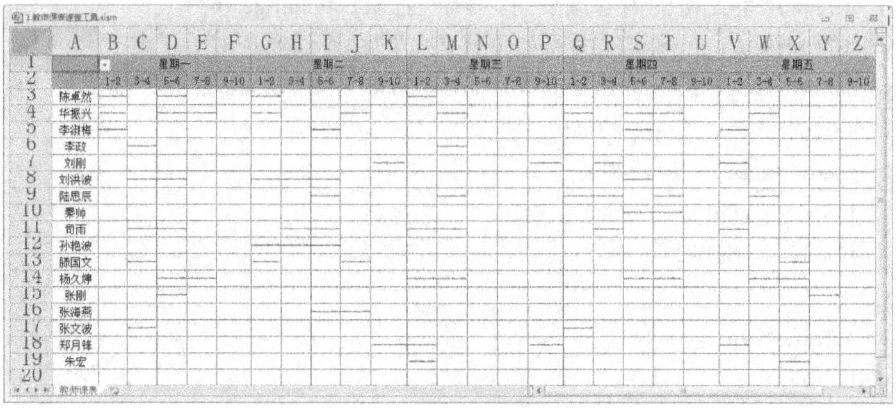

图 10.7　导入数据的工作表

(2) 用鼠标单击第 2 行 B～Z 列的任意单元格，系统自动筛选出该时间有课的教师名单，并放大相应的课表信息。假如当天是星期三，鼠标单击 M2 单元格，应得到如图 10.8 的筛选结果。

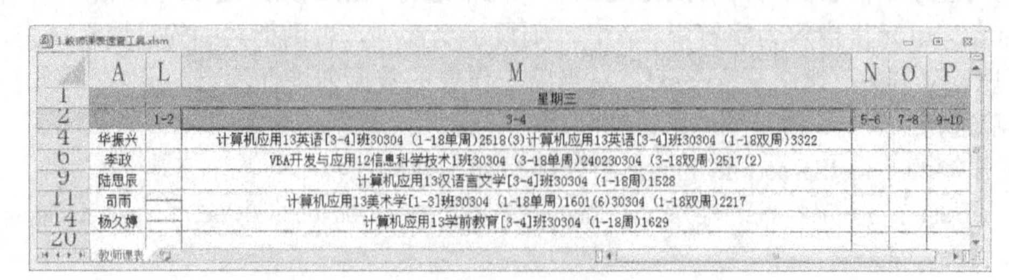

图 10.8　星期三 3～4 节有课的教师课表信息

2. 创建一个 Excel 工作簿，将其中一张工作表命名为“首页”，工作表上放置一个按钮(窗体控件)，通过该按钮执行子程序“合并”，将任意一个选定工作簿的第 1 张工作表复制到当前工作簿。

比如，多次执行“合并”子程序，把如图 10.1 所示的工作簿文件依次合并到当前工作簿，应得到如图 10.9 所示的结果。

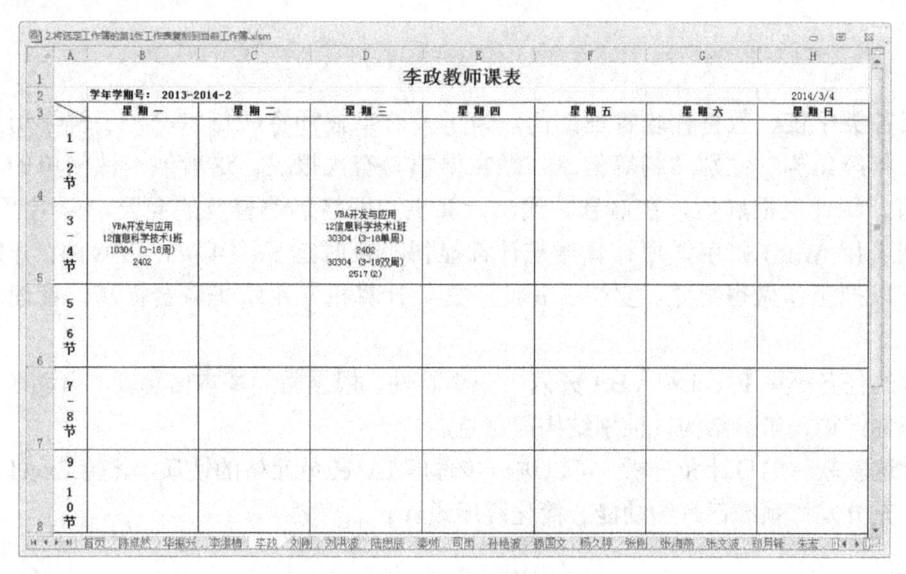

李政教师课表

学年学期号：2013-2014-2　　2014/3/4

	星期一	星期二	星期三	星期四	星期五	星期六	星期日
1-2节							
3-4节	VBA开发与应用 12信息科学技术1班 10304 (3-18周) 2402		VBA开发与应用 12信息科学技术1班 30304 (3-18单周) 2402 30304 (3-18双周) 2517(2)				
5-6节							
7-8节							
9-10节							

图 10.9　合并后的工作簿

第 11 章　师资状况信息模板

各级各类学校、教育行政管理部门，为了及时掌握师资队伍状况，了解学历结构、职称结构、年龄结构、性别结构等信息，经常要填写有关报表。这看似一件简单的事情，但频繁填写、统计也很麻烦。在信息时代，计算机和网络迅速普及的今天，再用手工填写、统计，或者用 Word 打字，用计算器统计都显得不合时宜了。其实，用 VBA 开发一个小软件，可以把工作做得更好、更快。长此下去，计算机应用水平就会提高，管理水平也会提高。

本章的任务是用 Excel 和 VBA 开发一个小软件，根据教师基本信息表，自动统计出学历结构、职称结构、年龄结构、性别结构等信息。

通过这款软件的设计和分析，可以进一步理解 Excel 单元格的性质，体验 Excel 计算公式优越性，充分发挥系统已有的功能，简化程序设计。

11.1　任务需求

我们的目标是针对高校的实际情况，利用大家熟悉的 Excel 平台，配合 VBA 编程工具，开发一个小软件，取名为“师资状况信息模板”，其形式为 Excel 工作簿文件。

利用这个软件，只要输入教职工的基本信息，系统会自动求出每个人的当前年龄，自动生成教职工的学历结构、职称结构、年龄结构、性别结构等数据。

软件可适用于其他各级各类学校以及教育行政管理部门。

这个软件之所以叫做“模板”，因为它实际上就是一个 Excel 工作簿，事先设计好工作表结构框架和程序代码，使用时只需要填写基本数据，其他工作由程序自动完成。

整个软件是一个 Excel 工作簿，其中有“基本信息”和“统计结果”两个工作表，“基本信息”存放一个单位教职工的基本信息，“统计结果”工作表存放相应的统计信息。为使用方便，自定义一个工具栏，上面放“当前年龄”和“数据统计”两个按钮。

使用时，打开“师资状况信息模板”工作簿，选择“基本信息”工作表，输入教职工姓名、性别、出生年月、学历、职称等基本信息。之后，单击工具栏的“当前年龄”按钮，系统自动求出每个人的当前年龄并填入表格。“基本信息”工作表界面和数据如图 11.1 所示。

单击工具栏上的“数据统计”按钮，统计出教职工的学历结构、职称结构、年龄结构、性别结构等数据，填入“统计结果”工作表，得到如图 11.2 所示的结果。

下面我们来研究软件的具体设计和编码方法。包括工作簿结构设计和代码编写两部分内容。

师资状况信息模板.xlsm

XX大学XX系教职工情况一览表

姓名	性别	出生年月	年龄	学历	职务	职称	编制
教职工1	女	60.01	54		办公室主任	讲师	办公
教职工2	女	73.02	41				办公
教职工3	男	64.01	50		党总支书记	副教授	政工
教职工4	男	70.11	44	学士			政工
教职工5	女	79.02	35	学士			政工
教职工6	男	60.01	54		室主任	高级实验师	实验
教职工7	女	58.05	56				实验
教职工8	男	68.10	46				实验
教职工9	男	56.01	58	博士		教授	教师
教职工10	男	56.03	58	学士		教授	教师
教职工11	男	63.11	51	硕士	系副主任	副教授	教师
教职工12	男	64.08	50	硕士	系副主任	副教授	教师
教职工13	男	63.04	51	硕士	系主任	副教授	教师
教职工14	男	75.12	39	博士		副教授	教师
教职工15	男	65.11	49	硕士		副教授	教师
教职工16	女	75.02	39	博士		副教授	教师
教职工17	女	68.05	46	硕士		讲师	教师
教职工18	女	72.12	42	硕士	室主任	讲师	教师
教职工19	男	71.06	43	硕士		讲师	教师
教职工20	女	70.01	44	学士		讲师	教师
教职工21	女	72.11	42	学士	室主任	讲师	教师
教职工22	女	75.03	39	学士	室主任	讲师	教师
教职工23	女	74.11	40	学士		讲师	教师
教职工24	男	72.07	42	学士		助教	教师
教职工25	男	71.01	43	硕士		讲师	教师
教职工26	女	85.09	29	硕士		助教	教师
教职工27	男	82.02	32	硕士		助教	教师
教职工28	女	83.09	31	硕士		助教	教师

基本信息 统计结果

图 11.1 “基本信息”工作表界面和数据

XX大学XX系教职工情况

学历结构

学历 / 编制	总计		博士		硕士		助教班		学士		其他	
	人数	%	人数	%	人数	%	人数	%	人数	%	人数	%
教师	20	100	3	15	11	55			6	30		
其他	8	100							2	25	6	75
合计	28	100	3	10.71	11	39.29			8	28.57	6	21.429

职称结构

职称 / 编制	总计		教授		副教授		讲师		助教		其他	
	人数	%	人数	%	人数	%	人数	%	人数	%	人数	%
教师	20	100	2	10	6	30	8	40	4	20		
其他	8	100			2	25	1	12.5			5	62.5
合计	28	100	2	7.143	8	28.57	9	32.14	4	14.29	5	17.857

年龄结构

年龄 / 编制	总计		35岁以下		36-45岁		46-55岁		56-60岁		61岁以上	
	人数	%	人数	%	人数	%	人数	%	人数	%	人数	%
教师	20	100	3	15	10	50	5	25	2	10		
其他	8	100	1	12.5	2	25	4	50	1	12.5		
合计	28	100	4	14.29	12	42.86	9	32.14	3	10.71		

性别结构

性别 / 编制	总计		男		女	
	人数	%	人数	%	人数	%
教师	20	100	11	55	9	45
其他	8	100	4	50	4	50
合计	28	100	15	53.57	13	46.43

图 11.2 教职工信息统计结果

11.2 工作簿结构设计

创建一个Excel工作簿，保存为“师资状况信息模板.xlsm”。工作簿的两个工作表分别命名为“基本信息”和“统计结果”，删除其余工作表。

1.“基本信息”工作表

对于“基本信息”工作表，用鼠标单击工作表列标题最左边的空白处，选中工作表的所有单元格，然后在“开始”选项卡“单元格”组中，单击“格式”下拉箭头，选择“设置单元格格式”项。在打开的“设置单元格格式”对话框中，选择“数字”选项卡，在“分类”列表框中选择“文本”，把数字作为文本处理，如图 11.3 所示。

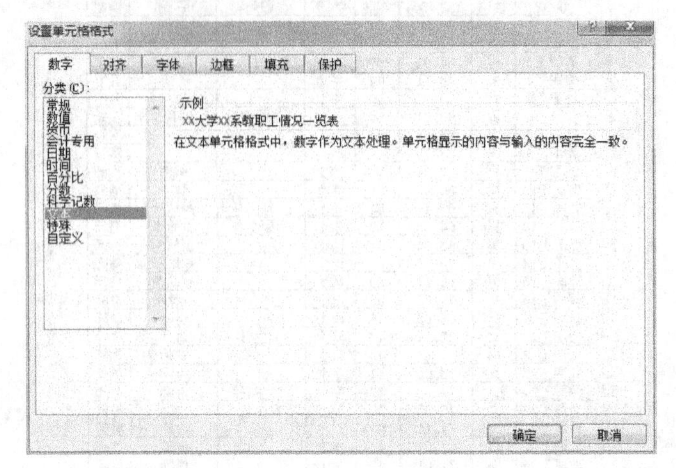

图 11.3 “设置单元格格式”对话框

接下来制作表头、标题，添加边框线，设置字体、字号，得到如图 11.4 所示的工作表结构。

具体方法是先在第二行输入表格表头文字。然后在第一行选中表格对应的列，在“开始”选项卡的“对齐方式”组中，单击“合并后居中”按钮，输入标题。再设置合适列宽、行高、字体、字号，为指定的区域设置边框线。

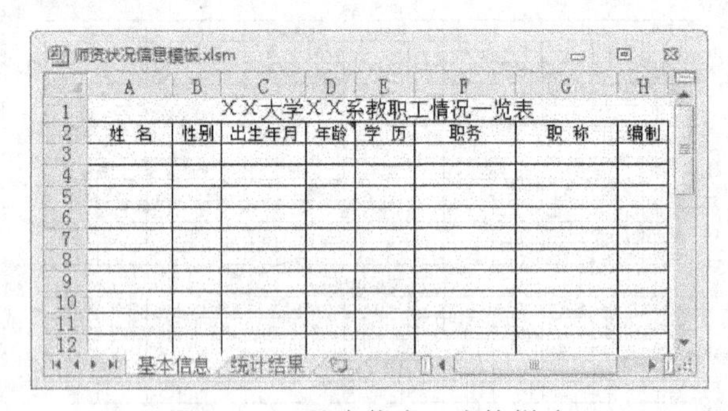

图 11.4 “基本信息”表格样式

表格设计完成后，就可以输入教职工信息了。输入信息后的表格如图 11.1 所示。

注意：表格中“年龄”数据用程序自动计算和填写，不必人工输入。

2．“统计结果”工作表

在工作簿中选择“统计结果”工作表，用“页面布局”选项卡“页面设置”组的命令，设置纸张大小、页边距、对齐方式。

然后，设计如图 11.5 所示的表格。

从图中可以看出，整个工作表当中包括“学历结构”、“职称结构”、“年龄结构”和“性别结构”4 个结构相同的表格。

按下列方式向单元格输入或填充计算公式：

在 B6 单元格输入公式“=D6+F6+H6+J6+L6”，向下填充到 B8。

在 C6 单元格填充公式“=E6+G6+I6+K6+M6”，向下填充到 C8。

XX大学XX系教职工情况

学历结构

学历/编制	总计		博士		硕士		助教班		学士		其他	
	人数	%	人数	%	人数	%	人数	%	人数	%	人数	%
教师												
其他												
合计												

职称结构

职称/编制	总计		教授		副教授		讲师		助教		其他	
	人数	%	人数	%	人数	%	人数	%	人数	%	人数	%
教师												
其他												
合计												

年龄结构

年龄/编制	总计		35岁以下		36-45岁		46-55岁		56-60岁		61岁以上	
	人数	%	人数	%	人数	%	人数	%	人数	%	人数	%
教师												
其他												
合计												

性别结构

性别/编制	总计		男		女	
	人数	%	人数	%	人数	%
教师						
其他						
合计						

图 11.5 “统计结果”工作表中表格样式

在 E6 单元格填充公式“=100*D6/B6”，向下填充到 E8。

在 G6 单元格填充公式“=100*F6/B6”，向下填充到 G8。

在 I6 单元格填充公式“=100*H6/B6”，向下填充到 I8。

在 K6 单元格填充公式“=100*J6/B6”，向下填充到 K8。

在 M6 单元格填充公式“=100*L6/B6”，向下填充到 M8。

在 D8 单元格填充公式“=SUM(D6:D7)”。

在 F8 单元格填充公式“=SUM(F6:F7)”。

在 H8 单元格填充公式“=SUM(H6:H7)”。

在 J8 单元格填充公式““SUM(J6:J7)”。

在 L8 单元格填充公式“=SUM(L6:L7)”。

按同样方式向“职称结构”、“年龄结构”和“性别结构”表格的单元格输入或填充相应的计算公式。

为醒目起见，将上述带有公式单元格的字体颜色设置为“红色”，并且在某一带有公式的单元格(这里选的是 B6)中插入批注：“所有红字单元格有公式，不要修改！”。这样，当鼠标移动到这个单元格时，将显示出批注信息，起到提示的作用。

在“文件”选项卡中单击“选项”，然后单击“高级”类别。在“此工作表的显示选项”下，取消“在具有零值的单元格中显示零”复选项。

这样，凡是单元格的内容为“零”，则显示的是空白，达到隐藏无用信息的目的，使界面更加整洁。

11.3 代码编写

在本软件中，需要对工作簿的 Open 事件编写代码创建自定义工具栏及其按钮，在标准模块中编写代码计算每位教职工的当前年龄、统计有关信息。

1．创建自定义工具栏

打开“师资状况信息模板”工作簿，进入 VB 编辑环境，在 ThisWorkBook 的 Open 事件中编写如下代码：

```
Private Sub Workbook_Open()
  Set tbar = Application.CommandBars.Add(Temporary:=True)
  With tbar.Controls.Add(Type:=msoControlButton)
    .Caption = "当前年龄"
    .Style = msoButtonCaption
    .OnAction = "age"
  End With
  With tbar.Controls.Add(Type:=msoControlButton)
    .Caption = "数据统计"
    .Style = msoButtonCaption
    .OnAction = "tj"
  End With
  tbar.Visible = True
End Sub
```

这段代码的作用是当工作簿打开时，建立临时自定义工具栏，在工具栏上添加两个个按钮，设置按钮的标题、类型，指定要执行的过程(子程序)。

2．求当前年龄

这个子程序放在“模块 1”中，其功能是根据“基本信息”中“出生年月”和系统当前日期，求出每一位教职工的当前年龄，填入“基本信息”工作表的“年龄”列。

方法是从“基本信息”的第 3 行开始向下循环，到数据区最后一行为止，依次取出表中第 3 列的“出生年月”数据，将“当前年份”减去“出生年份”得到当前年龄，填入表中第 4 列。

代码如下：

```
Sub age()
  Sheets("基本信息").Select
  hs = Cells(1, 1).CurrentRegion.Rows.Count
  For k = 3 To hs
    ny = Trim(Cells(k, 3))
    Cells(k, 4) = Year(Date) - 1900 - Left(ny, 2)
  Next
End Sub
```

该子程序通过自定义工具栏的“当前年龄”按钮执行。

3．数据统计

从图 11.5 所示的“统计结果”工作表格式可以看出，要想得到需要的信息，只需求出并填写工作表如下单元格区域的值即可。

D6:D7，F6:F7，H6:H7，J6:J7，L6:L7

D13:D14，F13:F14，H13:H14，J13:J14，L13:L14

D20:D21，F20:F21，H20:H21，J20:J21，L20:L21

D27:D28，F27:F28

上述单元格对应的行、列位置如图 11.6 所示。

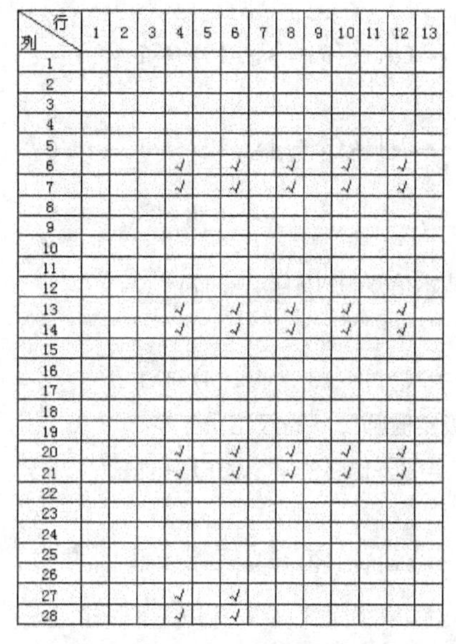

图 11.6　需由代码填写统计结果的单元格行、列位置

这部分代码的任务就是求出这 34 个值，并填写到工作表指定的单元格中。

代码如下：

```
Sub tj()
  '选择工作表、数据清零
  Sheets("统计结果").Select
  For i = 6 To 27 Step 7
    For j = 4 To 12 Step 2
      Cells(i, j) = 0
      Cells(i + 1, j) = 0
    Next
  Next
  '统计、填写数据
  hs = Sheets("基本信息").Cells(1, 1).CurrentRegion.Rows.Count
  For k = 3 To hs
    '0 对应教师，1 对应非教师
    js = IIf(Sheets("基本信息").Cells(k, 8) = "教师", 0, 1)
    '统计各学历人数
    Select Case Sheets("基本信息").Cells(k, 5)
      Case "博士"
        Cells(6 + js, 4) = Cells(6 + js, 4) + 1
      Case "硕士"
```

```
      Cells(6 + js, 6) = Cells(6 + js, 6) + 1
    Case "助教班"
      Cells(6 + js, 8) = Cells(6 + js, 8) + 1
    Case "学士"
      Cells(6 + js, 10) = Cells(6 + js, 10) + 1
    Case Else
      Cells(6 + js, 12) = Cells(6 + js, 12) + 1
  End Select
  '统计各职称人数
  Select Case Sheets("基本信息").Cells(k, 7)
    Case "教授"
      Cells(13 + js, 4) = Cells(13 + js, 4) + 1
    Case "副教授", "高级实验师", "高级馆员"
      Cells(13 + js, 6) = Cells(13 + js, 6) + 1
    Case "讲师"
      Cells(13 + js, 8) = Cells(13 + js, 8) + 1
    Case "助教"
      Cells(13 + js, 10) = Cells(13 + js, 10) + 1
    Case Else
      Cells(13 + js, 12) = Cells(13 + js, 12) + 1
  End Select
  '统计各年龄人数
  Select Case Sheets("基本信息").Cells(k, 4)
    Case Is <= 35
      Cells(20 + js, 4) = Cells(20 + js, 4) + 1
    Case 36 To 45
      Cells(20 + js, 6) = Cells(20 + js, 6) + 1
    Case 46 To 55
      Cells(20 + js, 8) = Cells(20 + js, 8) + 1
    Case 56 To 60
      Cells(20 + js, 10) = Cells(20 + js, 10) + 1
    Case Is > 60
      Cells(20 + js, 12) = Cells(20 + js, 12) + 1
  End Select
  '统计各性别人数
  Select Case Sheets("基本信息").Cells(k, 2)
    Case "男"
      Cells(27 + js, 4) = Cells(27 + js, 4) + 1
    Case "女"
      Cells(27 + js, 6) = Cells(27 + js, 6) + 1
```

```
    End Select
    Next
End Sub
```

程序首先选中“统计结果”工作表，将图 11.6 所示的带有“√”标记的单元格内容清零，然后从“基本信息”工作表的第 3 行开始向下循环处理，直至数据区最末一行。

对于“基本信息”数据区的每一行，分别进行“学历”、“职称”、“年龄”、“性别”人数统计。

由于“教师”和“非教师”的人数要分别统计，所以要从当前行的第 8 列取出“编制”信息。如果编制为“教师”，则统计结果要存放在 6、13、20、27 行中，否则统计结果应存放在 7、14、21、28 行中。为此我们设一个行偏移变量 js，其值为“0”对应于教师，“1”对应于非教师。

统计各学历人数时，取出“基本信息”当前行第 5 列的“学历”信息，根据学历层次的不同，分别给对应的单元格内容加 1。单元格的行号为“6+js”，列号分别为 4、6、8、10、12。

统计各职称人数时，取出“基本信息”当前行第 7 列的“职称”信息，根据职称的不同，分别给对应的单元格内容加 1。单元格的行号为“13+js”，列号与上一部分相同。

统计各年龄人数时，取出“基本信息”当前行第 4 列的“年龄”信息，根据不同的年龄段，分别给对应的单元格内容加 1。单元格的行号为“20+js”，列号与上一部分相同。

统计各性别人数时，取出“基本信息”当前行第 2 列的“性别”信息，根据性别的不同，分别给对应的单元格内容加 1。单元格的行号为“27+js”，列号为 4 和 6。

至此，“师资状况信息模板”软件设计完毕。打开工作簿，在“基本信息”输入与图 11.1 所示的教职工基本信息后，单击自定义工具栏的“当前年龄”按钮，将计算并更新每个教职工的年龄信息。单击“数据统计”按钮，将得到如图 11.2 所示的结果。

上机实验题目

1. 设有一个 Excel 工作簿，其中有两个工作表“基本信息”和“统计信息”，结构和内容如图 11.7、图 11.8 所示。请编写“统计”按钮代码，计算并填写各学历、各职称的人数。

教职工情况一览表

姓 名	学 历	职 称
教职工1	学士	
教职工2		实验师
教职工3	博士	教授
教职工4	学士	教授
教职工5	硕士	副教授
教职工6	博士	副教授
教职工7	博士	副教授
教职工8	硕士	讲师
教职工9	硕士	讲师
教职工10	学士	讲师
教职工11	硕士	助教
教职工12	硕士	助教

图 11.7 “基本信息”工作表

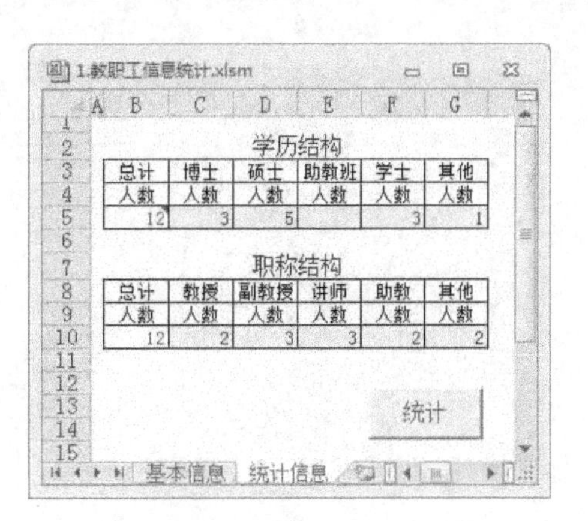

学历结构

总计	博士	硕士	助教班	学士	其他
人数	人数	人数	人数	人数	人数
12	3	5		3	1

职称结构

总计	教授	副教授	讲师	助教	其他
人数	人数	人数	人数	人数	人数
12	2	3	3	2	2

图 11.8 “统计信息”工作表

2. 针对如图 11.9 所示的 Execl 工作表中“学生成绩单”的结构和数据，编写与“统计”按钮对应的子程序，统计各分数段的人数，填写到工作表“成绩总结区”指定的单元格中。

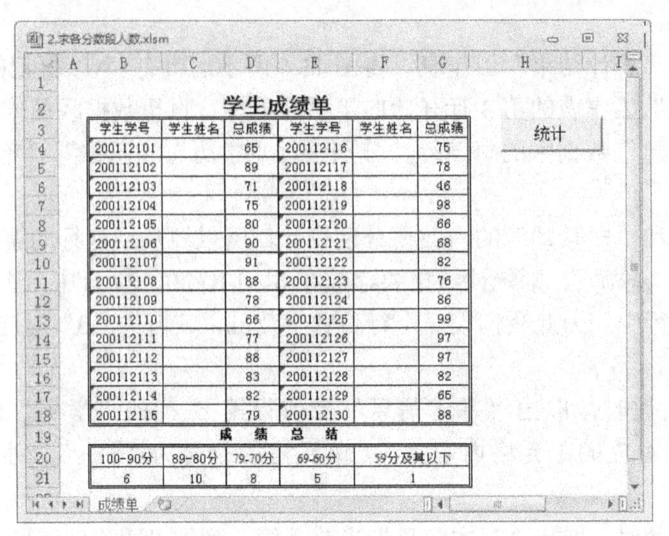

学生成绩单

学生学号	学生姓名	总成绩	学生学号	学生姓名	总成绩
200112101		65	200112116		75
200112102		89	200112117		78
200112103		71	200112118		46
200112104		75	200112119		98
200112105		80	200112120		66
200112106		90	200112121		68
200112107		91	200112122		82
200112108		88	200112123		76
200112109		78	200112124		86
200112110		66	200112125		99
200112111		77	200112126		97
200112112		88	200112127		97
200112113		83	200112128		82
200112114		82	200112129		65
200112115		79	200112130		88

成 绩 总 结

100-90分	89-80分	79-70分	69-60分	59分及其以下
6	10	8	5	1

图 11.9 工作表界面与数据

第12章　大学生奖学金评定辅助工具

本章的任务是用Excel和VBA制作一个软件，作为大学生奖学金评定的辅助工具。

假设某高校学生奖学金评定原则如下：

(1) 主要依据是学生的学习成绩和量化分数。学习成绩用“平均学分绩点”来表示。

总成绩＝平均学分绩点×0.7＋(量化分×0.3)÷20

按总成绩由高到低依次确定奖学金等级。

(2) 获得一等奖学金的学生，学习成绩必须在班级的前20%以内。获得二等奖学金的学生，学习成绩必须在班级的前40%以内。

(3) 学习成绩在班级排在前两名的学生，应保证至少获得二等奖学金。

(4) 获一、二等奖学金的学生比例分别为5%和10%，人数按四舍五入原则取整。

我们可以创建一个工作簿，在工作簿中编写VBA程序，由程序根据任意一个班级学生的学习成绩和量化分数，按照上述原则，得出奖学金的初步评定结果。学生辅导员再根据其他限定条件做适当修订，给出最终的评定结果，从而减轻工作量，提高效率和质量。

12.1　工作表设计

建立一个Excel工作簿，保存为“大学生奖学金评定辅助工具.xlsm”。在工作簿中建立一个工作表，命名为“奖学金评定表”，删除其余的工作表。

在“奖学金评定表”工作表中，单击左上角的行号、列表交叉处，选中所有单元格，填充背景色为“白色”，设置“宋体”、10号字。

在第1行的A～K列，填充淡蓝色背景，输入表格标题。

选中A～K列，设置“虚线”边框线。

设置D、G、I列的字体颜色为“绿色”，E、H、J列的字体颜色为“红色”，K列的字体颜色为“蓝色”。

用任意一个班级的学生信息(学号、姓名、平均学分绩点、量化分)作为测试数据，输入或导入“奖学金评定表”工作表。

选中工作表的所有单元格，设置最适合的列宽和行高。

设置需要的对齐方式。

在表格的右边放置两个按钮(窗体控件)，按钮的文字分别设置为“计算与定级”和“清结果信息”，用来执行相应的子程序。

工作表界面与测试数据如图12.1所示。

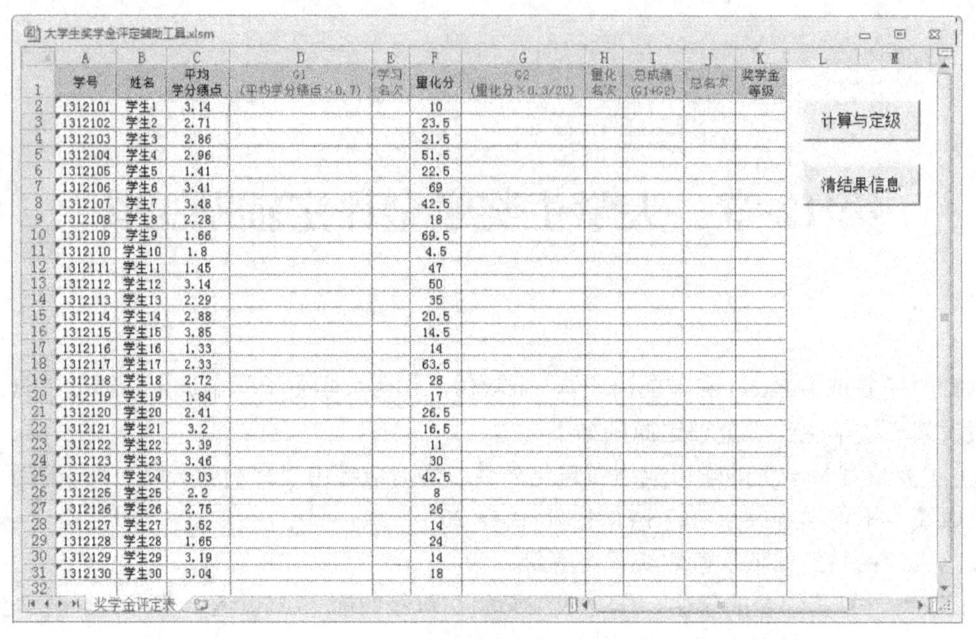

学号	姓名	平均学分绩点	G1 (平均学分绩点×0.7)	学习名次	量化分	G2 (量化分×0.3/20)	量化名次	总成绩 (G1+G2)	总名次	奖学金等级
1312101	学生1	3.14			10					
1312102	学生2	2.71			23.5					
1312103	学生3	2.86			21.5					
1312104	学生4	2.96			51.5					
1312105	学生5	1.41			22.5					
1312106	学生6	3.41			69					
1312107	学生7	3.48			42.5					
1312108	学生8	2.28			18					
1312109	学生9	1.66			69.5					
1312110	学生10	1.8			4.5					
1312111	学生11	1.45			47					
1312112	学生12	3.14			50					
1312113	学生13	2.29			35					
1312114	学生14	2.88			20.5					
1312115	学生15	3.85			14.5					
1312116	学生16	1.33			14					
1312117	学生17	2.33			63.5					
1312118	学生18	2.72			28					
1312119	学生19	1.84			17					
1312120	学生20	2.41			26.5					
1312121	学生21	3.2			16.5					
1312122	学生22	3.39			11					
1312123	学生23	3.46			30					
1312124	学生24	3.03			42.5					
1312125	学生25	2.2			8					
1312126	学生26	2.75			26					
1312127	学生27	3.52			14					
1312128	学生28	1.65			24					
1312129	学生29	3.19			14					
1312130	学生30	3.04			18					

图 12.1　工作表界面与测试数据

12.2 程序设计

进入 VB 编辑环境，在当前工程中插入一个模块，在模块中编写一个子程序 jsdj，代码如下：

```
Sub jsdj()
  Call qcjg
  n = Range("A1").End(xlDown).Row
  '求 G1、G2、总成绩及对应的名次
  For r = 2 To n
    Cells(r, 4) = Cells(r, 3) * 0.7                    '计算并填写 G1 值
    Cells(r, 7) = Cells(r, 6) * 0.3 / 20               '计算并填写 G2 值
    Cells(r, 9) = Cells(r, 4) + Cells(r, 7)            '计算并填写总成绩
    fml = "=RANK(RC[-1],R2C[-1]:R" & n & "C[-1])"     '形成求"名次"公式
    Cells(r, 5).FormulaR1C1 = fml                      '填写求"学习名次"公式
    Cells(r, 8).FormulaR1C1 = fml                      '填写求"量化名次"公式
    Cells(r, 10).FormulaR1C1 = fml                     '填写求"总名次"公式
  Next
  '计算一、二等奖学金人数和学习名次上限
  rs = n - 1                    '班级总人数
  jrs1 = Round(rs * 0.05, 0)  '总人数的 5%(四舍五入)为一等奖学金人数
  jrs2 = Round(rs * 0.1, 0)   '总人数的 10%(四舍五入)为二等奖学金人数
  xmc1 = rs * 0.2              '一等奖学金学习成绩必须在班级前 20%以内
  xmc2 = rs * 0.4              '二等奖学金学习成绩必须在班级前 40%以内
  '对数据区按总名次升序排序
```

```
  Range("A1").Sort Key1:=Range("J2"), Order1:=xlAscending, Header:=xlGuess
  '由总名次和学习名次确定一等奖学金
  r = 2
  Do
    If Cells(r, 5) <= xmc1 Then
      Cells(r, 11) = "一等"
      jrs1 = jrs1 - 1
    End If
    r = r + 1
  Loop Until jrs1 = 0
  '保证学习成绩前两名的同学至少获得二等奖学金
  For r = 2 To n
    If Cells(r, 5) <= 2 And Cells(r, 11) = "" Then
      Cells(r, 11) = "二等"
      jrs2 = jrs2 - 1
    End If
  Next
  '由总名次和学习名次确定二等奖学金
  r = 2
  Do
    If Cells(r, 5) <= xmc2 And Cells(r, 11) = "" Then
      Cells(r, 11) = "二等"
      jrs2 = jrs2 - 1
    End If
    r = r + 1
  Loop Until jrs2 = 0
End Sub
```

在这个子程序中，首先调用子程序 qcjg，清除先前填写到工作表的统计结果和奖学金等级信息，并重新对数据区中的数据按“学号”排序，目的是对工作表进行初始化。子程序 qcjg 将在后面介绍。

然后，进行以下操作：

(1) 求数据区的最大行号，送给变量 n。

(2) 用 For 循环语句，从第 2 行开始，求出每个学生的 G1(平均学分绩点×0.7)、G2(量化分×0.3/20)、总成绩以及对应的名次。

求每个学生的学习名次、量化名次、总名次都用相同的公式：

```
=RANK(RC[-1],R2C[-1]:R" & n & "C[-1])
```

公式中使用了工作表函数 RANK。函数的第一个参数 RC[-1]，表示当前单元格左偏移一列所对应的单元格。第二个参数"R2C[-1]:R" & n & "C[-1]"，表示一个区域，该区域以当前单元格左偏移一列的第 2 行为起点、第 n 行为终点。用第一个参数的值在指定区域中相对于其他数值的大小排位作为函数的返回值。

(3) 计算获得一、二等奖学金人数和学习名次上限。

其中，总人数乘以5%(四舍五入)为获得一等奖学金人数jrs1，总人数乘以10%(四舍五入)为获得二等奖学金人数jrs2。总人数乘以20%的结果保存到变量xmc1中，学习名次必须小于或等于这个数值才有资格获得一等奖学金。总人数乘以40%的结果保存到变量xmc2中，学习名次必须小于或等于这个数值才有资格获得二等奖学金。

(4) 对数据区中的数据按“总名次”升序排序，为填写奖学金等级做准备。

(5) 由总名次和学习名次确定一等奖学金。

对当前工作表，从第2行开始依次向下扫描，如果该行第5列单元格的值(学习名次)小于或等于xmc1，则在第11列单元格(奖学金等级)填写“一等”字样，jrs1减1，直至jrs1等于0为止。

(6) 填写学习成绩排在前两名学生的奖学金等级，以保证他们至少获得二等奖学金。

对当前工作表的每一个数据行进行扫描，如果学习成绩小于或等于2，并且奖学金等级单元格为空，则填写“二等”字样，jrs2减1。

(7) 由总名次和学习名次确定二等奖学金。

从第2行开始依次向下扫描，如果学习名次小于或等于xmc2，并且奖学金等级单元格为空，则填写“二等”字样，jrs2减1，直至jrs2等于0为止。

为便于执行这个子程序，我们在工作表中用鼠标右键单击“计算与定级”按钮，在快捷菜单中选择“指定宏”命令，将jsdj子程序指定给该按钮。

在工作表中单击“计算与定级”按钮，将得到如图12.2所示的结果。

大学生奖学金评定辅助工具.xlsm

	A	B	C	D	E	F	G	H	I	J	K
1	学号	姓名	平均学分绩点	G1 (平均学分绩点×0.7)	学习名次	量化分	G2 (量化分×0.3/20)	量化名次	总成绩 (G1+G2)	总名次	奖学金等级
2	1312106	学生6	3.41	2.387	5	69	1.035	2	3.422	1	一等
3	1312107	学生7	3.48	2.436	3	42.5	0.638	7	3.074	2	一等
4	1312112	学生12	3.14	2.198	9	50	0.750	5	2.948	3	二等
5	1312115	学生15	3.85	2.695	1	14.5	0.218	23	2.913	4	二等
6	1312123	学生23	3.46	2.422	4	30	0.450	10	2.872	5	
7	1312104	学生4	2.96	2.072	13	51.5	0.773	4	2.845	6	
8	1312124	学生24	3.03	2.121	12	42.5	0.638	7	2.759	7	
9	1312127	学生27	3.52	2.464	2	14	0.210	24	2.674	8	二等
10	1312117	学生17	2.33	1.631	20	63.5	0.953	3	2.584	9	
11	1312122	学生22	3.39	2.373	6	11	0.165	27	2.538	10	
12	1312121	学生21	3.2	2.240	7	16.5	0.248	22	2.488	11	
13	1312129	学生29	3.19	2.233	8	14	0.210	24	2.443	12	
14	1312130	学生30	3.04	2.128	11	18	0.270	19	2.398	13	
15	1312101	学生1	3.14	2.198	9	10	0.150	28	2.348	14	
16	1312103	学生3	2.86	2.002	15	21.5	0.323	17	2.325	15	
17	1312118	学生18	2.72	1.904	17	28	0.420	11	2.324	16	
18	1312114	学生14	2.88	2.016	14	20.5	0.308	18	2.324	17	
19	1312126	学生26	2.75	1.925	16	26	0.390	13	2.315	18	
20	1312102	学生2	2.71	1.897	18	23.5	0.353	15	2.250	19	
21	1312109	学生9	1.66	1.162	26	69.5	1.043	1	2.205	20	
22	1312113	学生13	2.29	1.603	21	35	0.525	9	2.128	21	
23	1312120	学生20	2.41	1.687	19	26.5	0.398	12	2.085	22	
24	1312108	学生8	2.28	1.596	22	18	0.270	19	1.866	23	
25	1312111	学生11	1.45	1.015	28	47	0.705	6	1.720	24	
26	1312125	学生25	2.2	1.540	23	8	0.120	29	1.660	25	
27	1312119	学生19	1.84	1.288	24	17	0.255	21	1.543	26	
28	1312128	学生28	1.65	1.155	27	24	0.360	14	1.515	27	
29	1312110	学生10	1.8	1.260	25	4.5	0.068	30	1.328	28	
30	1312105	学生5	1.41	0.987	29	22.5	0.338	16	1.325	29	
31	1312116	学生16	1.33	0.931	30	14	0.210	24	1.141	30	
32											

计算与定级

清结果信息

奖学金评定表

图12.2 子程序jsdj运行后的结果

为了进一步理解程序，可以在Excel“文件”选项卡中单击“选项”命令，在如图12.3所示的“Excel选项”对话框中单击“高级”类别。

在“此工作表的显示选项”下，选中“在单元格中显示公式而非计算结果”复选项。

单击“确定”按钮，可以看到E、H、J列的公式，如图12.4所示。

这些公式都是由子程序jsdj生成并填写到单元格中的。

Excel 选项

常规
公式
校对
保存
语言
高级
自定义功能区
快速访问工具栏
加载项
信任中心

此工作表的显示选项(S): 奖学金评定表
显示行和列标题(H)
在单元格中显示公式而非其计算结果(R)
从右到左显示工作表(W)
显示分页符(K)
在具有零值的单元格中显示零(Z)
如果应用了分级显示，则显示分级显示符号(O)
显示网格线(D)
网格线颜色(D)
公式
启用多线程计算(U)
计算线程数
使用此计算机上的所有处理器(P): 4
手动重算(M) 1
允许用户定义的 XLL 函数在计算群集上运行(W)
群集类型(C):
选项...
计算此工作簿时(H): 大学生奖学金评...
更新指向其他文档的链接(D)
将精度设为所显示的精度(P)
使用 1904 日期系统(Y)
保存外部链接数据(X)
确定 取消

图 12.3 “Excel 选项”对话框

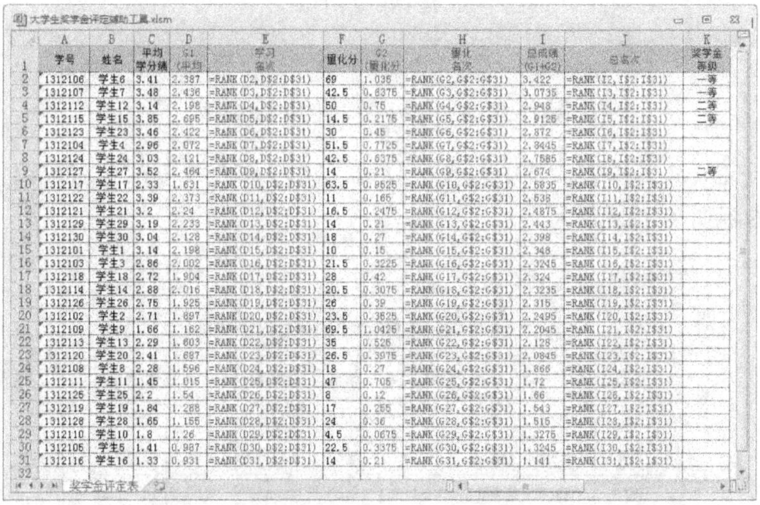

大学生奖学金评定辅助工具.xlsm

	A	B	C	D	E	F	G	H	I	J	K
1	学号	姓名	平均学分绩	G1(平均)	学习名次	量化分	G2(量化分)	量化名次	总成绩(G1+G2)	总名次	奖学金等级
2	1312106	学生6	3.41	2.387	=RANK(D2,D$2:D$31)	69	1.035	=RANK(G2,G$2:G$31)	3.422	=RANK(I2,I$2:I$31)	一等
3	1312107	学生7	3.48	2.436	=RANK(D3,D$2:D$31)	42.5	0.6375	=RANK(G3,G$2:G$31)	3.0735	=RANK(I3,I$2:I$31)	一等
4	1312112	学生12	3.14	2.198	=RANK(D4,D$2:D$31)	50	0.75	=RANK(G4,G$2:G$31)	2.948	=RANK(I4,I$2:I$31)	二等
5	1312115	学生15	3.85	2.695	=RANK(D5,D$2:D$31)	14.5	0.2175	=RANK(G5,G$2:G$31)	2.9125	=RANK(I5,I$2:I$31)	二等
6	1312123	学生23	3.46	2.422	=RANK(D6,D$2:D$31)	30	0.45	=RANK(G6,G$2:G$31)	2.872	=RANK(I6,I$2:I$31)	
7	1312104	学生4	2.96	2.072	=RANK(D7,D$2:D$31)	51.5	0.7725	=RANK(G7,G$2:G$31)	2.8445	=RANK(I7,I$2:I$31)	
8	1312124	学生24	3.03	2.121	=RANK(D8,D$2:D$31)	42.5	0.6375	=RANK(G8,G$2:G$31)	2.7585	=RANK(I8,I$2:I$31)	
9	1312127	学生27	3.52	2.464	=RANK(D9,D$2:D$31)	14	0.21	=RANK(G9,G$2:G$31)	2.674	=RANK(I9,I$2:I$31)	二等
10	1312117	学生17	2.33	1.631	=RANK(D10,D$2:D$31)	63.5	0.9525	=RANK(G10,G$2:G$31)	2.5835	=RANK(I10,I$2:I$31)	
11	1312122	学生22	3.39	2.373	=RANK(D11,D$2:D$31)	11	0.165	=RANK(G11,G$2:G$31)	2.538	=RANK(I11,I$2:I$31)	
12	1312121	学生21	3.2	2.24	=RANK(D12,D$2:D$31)	16.5	0.2475	=RANK(G12,G$2:G$31)	2.4875	=RANK(I12,I$2:I$31)	
13	1312129	学生29	3.19	2.233	=RANK(D13,D$2:D$31)	14	0.21	=RANK(G13,G$2:G$31)	2.443	=RANK(I13,I$2:I$31)	
14	1312130	学生30	3.04	2.128	=RANK(D14,D$2:D$31)	18	0.27	=RANK(G14,G$2:G$31)	2.398	=RANK(I14,I$2:I$31)	
15	1312101	学生1	3.14	2.198	=RANK(D15,D$2:D$31)	10	0.15	=RANK(G15,G$2:G$31)	2.348	=RANK(I15,I$2:I$31)	
16	1312103	学生3	2.86	2.002	=RANK(D16,D$2:D$31)	21.5	0.3225	=RANK(G16,G$2:G$31)	2.3245	=RANK(I16,I$2:I$31)	
17	1312118	学生18	2.72	1.904	=RANK(D17,D$2:D$31)	28	0.42	=RANK(G17,G$2:G$31)	2.324	=RANK(I17,I$2:I$31)	
18	1312114	学生14	2.88	2.016	=RANK(D18,D$2:D$31)	20.5	0.3075	=RANK(G18,G$2:G$31)	2.3235	=RANK(I18,I$2:I$31)	
19	1312126	学生26	2.75	1.925	=RANK(D19,D$2:D$31)	26	0.39	=RANK(G19,G$2:G$31)	2.315	=RANK(I19,I$2:I$31)	
20	1312102	学生2	2.71	1.897	=RANK(D20,D$2:D$31)	23.5	0.3525	=RANK(G20,G$2:G$31)	2.2495	=RANK(I20,I$2:I$31)	
21	1312109	学生9	1.66	1.162	=RANK(D21,D$2:D$31)	69.5	1.0425	=RANK(G21,G$2:G$31)	2.2045	=RANK(I21,I$2:I$31)	
22	1312113	学生13	2.29	1.603	=RANK(D22,D$2:D$31)	35	0.525	=RANK(G22,G$2:G$31)	2.128	=RANK(I22,I$2:I$31)	
23	1312120	学生20	2.41	1.687	=RANK(D23,D$2:D$31)	26.5	0.3975	=RANK(G23,G$2:G$31)	2.0845	=RANK(I23,I$2:I$31)	
24	1312108	学生8	2.28	1.596	=RANK(D24,D$2:D$31)	18	0.27	=RANK(G24,G$2:G$31)	1.866	=RANK(I24,I$2:I$31)	
25	1312111	学生11	1.45	1.015	=RANK(D25,D$2:D$31)	47	0.705	=RANK(G25,G$2:G$31)	1.72	=RANK(I25,I$2:I$31)	
26	1312125	学生25	2.2	1.54	=RANK(D26,D$2:D$31)	8	0.12	=RANK(G26,G$2:G$31)	1.66	=RANK(I26,I$2:I$31)	
27	1312119	学生19	1.84	1.288	=RANK(D27,D$2:D$31)	17	0.255	=RANK(G27,G$2:G$31)	1.543	=RANK(I27,I$2:I$31)	
28	1312128	学生28	1.65	1.155	=RANK(D28,D$2:D$31)	24	0.36	=RANK(G28,G$2:G$31)	1.515	=RANK(I28,I$2:I$31)	
29	1312110	学生10	1.8	1.26	=RANK(D29,D$2:D$31)	4.5	0.0675	=RANK(G29,G$2:G$31)	1.3275	=RANK(I29,I$2:I$31)	
30	1312105	学生5	1.41	0.987	=RANK(D30,D$2:D$31)	22.5	0.3375	=RANK(G30,G$2:G$31)	1.3245	=RANK(I30,I$2:I$31)	
31	1312116	学生16	1.33	0.931	=RANK(D31,D$2:D$31)	14	0.21	=RANK(G31,G$2:G$31)	1.141	=RANK(I31,I$2:I$31)	
32											

奖学金评定表

图 12.4 子程序 jsdj 运行后在工作表中填写的公式

为了清除当前工作表的统计结果和奖学金等级信息，重新对数据区中的数据按“学号”排序，我们在模块中再编写一个子程序 qcjg，代码如下：

```
Sub qcjg()
  Range("A1").Sort Key1:=Range("A2"), Order1:=xlAscending, Header:=xlGuess
  n = Range("A1").End(xlDown).Row
  Range("D2:E" & n).ClearContents
  Range("G2:K" & n).ClearContents
End Sub
```

这个子程序对数据区中的数据按“学号”升序排序，求出数据区的最大行号，将统计结果和奖学金等级信息清除。

在工作表中右击“清结果信息”按钮，在快捷菜单中选择“指定宏”命令，将 qcjg 子程序指定给该按钮。

在工作表中单击“清结果信息”按钮，将恢复到如图 12.1 所示的状态。

本章涉及的主要技术包括：用 Rank 函数求名次，RC 偏移形式的单元格相对引用，对指定的数据区按某个数据项排序。

上机实验题目

1. 建立一个 Excel 工作簿，在任意一张工作表中设计如图 12.5 所示的表格，输入基本数据(行数不限)，放置一个按钮。然后编写一个 VBA 子程序，插入工作表函数 Sum，计算并填写每个学生各门课程的总分。再插入工作簿函数 Rank，根据每个学生的总分，求出名次。该子程序通过按钮执行。

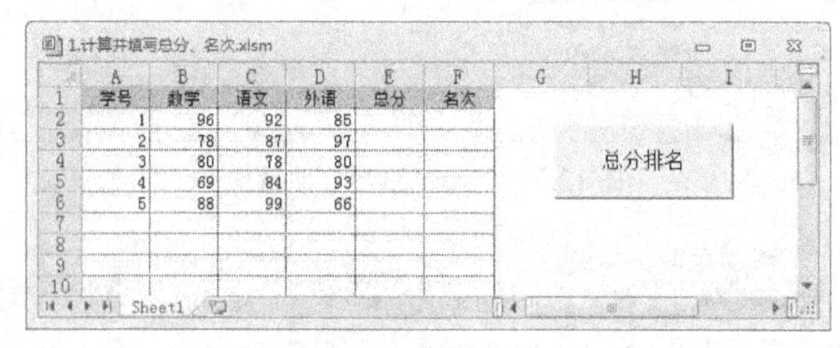

学号	数学	语文	外语	总分	名次
1	96	92	85		
2	78	87	97		
3	80	78	80		
4	69	84	93		
5	88	99	66		

图 12.5　工作表中的表格和基本数据

2. 设有一个 Excel 工作表，其中包含某公司“2013 年二季度部分城市销售情况”数据，工作表结构和内容如图 12.6 所示。

2.销售额统计分析与排位.xlsm

2013年二季度部分城市销售情况

城市	销售额	城市	销售额	城市	销售额	城市	销售额
北京	3260000	重庆	1832040	呼和浩特	325230	大庆	325920
天津	2860000	绵阳	912260	昆明	523750	武汉	1332550
石家庄	2215000	乌鲁木齐	1235360	合肥	823500	厦门	1623950
承德	620000	贵阳	972390	拉萨	517000	海口	1123520
上海	3872000	柳州	983570	银川	512980	义乌	723650
苏州	2285700	深圳	1975620	长沙	1032590	温州	823650
杭州	2474200	广州	1862300	南宁	327250	郑州	972300
大连	2135300	济南	522070	香港	1402750	开封	223950
徐州	1289480	南昌	823570	澳门	1102370		
西安	1833690	哈尔滨	1170230	南京	1272370		
太原	1639000	福州	231610	长春	923750		
侯马	923890	西宁	752320	沈阳	823690		
成都	2523000	兰州	734780	大理	223950		

平均销售额：　　销售额过百万的城市数：

清除标注　　添加标注

销售表

图 12.6　工作表结构和数据

请编写一个“添加批注”子程序，实现以下功能：

(1) 统计出销售额大于 100 万的城市数。

(2) 计算出各城市的平均销售额。

(3) 以批注的形式，对销售冠军、亚军、季军以及最差的城市做出相应的标记。

程序运行后得到如图 12.7 所示的结果。

再编写一个“清除批注”子程序，清除批注以及统计结果，恢复到图 12.6 所示的界面。

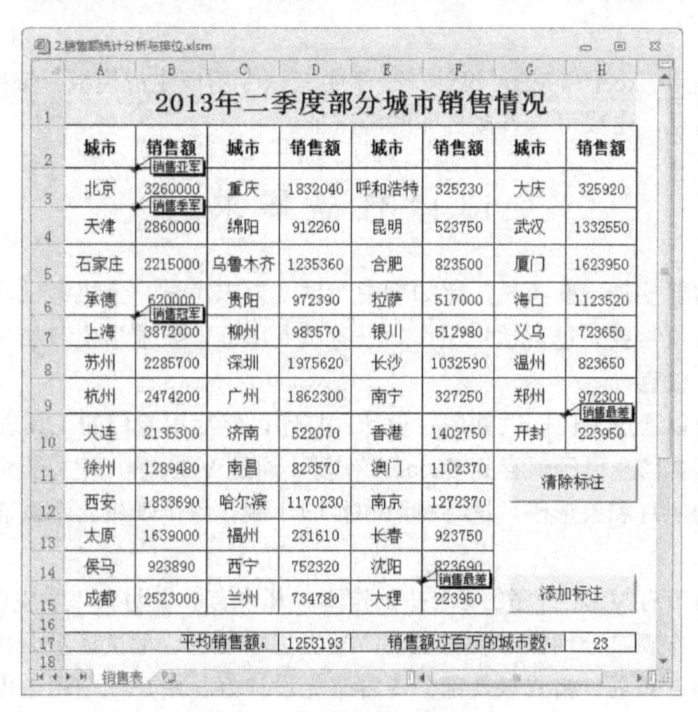

图 12.7 添加批注后的结果

第13章　考试证生成模板

本章的任务是用 Excel 和 VBA 设计一个学生考试专用证生成模板。该模板利用 Excel 工作表的学生基本信息，生成可以直接打印的考试证。

13.1　任务需求

高校学生经常要参加一些考试，比如期中考试、期末考试、上机考试、基本功测试等。为便于管理，学校通常要为每位学生制作一个考试专用证，要求学生参加各种考试时随身携带，以便进行身份检查。

考试专用证可以通过专门的软件进行设计、打印，然后用专门的工具进行剪切、封装。

如果学生的基本信息已经保存到 Excel 工作簿，通过 VBA 程序直接提取需要的信息，添加每个学生对应的照片和条形码，进行排版和打印，制作每个学生的考试证，具有实际应用意义。

软件的形式为带有 VBA 程序的 Excel 工作簿。其中有“说明”、“学生名册”、“考试证”和“背面”4 张工作表，分别保存使用说明、学生基本信息、考试证正面和背面内容。各工作表的页面、结构、布局、格式以及部分内容事先设计好，用户在使用过程中，只需通过自定义工具栏按钮执行相应的功能，就可以生成、打印和清除考试证信息。

软件的主要功能是通过程序自动从“学生名册”工作表中提取出每个学生的“院系”、“班级”、“学号”、“姓名”、“性别”和“身份证号”信息，找到对的应照片文件，按照指定的位置和格式添加到“考试证”工作表，生成与学号对应的条形码。其次是通过程序控制，打印考试证的正面和背面内容，清除考试证内容。

软件设计完成后，按以下步骤进行操作：

(1) 将学生基本信息输入或复制到“学生名册”工作表中，将学生照片文件复制到本软件的子文件夹“照片”中，用学号作为文件名，扩展名为“.jpg”。

(2) 在“学生名册”工作表中，选择一个起始行，单击自定义工具栏的“提取”按钮，将依次提取 10 个学生的有关信息和照片，转存到“考试证”工作表，同时生成与学号对应的条形码。

(3) 在“考试证”工作表中，单击自定义工具栏的“打印”按钮，打印当前一页。

(4) 在“背面”工作表中，单击自定义工具栏的“打印”按钮，打印考试证背面内容。剪切、塑封后得到学生各自的考试证。单击“清除”按钮，可清除当前工作表的原有信息。

例如，在“学生名册”工作表中输入图 13.1 所示的基本信息。

考试证生成模板.xlsm

××大学××学院2013级学生名册

学号	姓名	性别	身份证号	院系	班级
1335101	李亦欣	女	213882199307143929	汉语言文学	汉语言文学8班
1335102	李季烨	女	230227199212261742	汉语言文学	汉语言文学8班
1335103	潘晶晶	女	356783199209050229	汉语言文学	汉语言文学8班
1335104	周洪如	男	250105199207223728	汉语言文学	汉语言文学8班
1335105	姜雲薄	男	411881199306157069	汉语言文学	汉语言文学8班
1335106	靳宇婷	女	622925199101130928	汉语言文学	汉语言文学8班
1335107	皮维念	男	220621199212260820	汉语言文学	汉语言文学8班
1335108	李鹏飞	男	358526199205238066	汉语言文学	汉语言文学8班
1335109	马嘉宁	男	520291199205035224	汉语言文学	汉语言文学8班
1335110	喻松	男	230183199309043257	汉语言文学	汉语言文学8班
1335111	罗林静	男	220162199209181210	英语	英语6班
1335112	陶彦君	男	430624199101173829	英语	英语6班
1335113	雀永哲	女	290112199302253621	英语	英语6班
1335114	柯鹏	女	680628199209250021	英语	英语6班
1335115	周克世	女	350924199104022217	英语	英语6班

说明 学生名册 考试证 背面

图 13.1 “学生名册”工作表内容

在“学生名册”工作表中选中第 3 行，也就是学号为“1335101”的这一行，单击自定义工具栏的“提取”按钮，在“考试证”工作表中将得到如图 13.2 所示的结果(其中为模拟数据和照片，只给出 4 张考试证，实际上每页有 10 张)。

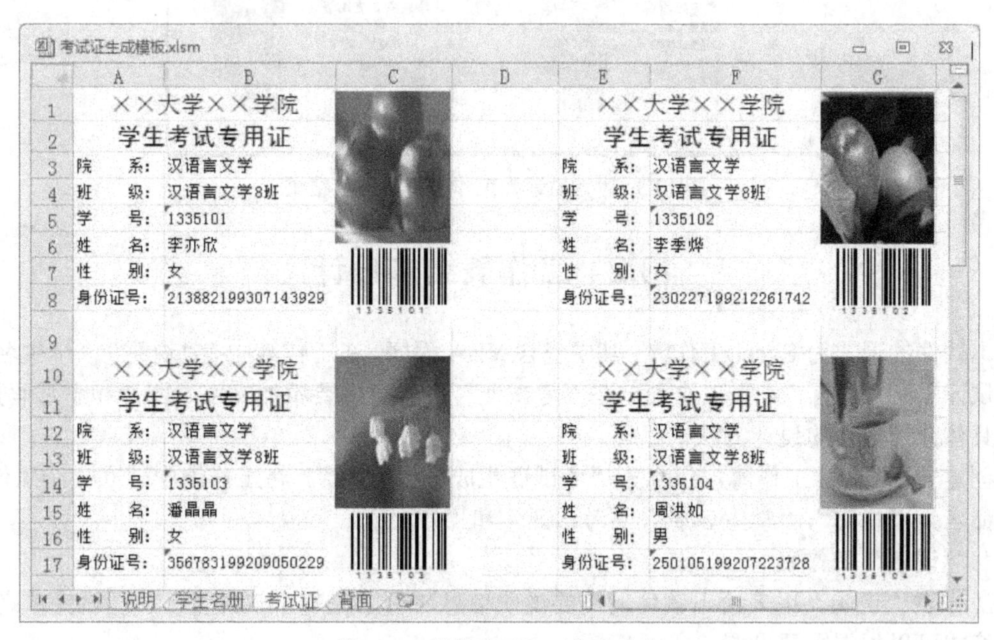

图 13.2 “考试证”工作表内容

在“考试证”工作表中每页容纳 10 个考试证，打印预览结果如图 13.3 所示。

单击“清除”按钮，可以清除考试证中现有的文字信息和照片，以便生成下一组考试证信息。

选择“背面”工作表，再单击“打印”按钮，可以打印考试证的背面信息。

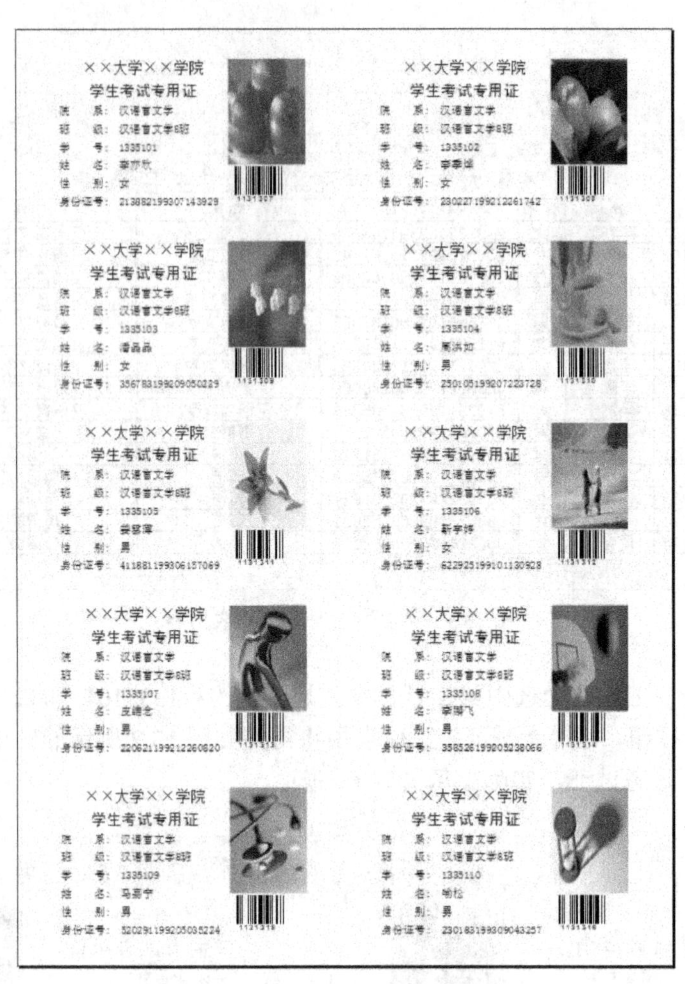

图 13.3 “考试证”工作表打印预览结果

13.2 工作表结构设计

本软件的形式为 Excel 工作簿，其中包含 VBA 程序。在工作簿中有“说明”、“学生名册”、“考试证”和“背面”4 张工作表，在“考试证”工作表中要添加文字、图片和条形码控件。下面具体介绍软件的设计方法。

创建一个 Excel 工作簿，保存为“考试证生成模板.xlsm”。在工作簿中建立 4 个工作表，分别命名为“说明”、“学生名册”、“考试证”和“背面”。

1．“说明”工作表

工作表“说明”用来给出软件的简要说明信息，可以在整个软件设计、调试完成之后填写，格式可以根据需要设置。

2．“学生名册”工作表

工作表“学生名册”用来保存学生的基本信息，在生成考试证时需要从中提取相关的信息。该工作表的结构和数据如图 13.1 所示。

需要注意的是，“学号”和“身份证号”两列的数字应作为文本处理。设置方法：同时选中 A、D 列，在快捷菜单中选择“设置单元格格式”项，在“设置单元格格式”对话框的“数字”选项卡中选择“文本”项，然后单击“确定”按钮。

3.“考试证”工作表

对于“考试证”工作表，首先用“页面布局”选项卡“页面设置”组的命令，设置纸张大小为 A4，方向为“纵向”，上、下边距为 0.5，左、右边距为 0.9，水平、垂直居中。然后在当前工作表上按图 13.4 的样式设计左上角的第一个考试证框架，再复制 10 份，并通过列宽和行高调整布局，使这 10 个考试证框架均匀分布在整个页面上(图中只给出 4 个)。

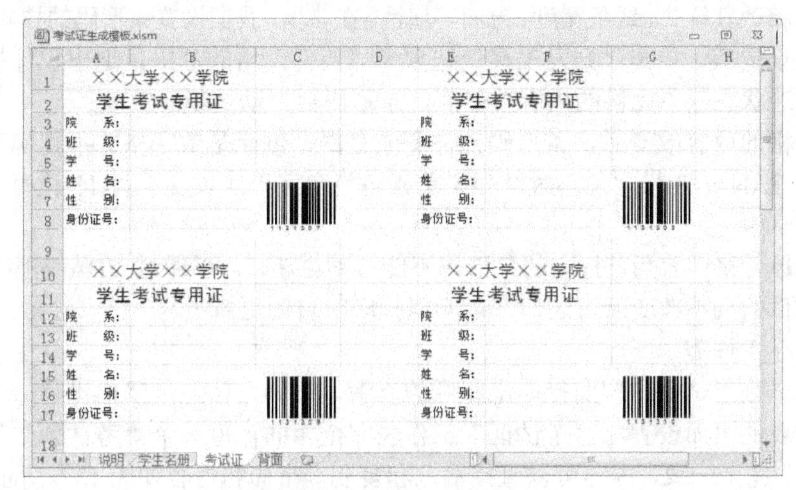

图 13.4 “考试证”工作表结构

第一个考试证框架的设计要点是:

(1) 合并 A1:B1 单元格，输入学院名称。合并 A2:B2 单元格，输入考试证标题。在 A3:A8 单元格区域输入项目标题。选中 B3:B8 区域，设置数字格式为“文本”，使数字作为文本处理。对各个区域设置适当的字体、字号。

(2) 在 Excel“开发工具”选项卡“控件”组的“插入”下拉列表中，单击“其他控件”按钮，在如图 13.5 所示的列表中选择“Microsoft BarCode Control 9.0”，单击“确定”按钮。这时鼠标指针变成细十字形，在考试证框架的右下角拖动鼠标添加一个条形码控件并调整其大小和位置。

图 13.5 “其他控件”列表

如果在“其他控件”列表中找不到“Microsoft BarCode Control 9.0”，可以注册一个。方法是：先在网上下载一个文件 MSBCODE9.OCX，然后在如图 13.5 所示的对话框中单击“注册自定义控件”按钮，选择并打开文件 MSBCODE9.OCX。

可以将条形码控件与某个单元格形成链接，以生成这个单元格内容对应的条形码。例如，在 B5 单元格中输入“1335101”，然后用鼠标右击条形码控件，在弹出的快捷菜单中选择“属性”项，在“属性”对话框中，设置 LinkedCell 属性为 B5，回车后可以看到其 Value 属性变成了 B5 单元格的值。

除了在“属性”对话框中修改控件的属性外，还可右击条形码控件，在快捷菜单中选择“Microsoft BarCode Control 9.0 对象”→“Properties”项，在“Microsoft BarCode Control 9.0 属性”对话框中，修改其样式、线条宽度、方向等属性。在这里，我们设置条形码的样式为 Code-128。

完成属性设置后，单击“开发工具”选项卡“控件”组的单击，退出设计模式，条形码控件变成不可选状态，单元格的内容改变后，条形码会自动更新。

如果单元格的内容改变后，条形码控件变成空白，可能是数字格式不正确所致。例如，当使用默认的 EAN－13 样式条码时，如果单元格包含字母或长度不为 13 位时，条形码控件就会变成空白。

如果更改单元格内容后，打印的条形码不能自动更新，可以通过 VBA 程序，将工作表中所有条形码控件的大小改变后再还原，以实现打印时自动更新。

4.“背面”工作表

为了在每一张考试证的背面打印出相同的“考试须知”信息，我们设计一个“背面”工作表。该工作表的页面设置与“考试证”工作表完全相同，每一个“考试须知”的布局与对应的“考试证”完全一致，内容可以直接输入和复制。布局和内容如图 13.6 所示(总共 10 个，图中只给出 4 个)。

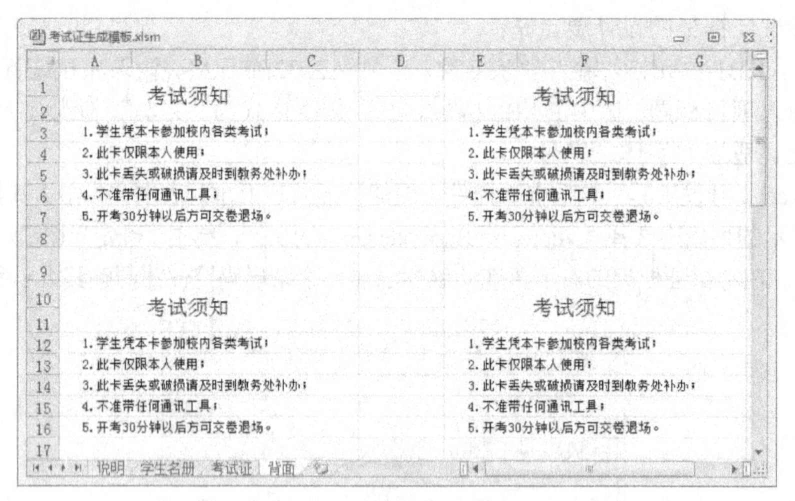

图 13.6 “背面”工作表结构

13.3 工具栏及按钮控制

进入 VB 编辑环境，单击工具栏上的“工程资源管理器”按钮，在当前工程中的“Microsoft Excel 对象”中双击“ThisWorkBook”，在代码编辑窗口上方的对象下拉列表框中选择 Workbook，在过程下拉列表框中选择 Open，然后编写如下代码：

```
Private Sub Workbook_Open()
  Set tbar = Application.CommandBars.Add(Temporary:=True)
```

```
    Set butt1 = tbar.Controls.Add(Type:=msoControlButton)
    With butt1
      .Caption = "提取"
      .Style = msoButtonCaption
      .OnAction = "tq"
    End With
    Set butt2 = tbar.Controls.Add(Type:=msoControlButton)
    With butt2
      .Caption = "打印"
      .Style = msoButtonCaption
      .OnAction = "dy"
    End With
    Set butt3 = tbar.Controls.Add(Type:=msoControlButton)
    With butt3
      .Caption = "清除"
      .Style = msoButtonCaption
      .OnAction = "qc"
    End With
    tbar.Visible = True
    Sheets("说明").Select
  End Sub
```

当工作簿打开时，这段程序被自动执行。它首先建立一个临时工具栏。然后在工具栏上添加“提取”、“打印”和“清除”3个按钮，为按钮分别指定要执行的过程为 tq、dy 和 qc。最后，让工具栏可见，选中“说明”工作表。

为了在选中不同的工作表时，控制工具栏和按钮的属性，我们对工作簿的 SheetActivate 事件编写如下代码：

```
  Private Sub Workbook_SheetActivate(ByVal Sh As Object)
    Application.SendKeys "%X{F6}"
    If Sh.Name = "说明" Then
      Application.SendKeys "%H{F6}"
    ElseIf Sh.Name = "学生名册" Then
      butt1.Enabled = True
      butt2.Enabled = False
      butt3.Enabled = False
    ElseIf Sh.Name = "考试证" Then
      butt1.Enabled = False
      butt2.Enabled = True
      butt3.Enabled = True
    Else
      butt1.Enabled = False
```

```
      butt2.Enabled = True
      butt3.Enabled = False
    End If
End Sub
```

这段代码在工作簿的当前工作表改变时被执行。如果当前工作表名为“说明”，激活功能区的“开始”选项卡，其余工作表，激活功能区的“加载项”选项卡。如果当前工作表名为“学生名册”，让“提取”按钮可用，另外两个按钮不可用。如果当前工作表名为“考试证”，让“提取”按钮不可用，另外两个按钮可用。当前工作表名为“背面”，让“打印”按钮可用，另外两个按钮不可用。

13.4 通用模块代码设计

前面提到，工具栏上3个命令按钮“提取”、“打印”和“清除”，分别指定要执行的过程为tq、dy和qc，这3个过程在通用模块中定义。

在VB编辑环境中，用“插入”菜单插入一个模块。

在模块中，首先用下面语句声明全局型对象变量，以保证在不同的过程中能够使用工具栏和按钮对象变量。

```
Public tbar, butt1, butt2, butt3 As Object
```

然后，编写以下三个个子程序。

1.“提取”子程序

这个子程序用来从“学生名册”工作表当前行开始连续取出10个学生的信息，填写到“考试证”工作表指定的区域，把每个学生的照片添加到对应的位置，设置条形码属性，生成一联考试证。具体代码如下：

```
Sub tq()
  Set shr = ActiveSheet                              '设置工作表变量
  dqh = ActiveCell.Row                               '取出当前行号
  Sheets("考试证").Select                            '切换工作表
  Call qc                                            '清除“考试证”原信息
  k = 0                                              '计数器置初值
  Application.ScreenUpdating = False                 '关闭屏幕更新
  For Each barcode In ActiveSheet.OLEObjects         '对每个条码进行循环
    '提取数据
    r = dqh + k                                      '确定行号
    yx = shr.Cells(r, 5)                             '提取院系
    bj = shr.Cells(r, 6)                             '班级
    xh = shr.Cells(r, 1)                             '学号
    xm = shr.Cells(r, 2)                             '姓名
    xb = shr.Cells(r, 3)                             '性别
    sf = shr.Cells(r, 4)                             '身份证号
    shr.Cells(r, 1).Resize(1, 6).Interior.ColorIndex = 36 '做标记
```

```
    '转存数据
    r = 3 + (k \ 2) * 9                                    '确定起始行、列号
    c = 2 + (k Mod 2) * 4
    Cells(r + 0, c) = yx                                   '填写院系
    Cells(r + 1, c) = bj                                   '班级
    Cells(r + 2, c) = xh                                   '学号
    Cells(r + 3, c) = xm                                   '姓名
    Cells(r + 4, c) = xb                                   '性别
    Cells(r + 5, c) = sf                                   '身份证号
    '插入照片
    Cells(r - 2, c + 1).Select                             '选中照片单元格
    CurPath = ThisWorkbook.Path                            '求当前路径
    pic = CurPath & "\照片\" & xh & ".jpg"                 '形成全路径名
    ActiveSheet.Pictures.Insert(pic).Select                '插入照片
    Selection.ShapeRange.IncrementTop 3                    '下移
    Selection.ShapeRange.LockAspectRatio = msoFalse '取消"锁定纵横比"
    Selection.ShapeRange.Height = 92                       '设置高度
    Selection.ShapeRange.Width = 69                        '设置宽度
    '设置条形码属性
    t = 93.75 + (k \ 2) * 158.25                           '计算条码上边位置
    l = 151.5 + (k Mod 2) * 291                            '计算条码左边位置
    rg = Chr(64 + c) & (r + 2)                             '学号单元格地址
    With barcode
      .LinkedCell = rg                                     '设置链接单元格
      .Top = t                                             '设置左、上角位置
      .Left = l
      .Object.LineWeight = 0                               '设置线宽为"细"
      .Height = 50                                         '设置高、宽
      .Width = 95
    End With
    k = k + 1                                              '计数
  Next
  Cells(1, 1).Select                                       '光标定位
  Application.ScreenUpdating = True                        '打开屏幕更新
  ActiveWindow.ScrollRow = 1                               '滚动到第1行
End Sub
```

在程序中，首先将“学生名册”这个当前工作表用对象变量 shr 表示，以便引用。取出当前行号，送给变量 qdh。切换到“考试证”工作表，调用子程序 qc，清除“考试证”原有的部分文本信息和照片。设置计数器变量 k 的初值。关闭屏幕更新。

然后用 For Each 语句，按当前工作表的每个条形码对象进行循环。在每次循环中，进行

以下操作：

(1) 从“学生名册”工作表的dqh+k行取出一个学生的“院系”、“班级”、“学号”、“姓名”、“性别”和“身份证号”信息，分别保存到变量xy、bj、xh、xm、xb、sf中，并在该行1～6列单元格区域填充“浅黄”颜色作为标记。

(2) 将变量xy、bj、xh、xm、xb、sf的值填写到“考试证”工作表对应的单元格中。起始单元格的行r、列号c由变量k的值确定，r、c与k的关系式分别为r=3+(k\2)*9和c=2+(kMod 2) *4。

(3) 按学号在当前文件的子文件夹下找到学生的照片，添加到指定的单元格，并设置合适的高度、宽度和位移。

(4) 设置条形码对象属性。先计算出第k个条形码应处的左、上角位置，求出第k个考试证“学号”单元格地址。在用With语句对该条形码设置链接单元格地址、左上角位置、线宽、高度和宽度。

(5) 调整计数器变量k的值。

最后，将光标定位到左上角单元格，打开屏幕更新，滚动到第1行。

2.“打印”子程序

这个子程序的功能是打印Excel当前工作表的第1页。代码如下：

```
Sub dy()
  msg = "确实要打印当前页吗？"                          '定义信息
  Style = vbYesNo + vbQuestion + vbDefaultButton1     '定义按钮
  Title = "提示"                                      '定义标题
  Response = MsgBox(msg, Style, Title)                '显示对话框
  If Response = vbYes Then                            '用户选择“是”
    ActiveWindow.SelectedSheets.PrintOut _
    From:=1, To:=1, Copies:=1, Collate:=True          '打印当前页
  End If
End Sub
```

程序首先用MsgBox函数提示“确实要打印当前页吗？”。如果选择“是”，则打印当前工作表的第1页，否则结束子程序。

当然，我们可以用Excel“文件”选项卡的“打印”功能进行打印。编写这个子程序的目的，一是便于操作，二是可避免打印其他页的无用信息。

3.“清除”子程序

这个子程序的作用是清除“考试证”工作表的信息和图片，只保留框架结构和内容，为生成下一批考试证做准备。代码如下：

```
Sub qc()
  For k = 0 To 9                                      '循环10次
    r = 3 + (k \ 2) * 9                               '计算起始行、列号
    c = 2 + (k Mod 2) * 4
    Cells(r, c).Resize(6, 1).ClearContents            '清除文本内容
  Next
  For Each sp In ActiveSheet.Shapes
    If sp.Name Like "Picture*" Then sp.Delete         '删除照片
```

```
    Next
End Sub
```

这段代码首先用 For 语句进行 10 次循环。每次求出一个考试证数据区起始单元格的行、列号，将该单元格开始的 6 行 1 列区域内容清除。再用 For Each 语句处理当前工作表的每一个 Shape 对象。如果对象名由 Picture 开头，说明是图片(照片)对象，则将其删除。

本章涉及的主要技术包括：单元格内容的转存与位置变换，图片对象的控制，条形码控件的应用。

使用这个软件时应注意一下两点：

(1) 程序是针对目前各个工作表的结构设计的，更改任意一个工作表的结构都可能造成该软件无法工作。

(2) 打开“考试证生成模板”工作簿时，如果系统出现安全警告：ActiveX 控件已被禁用。这是因为工作簿中放置了条形码控件。可点击“启用内容”按钮，允许使用该控件。

上机实验题目

1. 针对如图 13.7 所示的 Excel 工作表，编写一个 VBA 子程序并指定给命令按钮“转存”，将原始数据转存到目标数据区指定的位置，得到如图 13.8 所示的结果。

要求用循环语句实现。

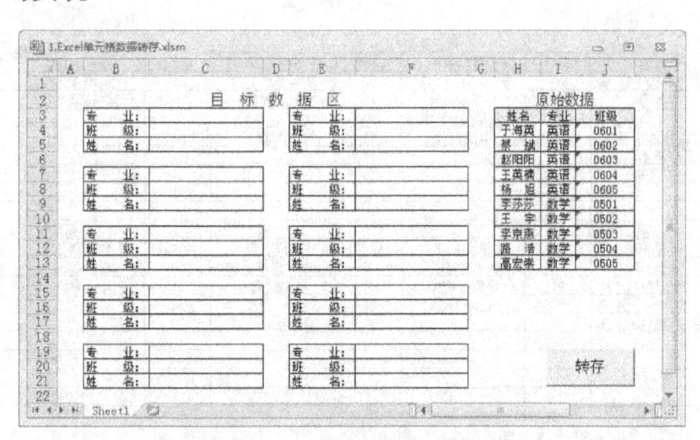

图 13.7　工作表结构和原始数据

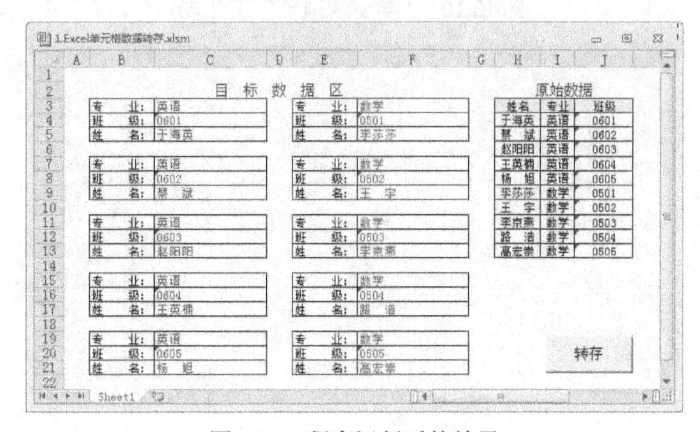

图 13.8　程序运行后的结果

2. 在如图 13.9 所示的“成绩汇总表”工作表中，将光标定位到某一学生对应的行(比如，学号为 301 的行)，执行一个子程序后，自动提取该学生的全部成绩，填写到“学生成绩单”工作表中，如图 13.10 所示。请编写这个子程序。

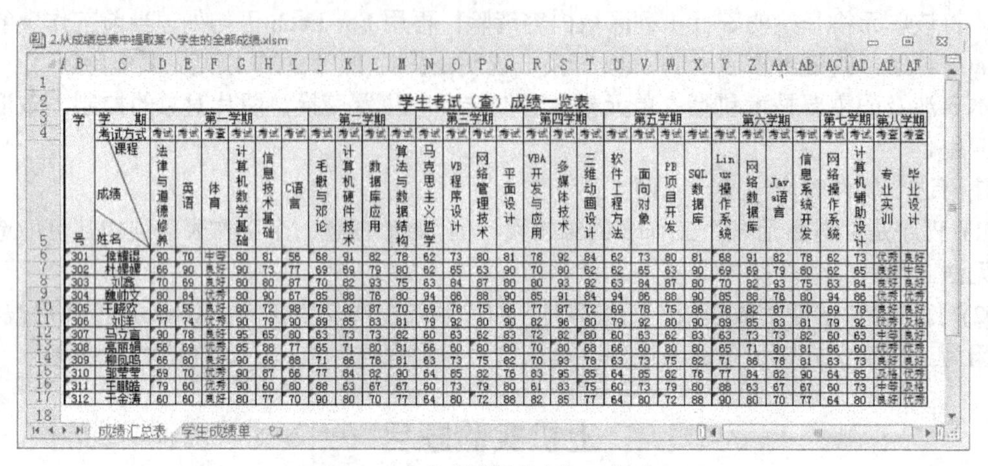
2.从成绩总表中提取某个学生的全部成绩.xlsm

学生考试（查）成绩一览表

学号	学期	第一学期						第二学期				第三学期				第四学期			第五学期				第六学期				第七学期		第八学期	
	考试方式	考试	考试	考查	考试	考试	考试	考试	考试	考试	考试	考试	考试	考试	考试	考试	考试	考试	考试	考试	考试	考试	考试	考试	考试	考试	考试	考试	考查	考查
	课程 成绩 姓名	法律与道德修养	英语	体育	计算机数学基础	信息技术基础	C语言	毛概与邓论	计算机硬件技术	数据库应用	算法与数据结构	马克思主义哲学	VB程序设计	网络管理技术	平面设计	VBA开发与应用	多媒体技术	三维动画设计	软件工程方法	面向对象	PB项目开发	SQL数据库	Linux操作系统	网络数据库	Java语言	信息系统开发	网络操作系统	计算机辅助设计	专业实训	毕业设计
301	侯耀琨	90	70	中等	80	81	56	68	91	82	78	62	73	80	81	78	92	84	62	73	80	81	68	91	82	78	62	73	优秀	良好
302	杜媛媛	66	90	良好	90	73	77	69	69	79	80	62	65	63	90	70	80	62	62	65	63	90	69	69	79	80	62	65	良好	中等
303	刘鑫	70	69	良好	80	80	87	70	82	93	75	63	84	87	80	80	93	92	63	84	87	80	70	82	93	75	63	84	良好	良好
304	魏帅文	80	84	优秀	80	90	67	85	88	76	80	94	86	88	90	85	91	84	94	86	86	90	85	88	76	80	94	86	优秀	优秀
305	王晓欢	68	55	良好	80	72	98	78	82	87	70	69	78	75	86	77	87	72	69	78	75	86	78	82	87	70	69	78	良好	良好
306	刘洋	77	74	优秀	90	79	90	89	85	83	81	79	92	80	90	82	96	80	79	92	80	90	89	85	83	81	79	92	优秀	及格
307	马立富	90	78	良好	95	65	80	63	73	73	82	60	63	62	83	72	82	80	60	63	62	83	63	73	73	82	60	63	中等	良好
308	高丽娟	56	69	优秀	85	88	77	65	71	80	81	66	60	80	80	70	80	68	66	60	80	80	65	71	80	81	66	60	优秀	优秀
309	柳凤鸣	66	80	良好	90	66	88	71	86	78	81	63	73	75	82	70	93	78	63	73	75	82	71	86	78	81	63	73	良好	良好
310	邹莹莹	69	70	优秀	90	87	66	77	84	82	90	64	85	82	76	83	95	85	64	85	82	76	77	84	82	90	64	85	及格	优秀
311	王鹏皓	79	60	优秀	90	60	80	88	63	67	67	60	73	79	80	61	83	75	60	73	79	80	88	63	67	67	60	73	中等	及格
312	于金涛	60	60	良好	80	77	70	90	80	70	77	64	80	72	88	82	85	77	64	80	72	88	90	80	70	77	64	80	良好	优秀

成绩汇总表 学生成绩单

图 13.9 “成绩汇总表”工作表

2.从成绩总表中提取某个学生的全部成绩.xlsm

学生成绩单

学号：301 姓名：侯耀琨

第一学期		第三学期		第五学期		第七学期	
课程名称	成绩	课程名称	成绩	课程名称	成绩	课程名称	成绩
法律与道德修养	90	马克思主义哲学	62	软件工程方法	62	网络操作系统	62
英语	70	VB程序设计	73	面向对象	73	计算机辅助设计	73
体育	中等	网络管理技术	80	PB项目开发	80		
计算机数学基础	80	平面设计	81	SQL数据库	81		
信息技术基础	81						
C语言	56						
第二学期		第四学期		第六学期		第八学期	
课程名称	成绩	课程名称	成绩	课程名称	成绩	课程名称	成绩
毛概与邓论	68	VBA开发与应用	78	Linux操作系统	68	专业实训	优秀
计算机硬件技术	91	多媒体技术	92	网络数据库	91	毕业设计	良好
数据库应用	82	三维动画设计	84	Java语言	82		
算法与数据结构	78			信息系统开发	78		

成绩汇总表 学生成绩单

图 13.10 “学生成绩单”工作表

第 14 章　竞赛核分与排名模板

我们常在电视中看到各种竞赛节目。比如：青年歌手大赛、电视节目主持人大赛、大专辩论赛、知识竞赛等等。这些竞赛在学校和其他单位也经常举行。竞赛内容、竞赛形式、竞赛规则各式各样，但多数采取评委现场打分的办法决出胜负或排出名次。评分办法一般是在多个评委所打的分数中，去掉一个最高分，去掉一个最低分，然后取平均分，得到选手的单项得分。竞赛项目可能有多个，各项得分之和为选手的总得分。最后根据每位选手的总得分排出名次。

在此过程中，为了随时计算每位选手单项得分、总得分，动态了解各选手的排名情况，很自然会想到用计算机。但如果只是把计算机当作计算器使用，操作基本上是手动完成，速度慢，易出错。

用 Excel 和 VBA 开发一个小软件，可以轻松记分，自动核分和排名，如果通过大屏幕将动态结果显示出来，更会增添竞赛色彩和评分透明度。

本章的任务就是设计这样一个“竞赛核分与排名”软件。

14.1　功能要求

软件的主要功能是在输入评委、选手名以及每位评委给选手的打分的基础上，由程序自动去掉最高分和最低分，求出该项平均分。可以随时将各项分数汇总，得到每位选手的总分，按总分排名次。为便于对数据的观察，最高分、最低分、平均分、总分、名次分别用不同的颜色标识。

软件的形式为含有 VBA 程序的 Excel 工作簿，其中有“总分”、“第 1 项”、“第 2 项”、……工作表。软件的功能通过自定义工具栏的“统计”、“汇总”、“增项”和“还原”按钮体现。

使用时，打开“竞赛核分与排名模板”工作簿，首先单击自定义工具栏上的“还原”按钮，保留“总分”和“第 1 项”工作表，删除其余工作表，使系统初始化。

然后选择“第 1 项”工作表，在第一行输入评委名，在第一列输入选手名，删除其余无用的信息。单击自定义工具栏上的“增项”按钮，可添加需要的项目工作表。

当竞赛进行到某一项时，选择对应的“第 x 项”工作表，输入当前选手的各位评委打分之后，单击“统计”按钮，系统将自动去掉一个最高分、一个最低分，求出平均分，填入表格中。

假设有 8 位评委，10 位选手，“第 1 项”满分为 10 分，各位评委给各位选手的打分输入并统计之后，应得到如图 14.1 所示的结果。

假设“第 2 项”满分为 20 分，各评委给各位选手的打分输入并统计之后，应得到如图 14.2 所示的结果。

	A	B	C	D	E	F	G	H	I	J
1		评委1	评委2	评委3	评委4	评委5	评委6	评委7	评委8	平均分
2	选手1	9.00	8.56	8.78	8.90	8.00	7.00	7.90	8.00	8.36
3	选手2	9.10	8.90	8.50	8.70	8.90	9.00	9.00	8.00	8.83
4	选手3	7.90	7.80	8.00	8.90	9.50	8.90	9.00	9.00	8.62
5	选手4	8.90	9.00	8.80	8.70	8.90	9.00	9.00	8.00	8.88
6	选手5	9.00	9.00	8.00	8.00	7.90	7.00	9.00	8.00	8.32
7	选手6	8.80	9.00	9.00	9.00	8.00	8.80	8.70	8.00	8.72
8	选手7	8.80	8.90	9.00	8.00	7.00	8.00	9.00	9.00	8.62
9	选手8	8.90	9.10	9.00	9.10	9.30	8.00	9.00	9.00	9.02
10	选手9	8.00	9.00	9.00	8.00	9.00	9.00	9.00	8.00	8.67
11	选手10	9.00	8.00	9.00	9.00	8.00	9.00	9.00	8.00	8.67

图 14.1 “第 1 项”模拟数据和统计结果

	A	B	C	D	E	F	G	H	I	J
1		评委1	评委2	评委3	评委4	评委5	评委6	评委7	评委8	平均分
2	选手1	12.00	16.00	16.00	18.00	16.00	16.00	13.00	15.00	15.33
3	选手2	15.00	12.00	18.00	19.00	12.00	12.00	12.00	12.00	13.50
4	选手3	13.00	14.00	15.00	12.00	15.00	15.00	14.00	18.00	14.33
5	选手4	12.00	15.00	13.00	11.00	11.00	13.00	16.00	19.00	13.33
6	选手5	11.00	13.00	11.00	13.00	12.00	14.00	17.00	12.00	12.50
7	选手6	10.00	12.00	12.00	15.00	18.00	12.00	18.00	11.00	13.33
8	选手7	9.00	11.00	14.00	16.00	12.00	12.00	11.00	17.00	12.67
9	选手8	11.00	16.00	15.00	17.00	15.00	11.00	12.00	16.00	14.17
10	选手9	12.00	18.00	12.00	18.00	16.00	18.00	15.00	15.00	15.67
11	选手10	10.00	19.00	16.00	15.00	17.00	16.00	12.00	18.00	15.67

图 14.2 “第 2 项”模拟数据和统计结果

任意时刻，单击“汇总”按钮，系统将对各项数据进行汇总，求出每位选手的总分并排列名次，得到如图 14.3 所示的结果。

	A	B	C	D	E
1		第1项分	第2项分	总分	名次
2	选手9	8.67	15.67	24.33	1
3	选手10	8.67	15.67	24.33	1
4	选手1	8.36	15.33	23.69	3
5	选手8	9.02	14.17	23.18	4
6	选手3	8.62	14.33	22.95	5
7	选手2	8.83	13.50	22.33	6
8	选手4	8.88	13.33	22.22	7
9	选手6	8.72	13.33	22.05	8
10	选手7	8.62	12.67	21.28	9
11	选手5	8.32	12.50	20.82	10

图 14.3 汇总及排名结果

下面具体介绍软件的设计方法。

14.2 工作簿与工具栏设计

本软件是一个含有 VBA 代码的 Excel 工作簿。在工作簿中设计一个“总分”工作表、若干个“项目”工作表。

1．工作表结构设计

“总分”工作表用来存放选手各单项分、总分和排名信息。它在设计时只是一个空表，当执行“汇总”程序时，自动生成有关信息。

各“项目”工作表按“第 1 项”、“第 2 项”、……命名，以便于程序处理。我们只需要设计出“第 1 项”工作表，其余的在需要时随时通过“增项”程序生成，不用时通过“还原”程序删除。

“第 1 项”工作表如图 14.4 所示。

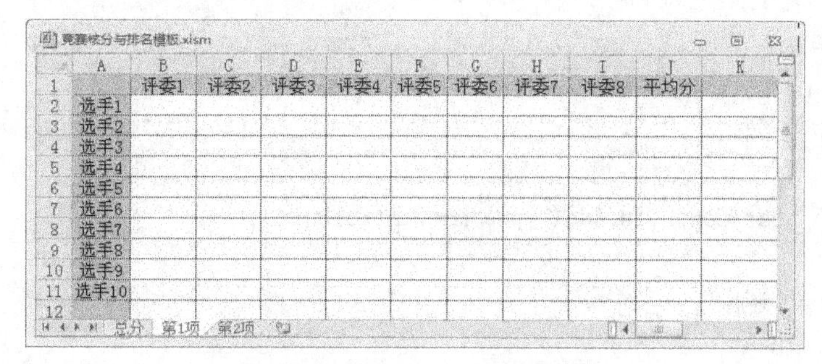

图 14.4 “第 1 项”工作表

其中，第一行从 B 列开始依次输入评委姓名，之后是“平均分”，A 列从第二行开始依次输入选手姓名。图中给出的是模拟姓名。

最后，根据自己的喜好设置不同单元格的背景、字符颜色和网格线。

2. 创建自定义工具栏

建立自定义工具栏的目的是为了便于使用系统功能。

工具栏上面定义 4 个命令按钮：“统计”、“汇总”、“增项”和“还原”。

为了不影响 Excel 系统环境，自定义工具栏设置为临时属性，工作簿打开时建立，工作簿关闭时删除，各命令按钮的可用性也要根据不同情况进行控制。这些都需要用代码实现。

在 VB 编辑环境中，单击工具栏上的“工程资源管理器”按钮，在当前工程中的“Microsoft Excel 对象”中双击“ThisWorkBook”，对当前工作簿进行编程。

首先，用下面语句声明模块级对象变量：

```
Dim butt1 As CommandBarControl
```

然后，在代码编辑窗口上方的对象下拉列表框中选择 Workbook，在过程下拉列表框中选择 Open，然后编写如下代码：

```
Private Sub Workbook_Open()
  Set tbar = Application.CommandBars.Add(Temporary:=True)
  Set butt1 = tbar.Controls.Add(Type:=msoControlButton)
  With butt1
    .Caption = "统计"                    '按钮标题
    .FaceId = 16                         '按钮图符
    .Style = msoButtonIconAndCaption     '图文型按钮
    .OnAction = "tj"                     '执行的过程
  End With
  Set butt2 = tbar.Controls.Add(Type:=msoControlButton)
  With butt2
    .Caption = "汇总"
    .FaceId = 17
    .Style = msoButtonIconAndCaption
    .OnAction = "hz"
  End With
  Set butt3 = tbar.Controls.Add(Type:=msoControlButton)
  With butt3
    .Caption = "增项"
```

```
    .FaceId = 12
    .Style = msoButtonIconAndCaption
    .OnAction = "zx"
  End With
  Set butt4 = tbar.Controls.Add(Type:=msoControlButton)
  With butt4
    .Caption = "还原"
    .FaceId = 13
    .Style = msoButtonIconAndCaption
    .OnAction = "hy"
  End With
  tbar.Visible = True                    '工具栏可见
  Worksheets("第 1 项").Activate         '选择工作表
End Sub
```

当工作簿打开时，这段程序被自动执行。它首先建立一个工具栏，然后在工具栏上添加“统计”、“汇总”、“增项”和“还原”4 个按钮，为每个按钮指定一个图符，并分别指定要执行的过程为“tj”、“hz”、“zx”和“hy”。这 4 个过程在通用模块中定义。最后，设置工具栏的可见属性，选择“第 1 项”为当前工作表。

2. 控制按钮的可用性

SheetActivate 事件在工作簿的当前工作表改变时产生，在此激活功能区的“加载项”选项卡，对工具栏中按钮的可用性进行控制。如果当前工作表为“总分”，则使工具栏“统计”按钮不可用，否则可用。代码如下：

```
Private Sub Workbook_SheetActivate(ByVal Sh As Object)
  Application.SendKeys "%X{F6}"
  If Sh.Name = "总分" Then
    butt1.Enabled = False
  Else
    butt1.Enabled = True
  End If
End Sub
```

14.3 子程序设计

前面提到，工具栏上 4 个按钮“统计”、“汇总”、“增项”和“还原”，分别指定要执行的过程为 tj、hz、zx 和 hy，这 4 个过程在通用模块中定义。

在 VB 编辑环境中，用“插入”菜单插入一个模块“模块 1”。在“模块 1”中定义以下 4 个子程序。

1.“统计”子程序

这个子程序用来统计当前工作表(竞赛的某一项)任意选手的平均分，并用不同颜色标记最高、最低分。

程序首先根据第 2 张工作表(第 1 项)第 1 行末尾数据的列号，求出评委人数。然后在当前工作表指定的行中，对各位评委所打分数进行累加，选出一个最高分一个最低分，对所在的单元格设置不同的背景颜色，以示区别。最后求出平均分，填入“平均分”列，并设置平均分单元格为另一背景颜色。代码如下：

```
Sub tj()
  h = ActiveCell.Row                                  '求出当前行号
  pws = Sheets(2).Cells(1, 16384).End(xlToLeft).Column - 2 '评委数
  fg = -999: fd = 999: fz = 0                         '最高分、最低分、总分初值
  For p = 1 To pws                                    '按评委数循环
    f = Cells(h, p + 1)                               '分数
    fz = fz + f                                       '累加总分
    If f > fg Then
      fg = f                                          '当前最高分
      lg = p                                          '最高分位置(与列号相关)
    End If
    If f < fd Then
      fd = f                                          '当前最低分
      ld = p                                          '最低分位置(与列号相关)
    End If
    Cells(h, p + 1).Interior.ColorIndex = 2           '当前单元格背景置为白色
  Next
  Cells(h, lg + 1).Interior.ColorIndex = 43           '设置最高分单元格背景色
  Cells(h, ld + 1).Interior.ColorIndex = 6            '设置最低分单元格背景色
  Cells(h, p + 1) = (fz - fg - fd) / (pws - 2)        '填写平均分
  Cells(h, p + 1).Interior.ColorIndex = 8             '设置平均分单元格背景色
End Sub
```

2.“汇总”子程序

该子程序对每位选手的各项得分进行累加，得到总分，并按总分排出名次，结果填入“总分”工作表。

首先求出竞赛选手数、评委数和项目数，选中“总分”工作表并清除原有内容，将“第1项”工作表的A列(选手名)复制到“总分”A列。

然后用循环程序将每个项目对应工作表的“平均分”按顺序复制到“总分”工作表并修改列标题。

接下来设置“总分”、“名次”列标题以及格式(水平居中、背景和字符颜色)，将求总分公式填充到“总分”列，设置“总分”、“名次”列边框。

最后，按总分排序并填写名次(考虑并列问题)。

具体代码如下：

```
Sub hz()
  '求出选手数、评委数、项目数
  xss = Sheets(2).Range("A1048576").End(xlUp).Row - 1
  pws = Sheets(2).Cells(1, 16384).End(xlToLeft).Column - 2
  xms = Sheets.Count - 1
```

```
'选中"总分"工作表并清除原有内容
Sheets("总分").Select
Cells.Clear
'将"第1项"工作表的A列(选手名)复制到"总分"A列
Sheets("第1项").Columns(1).Copy Destination:=Columns(1)
'复制xms个平均分到"总分"工作表，并修改列标题
For k = 1 To xms
  Sheets("第" & k & "项").Columns(pws + 2).Copy Destination:=Columns(k + 1)
  Cells(1, k + 1) = "第" & k & "项分"
Next
'设置"总分"、"名次"列标题以及格式
Cells(1, k + 1).Value = "总分"
Cells(1, k + 2).Value = "名次"
Set rg = Union(Cells(1, k + 1), Cells(1, k + 2))
With rg
  .HorizontalAlignment = xlCenter
  .Interior.ColorIndex = 35
  .Font.ColorIndex = 3
End With
'定义求总分公式
For i = 1 To xss
  Cells(i + 1, k + 1) = WorksheetFunction.Sum(Range(Cells(i + 1, 2), _
  Cells(i + 1, k)))
Next
'设置边框和数值格式
Range(Columns(k + 1), Columns(k + 2)).Borders.Weight = xlHairline
Columns(k + 1).NumberFormatLocal = "0.00"
'按总分排序
Cells(1, 1).CurrentRegion.Sort Key1:=Cells(1, k + 1), _
Order1:=xlDescending, Header:=xlGuess
'填写名次
zf0 = -1                                    '总分初值
For i = 1 To xss
  zf1 = Round(Cells(i + 1, k + 1), 2)       '按2位小数四舍五入
  If zf1 <> zf0 Then
    mc = i                                  '实际名次
  End If
  Cells(i + 1, k + 2) = mc
  zf0 = zf1
Next
```

```
End Sub
```

假设 10 位选手“第 1 项”、“第 2 项”的评委打分已输入并统计出相应的平均分(如图 14.1、图 14.2 所示)，单击“汇总”命令按钮，执行上述代码，就可以得到如图 14.3 所示的结果。

3. “增项”子程序

该子程序的功能是在当前工作簿中添加工作表，以便输入和统计新项目信息。前面提到，每个项目对应一个工作表，项目可随意增减。

具体方法是将“第 1 项”工作表复制到当前工作簿最后一个工作表的右边，然后对工作表重新命名，清除标题以外单元格区域原有内容并设置白色背景。代码如下：

```
Sub zx()
  Sheets("第 1 项").Copy after:=Sheets(Sheets.Count)
  Sheets(Sheets.Count).Name = "第" & Sheets.Count - 1 & "项"
  '清除标题以外的内容、背景
  With Range("B2:XFD1048576")
    .ClearContents
    .Interior.ColorIndex = 2
  End With
End Sub
```

这段程序只要将相关的操作用宏录制的方法录制下来，再稍作加工就可以完成，代码也很容易理解。

假如当前工作簿已有“第 1 项”、“第 2 项”工作表，这时单击“增项”按钮，执行上述代码，就可以添加“第 3 项”工作表。新增的工作表包含了评委名和选手名等基本信息，如图 14.5 所示。

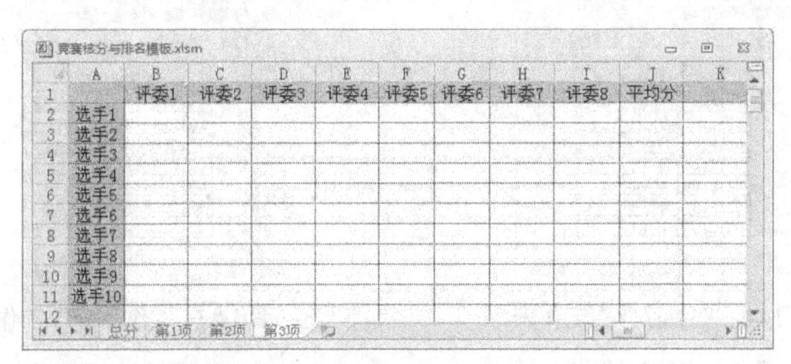

图 14.5　新增的“第 3 项”工作表

4. “还原”子程序

该子程序的功能是在当前工作簿中删除“第 1 项”以外的项目工作表，只保留“总分”和“第 1 项”两个工作表。目的是为重新使用做准备。

下面是具体代码：

```
Sub hy()
  Ans = MsgBox("将要删除第 2 项及以后的工作表！确定吗？", vbYesNo, "警告")
  If Ans = vbNo Then Exit Sub
  Application.DisplayAlerts = False       '关闭删除确认
  For k = Sheets.Count To 3 Step -1       '从后向前删除工作表
    Sheets(k).Delete
```

```
    Next
    With Sheets(2).Range("B2:XFD1048576") '清除标题以外的内容、背景
      .ClearContents
      .Interior.ColorIndex = 2
    End With
    Application.DisplayAlerts = True        '打开删除确认
  End Sub
```

在这段代码中，首先用 MsgBox 函数打开一个对话框，提醒本操作“将要删除第 2 项及以后的工作表！确定吗？”。如果选择“否”，则不作任何操作，直接退出子程序。如果确定，则删除第三张工作表以后的所有工作表，只保留前两张工作表。然后清除第 2 张工作表(第 1 项)标题以外的单元格区域的内容和背景颜色。

在删除工作表之前关闭删除确认，所以不进行询问，删除之后再打开删除确认。

以上设计完成后，随时打开这个 Excel 工作簿就可以直接使用。

上机实验题目

1. 编写程序，将 Excel 工作簿如图 14.6～图 14.8 所示的“平时分”、“作品分”、“卷面分”三张工作表中每个学生的成绩，分别按比例系数 1、1、0.6 折合得到总成绩放到如图 14.9 所示的“总分”工作表对应的单元格。

例如，“学生 1”的总成绩=1*8+1*10+0.6*90=72。

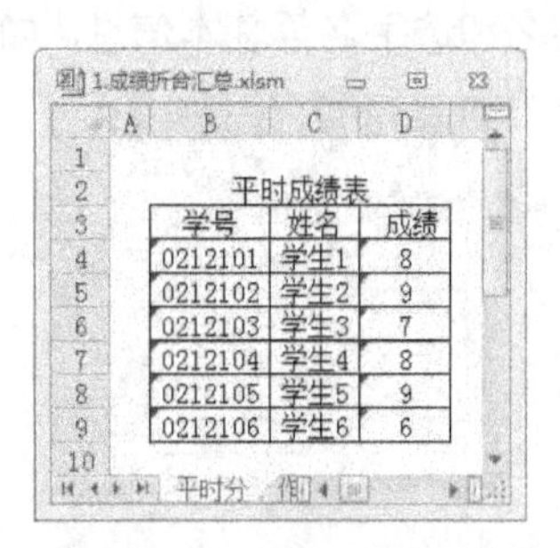

平时成绩表

学号	姓名	成绩
0212101	学生1	8
0212102	学生2	9
0212103	学生3	7
0212104	学生4	8
0212105	学生5	9
0212106	学生6	6

图 14.6 “平时分”工作表

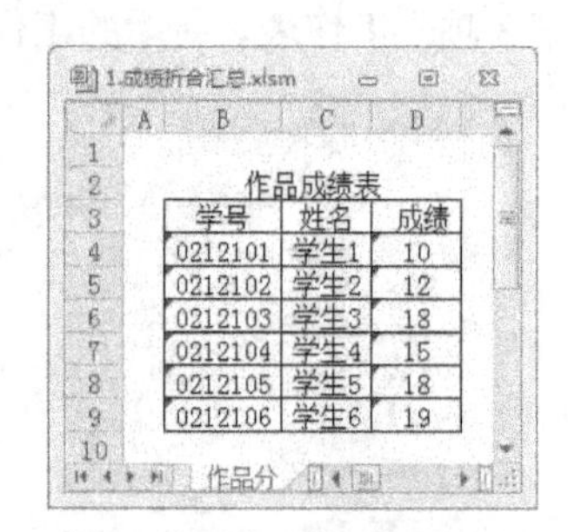

作品成绩表

学号	姓名	成绩
0212101	学生1	10
0212102	学生2	12
0212103	学生3	18
0212104	学生4	15
0212105	学生5	18
0212106	学生6	19

图 14.7 “作品分”工作表

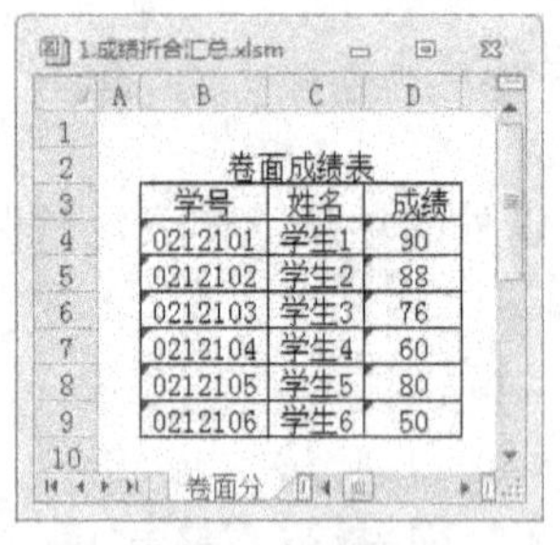

卷面成绩表

学号	姓名	成绩
0212101	学生1	90
0212102	学生2	88
0212103	学生3	76
0212104	学生4	60
0212105	学生5	80
0212106	学生6	50

图 14.8 “卷面分”工作表

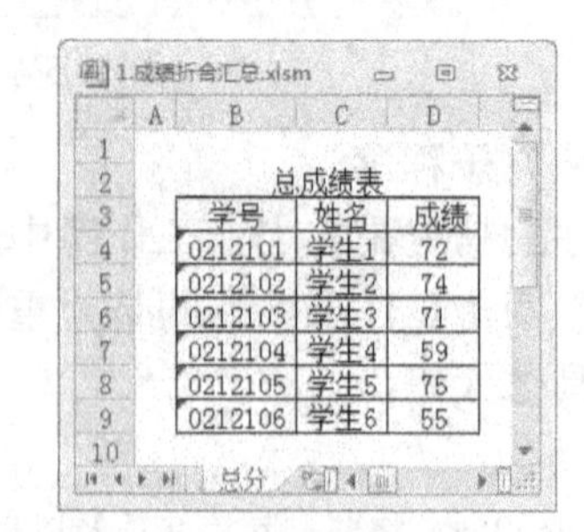

总成绩表

学号	姓名	成绩
0212101	学生1	72
0212102	学生2	74
0212103	学生3	71
0212104	学生4	59
0212105	学生5	75
0212106	学生6	55

图 14.9 “总分”工作表

2. 在 Excel 工作簿中给出如图 14.10 所示的“原始数据”工作表，存放学生成绩信息。请编写“刷新数据”程序，在“统计分析”工作表中得到如图 14.11 所示的结果。其中包括各班以及全年级的各科平均值、最高值、最低值。

学号	姓名	性别	班级	语文	数学	英语	物理	化学	历史	地理	总分
1	周梅	女	1班	45	86	95	66	53	88	66	499
2	孙婷婷	女	1班	37	63	34	57	20	51	33	295
3	李龙飞	男	1班	67	80	67	72	93	98	92	569
4	古建	男	1班	57	82	46	64	37	89	85	460
5	高士民	男	1班	54	72	79	64	92	74	97	532
6	纪小美	女	1班	18	51	33	60	67	80	48	357
7	郑宁	女	2班	80	89	90	98	89	81	83	610
8	林雪晴	女	2班	80	87	74	100	86	70	83	580
9	李莹	女	2班	17	43	54	46	54	20	80	450
10	李雪	女	2班	88	59	89	93	46	74	46	495
11	左菲菲	女	2班	91	83	80	92	93	92	79	590

图 14.10 “原始数据”工作表

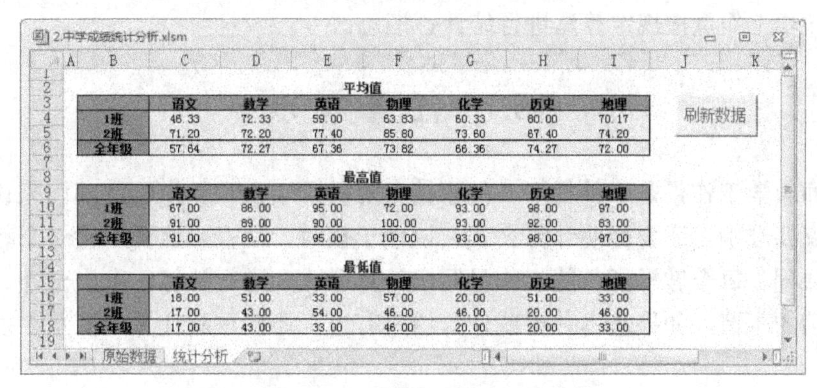

平均值

	语文	数学	英语	物理	化学	历史	地理
1班	46.33	72.33	59.00	63.83	60.33	80.00	70.17
2班	71.20	72.20	77.40	85.80	73.60	67.40	74.20
全年级	57.64	72.27	67.36	73.82	66.36	74.27	72.00

最高值

	语文	数学	英语	物理	化学	历史	地理
1班	67.00	86.00	95.00	72.00	93.00	98.00	97.00
2班	91.00	89.00	90.00	100.00	93.00	92.00	83.00
全年级	91.00	89.00	95.00	100.00	93.00	98.00	97.00

最低值

	语文	数学	英语	物理	化学	历史	地理
1班	18.00	51.00	33.00	57.00	20.00	51.00	33.00
2班	17.00	43.00	54.00	46.00	46.00	20.00	46.00
全年级	17.00	43.00	33.00	46.00	20.00	20.00	33.00

图 14.11 “统计分析”工作表

第 15 章　教学工作量统计模板

本章的任务是用 Excel 和 VBA 开发一个软件，取名为“教学工作量统计模板”，用于对高校教师的教学工作量按规定算法进行统计、汇总。

15.1　任务需求

计算教师教学工作量是一件很严肃的事情，对教师本人和教学管理部门来说都很重要，计算结果不仅要准确，还要标明计算公式，以便于核对、审查。这样，将一个教学单位每位老师、每门课程、每个教学环节的工作量写出计算公式、进行计算、求出合计、抄写报表，是一件很繁琐的事情，如果基本数据或计算结果有误，还要重新计算、汇总、抄写，增加一些操作。

直接用 Word、Excel 等办公软件可以部分地解决这一问题，但是如果对办公软件进行开发，设计出符合特定要求的应用软件，用起来会更加方便、快捷。所以在 Excel 基础上，用 VBA 开发一个软件，是有应用意义的。

1. 功能要求

(1) 以院(系)为单位，输入修改每位教师、各门课程、各教学环节教学工作量的基本数据，系统对各教学环节按特定算法自动填写计算公式并计算出结果。

(2) 自动求出每位教师的教学工作量总学时，根据不同职称的课时费标准计算出课时费，求出整个单位的课时费合计等数据。

(3) 具有工作量算法在线提示功能。

2. 使用要求

本软的形式为含有 VBA 代码的 Excel 工作簿，工作簿中有“说明”和“统计表”两张工作表。软件功能由自定义工具栏的“课程学时”、“排序求和”和“重置格式”三个按钮体现。

使用时，打开工作簿，选择“统计表”工作表，输入或修改每位教师、各门课程、各教学环节的教学工作量基本数据。

若要查看“理论课”或者“实验、听力课”的“总学时”计算办法，将鼠标移动到表头中相应项目名称单元格(右上角带有三角标记)内，即可显示出相应信息，起到在线帮助的作用。

在“统计表”工作表中输入基本数据后的界面如图 15.1 所示。

单击自定义工具栏“课程学时”按钮，系统自动按规定的算法写出理论课、实验课、听力课的计算公式，填入相应单元格。并根据公式计算出理论课、实验课、听力课学时以及每门课的总学时，填入相应单元格。得到如图 15.2 所示的结果。

教学工作量统计模板.xlsm

	A	B	C	D	E	F	G	H	I J	K	L	M N	O	P	Q	R	S
1	教师教学工作量统计表																
2	教师	职	课时费	课程名称	年	人	理论课			实验、听力课			课程总	教师总	税前课时	扣	税后课时
3	姓名	称	标准		级	数	周数	周学时	总学时	周数	周学时	总学时	学时	学时	费	税	费
4	教师A	副教授	30	网络数据库	11	50	6	4		4	2						
5	教师B	助教	20	信息管理技术	11	50	8	4		4	2						
6	教师C	讲师	25	Java语言	11	50	8	4		6	2						
7	教师E	副教授	30	软件工程	11	50	6	2		4	2						
8	教师E	副教授	30	程序员基础	12	80	6	4		5	1						
9	教师F	讲师	25	汇编语言	12	80	7	4		5	1						
10	教师G	教授	35	计算机维护技术	12	80	7	2		5	1						
11	教师H	教授	35	网络实用技术	12	80	7	2		5	1						
12	教师H	教授	35	图形软件应用	13	40	7	4		6	2						
13	教师D	讲师	25	嵌入式系统	13	40	7	4		4	1						
14	教师B	助教	20	Linux操作系统	11	50	6	4		4	2						
15	教师C	讲师	25	Oracle数据库	11	50	6	4		6	2						
16	教师F	讲师	25	数据通讯	12	80	8	4		5	1						
17	教师H	教授	35	VBA开发与应用	12	80	8	2		5	1						
18	教师D	讲师	25	多媒体技术与应用	13	40	8	4		4	1						
19	教师B	助教	20	编译原理	11	50	6	4		4	2						
20	教师C	讲师	25	操作系统	11	50	6	4		6	2						
21	教师E	副教授	30	汇编语言	12	80	8	4		5	1						
22	教师F	讲师	25	计算机科学导论	12	80	8	4		5	1						
23																	

说明 统计表

图 15.1　输入基本数据后的界面

教学工作量统计模板.xlsm

	A	B	C	D	E	F	G	H	I J	K	L	M N	O	P	Q	R	S
1	教师教学工作量统计表																
2	教师	职	课时费	课程名称	年	人	理论课			实验、听力课			课程总	教师总	税前课时	扣	税后课时
3	姓名	称	标准		级	数	周数	周学时	总学时	周数	周学时	总学时	学时	学时	费	税	费
4	教师A	副教授	30	网络数据库	11	50	6	4	6*4= 24.00	4	2	4*2*0.6= 4.80	28.80				
5	教师B	助教	20	信息管理技术	11	50	8	4	8*4= 32.00	4	2	4*2*0.6= 4.80	36.80				
6	教师C	讲师	25	Java语言	11	50	8	4	8*4= 32.00	6	2	6*2*0.6= 7.20	39.20				
7	教师E	副教授	30	软件工程	11	50	6	2	6*2= 12.00	4	2	4*2*0.6= 4.80	16.80				
8	教师E	副教授	30	程序员基础	12	80	6	4	[illegible]= 26.40	5	1	5*1*0.6*1.2= 3.60	30.00				
9	教师F	讲师	25	汇编语言	12	80	7	4	[illegible]= 30.80	5	1	5*1*0.6*1.2= 3.60	34.40				
10	教师G	教授	35	计算机维护技术	12	80	7	2	[illegible]= 15.40	5	1	5*1*0.6*1.2= 3.60	19.00				
11	教师H	教授	35	网络实用技术	12	80	7	2	[illegible]= 15.40	5	1	5*1*0.6*1.2= 3.60	19.00				
12	教师H	教授	35	图形软件应用	13	40	7	4	7*4= 28.00	6	2	6*2*0.6= 7.20	35.20				
13	教师D	讲师	25	嵌入式系统	13	40	7	4	7*4= 28.00	4	1	4*1*0.6= 2.40	30.40				
14	教师B	助教	20	Linux操作系统	11	50	6	4	6*4= 24.00	4	2	4*2*0.6= 4.80	28.80				
15	教师C	讲师	25	Oracle数据库	11	50	6	4	6*4= 24.00	6	2	6*2*0.6= 7.20	31.20				
16	教师F	讲师	25	数据通讯	12	80	8	4	[illegible]= 35.20	5	1	5*1*0.6*1.2= 3.60	38.80				
17	教师H	教授	35	VBA开发与应用	12	80	8	2	[illegible]= 17.60	5	1	5*1*0.6*1.2= 3.60	21.20				
18	教师D	讲师	25	多媒体技术与应用	13	40	8	4	8*4= 32.00	4	1	4*1*0.6= 2.40	34.40				
19	教师B	助教	20	编译原理	11	50	6	4	6*4= 24.00	4	2	4*2*0.6= 4.80	28.80				
20	教师C	讲师	25	操作系统	11	50	6	4	6*4= 24.00	6	2	6*2*0.6= 7.20	31.20				
21	教师E	副教授	30	汇编语言	12	80	8	4	[illegible]= 35.20	5	1	5*1*0.6*1.2= 3.60	38.80				
22	教师F	讲师	25	计算机科学导论	12	80	8	4	[illegible]= 35.20	5	1	5*1*0.6*1.2= 3.60	38.80				
23																	

说明 统计表

图 15.2　执行“课程学时”后的结果

单击自定义工具栏“排序求和”命令按钮，系统求出每位教师的教学工作量总学时，根据每个人的课时费标准计算出课时费，求出当前工作表的课时费合计等数据。

此时，可利用 Excel 自身的功能进行打印和预览。打印报表如图 15.3 所示。

教师教学工作量统计表

教师姓名	职称	课时费标	课程名称	年级	人数	理论课 周数	理论课 周学时	理论课 总学时	实验、听力课 周数	实验、听力课 周学时	实验、听力课 总学时	课程总学时	教师总学时	税前课时费	扣税	税后课时费
教师G	教授	35	计算机维护技术	12	80	7	2	[illegible]= 15.40	5	1	5*1*0.6*1.2= 3.60	19.00	19.00	665.0		665.0
教师H	教授	35	网络实用技术	12	80	7	2	[illegible]= 15.40	5	1	5*1*0.6*1.2= 3.60	19.00				
教师H	教授	35	图形软件应用	13	40	7	4	7*4= 28.00	6	2	6*2*0.6= 7.20	35.20				
教师H	教授	35	VBA开发与应用	12	80	8	2	[illegible]= 17.60	5	1	5*1*0.6*1.2= 3.60	21.20	75.40	2639.0	367.8	2271.2
教师A	副教授	30	网络数据库	11	50	6	4	6*4= 24.00	4	2	4*2*0.6= 4.80	28.80	28.80	864.0	12.8	851.2
教师E	副教授	30	软件工程	11	50	6	2	6*2= 12.00	4	2	4*2*0.6= 4.80	16.80				
教师E	副教授	30	程序员基础	12	80	6	4	[illegible]= 26.40	5	1	5*1*0.6*1.2= 3.60	30.00				
教师E	副教授	30	汇编语言	12	80	8	4	[illegible]= 35.20	5	1	5*1*0.6*1.2= 3.60	38.80	85.60	2568.0	353.6	2214.4
教师C	讲师	25	Java语言	11	50	8	4	8*4= 32.00	6	2	6*2*0.6= 7.20	39.20				
教师C	讲师	25	Oracle数据库	11	50	6	4	6*4= 24.00	6	2	6*2*0.6= 7.20	31.20				
教师C	讲师	25	操作系统	11	50	6	4	6*4= 24.00	6	2	6*2*0.6= 7.20	31.20	101.60	2540.0	348.0	2192.0
教师D	讲师	25	嵌入式系统	13	40	7	4	7*4= 28.00	4	1	4*1*0.6= 2.40	30.40				
教师D	讲师	25	多媒体技术与应用	13	40	8	4	8*4= 32.00	4	1	4*1*0.6= 2.40	34.40	64.80	1620.0	164.0	1456.0
教师F	讲师	25	汇编语言	12	80	7	4	[illegible]= 30.80	5	1	5*1*0.6*1.2= 3.60	34.40				
教师F	讲师	25	数据通讯	12	80	8	4	[illegible]= 35.20	5	1	5*1*0.6*1.2= 3.60	38.80				
教师F	讲师	25	计算机科学导论	12	80	8	4	[illegible]= 35.20	5	1	5*1*0.6*1.2= 3.60	38.80	112.00	2800.0	400.0	2400.0
教师B	助教	20	信息管理技术	11	50	8	4	8*4= 32.00	4	2	4*2*0.6= 4.80	36.80				
教师B	助教	20	Linux操作系统	11	50	6	4	6*4= 24.00	4	2	4*2*0.6= 4.80	28.80				
教师B	助教	20	编译原理	11	50	6	4	6*4= 24.00	4	2	4*2*0.6= 4.80	28.80	94.40	1888.0	217.6	1670.4
合计														15584.0	1863.8	13720.2

图 15.3　打印输出的报表

单击自定义工具栏“重置格式”命令按钮，清除所有统计数据，重新设置边框线。以便继续增删课程和教师工作量信息。

下面我们来设计这款软件。

15.2 软件设计

软件的形式为含有 VBA 代码的 Excel 工作簿，所以要创建工作簿，设计工作表，然后再编写代码。

1. 工作表结构设计

创建一个 Excel 工作簿，保存为“教学工作量统计模板.xlsm”。在工作簿中保留两张工作表，分别命名为“说明”和“统计表”。其中，“说明”工作表内容相当于简单的使用说明书或帮助文档，格式可以灵活设置。

“统计表”工作表是整个系统的核心，格式如图 15.4 所示。

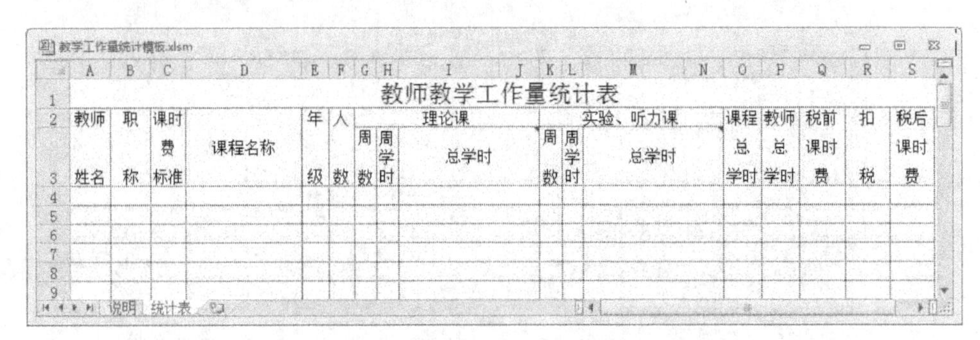

图 15.4 “统计表”工作表结构

设计要点如下：

(1) 进行页面设置。定义纸张大小为 A4，方向为“横向”。上下左右页边距分别为 1、1、0.9、0.9，水平居中。设置 1～3 行为打印的顶端标题行。通过自定义页脚，设置日期、页码以及有关人员的签字位置等信息。

(2) 设置 I、M 列字体颜色为“橙色”，J、N、O 列字体颜色为“粉红”，P～S 列字体颜色为“蓝色”，表格的其余列字体颜色为“绿色”。最后设置 1～3 行标题和表头的字体颜色为“黑色”。

(3) 设置 L、M 列为水平靠右对齐方式，J、N 列为水平靠左对齐，其余列水平居中。

(4) 设置 J、N、O 列的数值为 2 位小数，P～S 列的数值为 1 位小数，其余列数字作为文字处理。

(5) 所有单元格文本控制设置为“缩小字体填充”，背景颜色为“白色”。

(6) 设置所有单元格为“自动调整行高”。列宽度参照图 15.4 手动调整。

(7) 选中 A～S 列，设置虚线边框线。再选中 A1:S1 单元格区域，保留底部边框线，取消其余边框线。选中 J、N 列，取消左边框线。

(8) 合并 A1:S1 单元格区域，输入标题。

(9) 在“理论课总学时”、“实验、听力课总学时”单元格中插入批注，给出算法等说明信息。这样，当鼠标移到该单元格时，将显示批注内容，起到在线提示作用。

2. 工作簿代码

为了在工作簿打开时，创建一个临时自定义工具栏，在自定义工具栏上放置三个命令按钮，在切换工作表时，控制自定义工具栏的可见性，我们做以下两件事：

(1) 对工作簿的 Open 事件编写代码，建立临时自定义工具栏并使其可见，在工具栏上添加三个命令按钮，按钮标题分别为“课程学时”、“排序求和”和“重置格式”，指定要执行的过程分别为“calc”、“sort_sum”和“reset”，最后切换到“说明”工作表。代码如下：

```
Private Sub Workbook_Open()
  Set tbar = Application.CommandBars.Add(Temporary:=True)
  tbar.Visible = True
  Set butt1 = tbar.Controls.Add(Type:=msoControlButton)
  With butt1
    .Caption = "课程学时"
    .Style = msoButtonCaption
    .OnAction = "calc"
  End With
  Set butt2 = tbar.Controls.Add(Type:=msoControlButton)
  With butt2
    .Caption = "排序求和"
    .Style = msoButtonCaption
    .OnAction = "sort_sum"
  End With
  Set butt3 = tbar.Controls.Add(Type:=msoControlButton)
  With butt3
    .Caption = "重置格式"
    .Style = msoButtonCaption
    .OnAction = "reset"
  End With
  Worksheets("说明").Activate
End Sub
```

(2) 对工作簿的 SheetActivate 事件编写代码，激活需要的选项卡。当前工作表为“统计表”时，激活功能区的“加载项”选项卡，否则激活“开始”选项卡。代码如下：

```
Private Sub Workbook_SheetActivate(ByVal Sh As Object)
  If Sh.Name = "统计表" Then
    Application.SendKeys "%x{F6}"
  Else
    Application.SendKeys "%h{F6}"
  End If
End Sub
```

下面分别设计与自定义工具栏按钮“课程学时”、“排序求和”和“重置格式”对应的三个子程序 calc、sort_sum 和 reset。

3. “课程学时”按钮代码

“课程学时”按钮调用模块中的子程序 calc，用来填写当前工作表每一行的理论课、实验课、听力课计算公式并求值，计算每一行的课程总学时。

进入 VB 编辑环境，插入一个模块，在模块中建立子程序 calc，代码如下：

```
Sub calc()
  hs = Range("A4").End(xlDown).Row                    '求数据区的有效行数
  For r_no = 4 To hs
    '计算理论课学时
    vl_1 = Cells(r_no, 6)                              'F 列(人数)
    vl_2 = Cells(r_no, 7)                              'G 列(周数)
    vl_3 = Cells(r_no, 8)                              'H 列(周学时)
    If Val(vl_2) * Val(vl_3) = 0 Then                  '如果周数*周学时=0
      Cells(r_no, 9) = ""                              '表达式置为空，填入“I”列
      Cells(r_no, 10) = ""                             'J 列置空串
    Else
      bds = vl_2 & "*" & vl_3                          '形成基本表达式
      If Val(vl_1) >= 60 Then                          '如果学生数大于 60
        bds = bds & "*(1+0.3*(" & vl_1 & "-60)/60)" '修改表达式
      End If
      Cells(r_no, 9) = bds & "="                       '表达式填入“I”列
      Cells(r_no, 10) = "=" & bds                      '填写 J 列表达式值
    End If
    '计算实验课,听力课学时
    vl_2 = Cells(r_no, 11)                             'K 列(周数)
    vl_3 = Cells(r_no, 12)                             'L 列(周学时)
    If Val(vl_2) * Val(vl_3) = 0 Then                  '周数*周学时=0
      Cells(r_no, 13) = ""                             'M 列(实验课总学时表达式)置为空串
      Cells(r_no, 14) = ""                             '置 N 列为空串
    Else
      bds = vl_2 & "*" & vl_3 & "*" & "0.6" '形成表达式
      If Val(vl_1) >= 60 Then                          '如果学生数大于 60
        bds = bds & "*1.2"                             '修改表达式
      End If
      Cells(r_no, 13) = bds & "="                      '表达式填入 M 列
      Cells(r_no, 14) = "=" & bds                      '填写 N 列表达式值
    End If
    '计算课程总学时
    vl_1 = Cells(r_no, 10)                             'J 列(理论课总学时)
    vl_2 = Cells(r_no, 14)                             'N 列(实验课、听力课总学时)
    Cells(r_no, 15) = Val(vl_1) + Val(vl_2) '填写总课时
  Next
End Sub
```

这段代码首先求出数据区的有效行数 hs，然后用 For 循环语句对 4～hs 行数据进行如下处理：

根据人数、周数、周学时和理论课学时计算规则，组合成计算表达式填入第 9 列，并将表达式计算结果填入第 10 列。这里模拟了在 Excel 单元格填充计算公式的方法来求值。

根据实验、听力课的周数、周学时和计算规则，组合成计算表达式填入第 13 列。并将计算结果填入 14 列。

最后，将 10、14 列数据相加，求出课程总学时填写到 15 列。

4. “排序求和” 按钮代码

“排序求和” 按钮调用模块中的子程序 sort_sum，用来对当前工作表内容按“职称”和“姓名”排序，并求各位教师总学时、课时费以及合计信息。子程序代码如下：

```
Sub sort_sum()
  '求数据区的有效行数
  hs = Range("A4").End(xlDown).Row
  '如果最末一行的 A 列有“合计”字样，提示并退出
  If Cells(hs, 1) = "合计" Then
    MsgBox "已经“排序求和”!", vbExclamation, "提醒"
    Exit Sub
  End If
  '按职称、姓名排序
  zxl = Array("教授", "副教授", "讲师", "助教")
  Application.AddCustomList zxl              '添加自定义序列
  n = Application.GetCustomListNum(zxl)      '求出自定义序列编号
  Range("A4").Resize(hs - 3, 19).Sort _
  Key1:=Range("B4"), OrderCustom:=n + 1, _
  Key2:=Range("A4"), OrderCustom:=1          'B 列按自定义序列、A 列按常规排序
  Application.DeleteCustomList n             '删除自定义序列
  '求每位教师的总学时、课时费
  tc_0 = Cells(4, 1)                         '取教师名(原)
  hj = Cells(4, 15)                          '教师总学时初值
  For n = 5 To hs + 1
    tc_1 = Cells(n, 1)                       '取教师名(新)
    If tc_1 = tc_0 Then                      '教师未改变
      hj = hj + Cells(n, 15)                 '教师学时累加
      Cells(n - 1, 16) = ""                  '教师总学时
      Cells(n - 1, 17) = ""                  '税前课时费
      Cells(n - 1, 18) = ""                  '扣税额
      Cells(n - 1, 19) = ""                  '税后课时费
      Cells(n - 1, 16).Resize(1, 4).Borders(xlEdgeBottom). _
      LineStyle = xlNone                     '清单元格下边框
    Else
```

```
            Cells(n - 1, 16) = hj                    '填入教师总学时
            ksbz = Val(Cells(n - 1, 3))              '课时费标准
            ksf = hj * ksbz                          '税前课时费
            Cells(n - 1, 17) = ksf                   '填写"税前课时费"
            y = ksf - 800
            se = IIf(y > 0, y * 0.2, 0)              '超过800部分，按20%扣税
            Cells(n - 1, 18) = se                    '填写扣税额
            Cells(n - 1, 19) = ksf - se              '税后课时费
            tc_0 = tc_1                              '设置教师(原)
            hj = Cells(n, 15)                        '教师总学时初值
        End If
    Next
    '填写合计数据
    n = hs + 1                                               '"合计"行号
    Cells(n, 1) = "合计"
    fml = "=SUM(R[-" & n - 4 & "]C:R[-1]C)"                  '形成求和公式
    Range(Cells(n, 17), Cells(n, 19)).FormulaR1C1 = fml      '填写求和公式
    ActiveSheet.HPageBreaks.Add Rows(n + 1)                  '在n+1行之前插入分页符
End Sub
```

在这个子程序中，首先求出数据区的有效行数hs，据此判断最末一行的A列是否有“合计”字样，若有，说明该表已经进行了“排序求和”，则退出子程序。否则进行以下操作：

(1) 按“职称”和“姓名”排序。其中，按“职称”排序，Excel默认的顺序为“副教授”、“讲师”、“教授”、“助教”。为了能按职称由高到低排序，要先添加一个自定义序列，然后按这个自定义序列排序。为了不影响系统原有状态，排序之后需要删除自定义序列。这些操作所对应的代码可以通过宏录制获得。

(2) 求每位教师的总学时、课时费。方法是从5行到“hs + 1”行循环，若教师名未改变，则教师学时累加，清教师总学时、税前课时费、扣税额、税后课时费，清单元格下边框；否则，填入教师总学时，计算并填写税前课时费、扣税额、税后课时费。

(3) 填写合计数据。在现有数据之后添加一个“合计”行，在该行的17～19列填写求和公式，分别求出教师课时费、扣税、税后课时费的合计数据。在“合计”行之后插入一个分页符。

5．“重置格式”按钮代码

“重置格式”按钮调用模块中的子程序reset，清除统计数据、重置格式，以便对基础数据进行增、删、改操作。

子程序reset代码如下：

```
Sub reset()
    hs = Range("A1048576").End(xlUp).Row                       '求数据区的有效行数
    If Cells(hs, 1) = "合计" Then
        Rows(hs & ":" & (hs + 1)).Delete Shift:=xlUp            '删除合计行、分页符
        Cells(4, 9).Resize(hs - 4, 2).ClearContents             '清除统计数据
```

```
    Cells(4, 13).Resize(hs - 4, 7).ClearContents
    Cells(4, 16).Resize(hs - 4, 4).Borders.Weight = xlHairline '设置P至S列边框
  End If
End Sub
```

该子程序首先求出数据区的有效行数 hs，如果最末一行 A 列单元格的内容为“合计”，则删除合计行和分页符，清除统计数据，重新设置 P～S 列边框线。

上机实验题目

1. 给出如图 15.5 所示的 Excel 工作表，在表格内容已按“教师姓名”排序的前提下，请编写一个子程序，用来取消表格中同名教师“教师总学时”、“课时费”、“备注”三列的边框中间横线，得到如图 15.6 所示的结果。再编写另一个子程序，用来设置表格的全部边框线，恢复到图 15.5 的状态。

教师教学工作量统计表

教师姓名	课程名称	课程总学时	教师总学时	课时费	备注
教师A	网络数据库				
教师B	信息管理技术				
教师B	Java语言				
教师B	应用软件开发				
教师E	软件工程				
教师E	程序员基础				
教师F	汇编语言				
教师G	计算机维护技术				
教师H	网络实用技术				
教师H	图形软件应用				
教师I	模拟与数字电路				
教师K	C语言				
教师K	离散数学				
教师K	计算机共同课				
教师M	计算机共同课				
教师M	计算机共同课				

图 15.5　工作表结构与内容

教师教学工作量统计表

教师姓名	课程名称	课程总学时	教师总学时	课时费	备注
教师A	网络数据库				
教师B	信息管理技术				
教师B	Java语言				
教师B	应用软件开发				
教师E	软件工程				
教师E	程序员基础				
教师F	汇编语言				
教师G	计算机维护技术				
教师H	网络实用技术				
教师H	图形软件应用				
教师I	模拟与数字电路				
教师K	C语言				
教师K	离散数学				
教师K	计算机共同课				
教师M	计算机共同课				
教师M	计算机共同课				

图 15.6　取消部分中间横线的情形

2. 在 Excel 工作簿中有如图 15.7、图 15.8 所示的“课时费标准”和“课时费”两张工作表。编程实现以下功能：当“课时费”工作表中教师的“职称”、“教学时数”数据改变时，自动根据教师的职称、课时费标准、教学时数，计算并填写课时费。

职称	课时费标准
教授	30
副教授	25
讲师	22
助教	20

图 15.7　“课时费标准”工作表

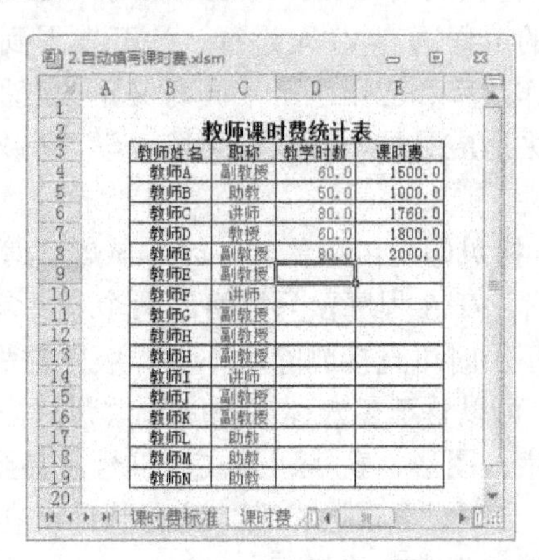

教师课时费统计表

教师姓名	职称	教学时数	课时费
教师A	副教授	60.0	1500.0
教师B	助教	50.0	1000.0
教师C	讲师	80.0	1760.0
教师D	教授	60.0	1800.0
教师E	副教授	80.0	2000.0
教师E	副教授		
教师F	讲师		
教师G	副教授		
教师H	副教授		
教师H	副教授		
教师I	讲师		
教师J	副教授		
教师K	副教授		
教师L	助教		
教师M	助教		
教师N	助教		

图 15.8　“课时费”工作表

第 16 章　通用图文试题库系统

本章的任务是开发一个基于 Office 2010 的通用图文试题库管理软件。要求具有图、文、表混排，随机抽题，自动组卷，编辑打印，题库维护，数据统计等功能，要适用于各级各类学校及教育管理部门，以提高教育测量水平和工作效率。

16.1 任务需求

计算机试题库系统，是将编好的试题、答案、编码事先存入计算机的外部存储器，使用时，通过软件控制，按照一定的方式和规则，将试题抽取、组合，形成试卷，打印输出。

使用计算机试题库系统可以大大提高工作效率，不论是抽题、组卷，还是提取答案、打印试卷，都非常迅速。同时，用计算机随机抽取试题，可以排除人为因素和误差，使试题的范围、难度、题型标准一致，试卷规范，保证教育测量的客观、公正。

计算机试题库系统主要由两部分组成：一是试题库本身(试题、答案、编码)，二是试题库管理软件。试题库是系统的基础、原材料，软件是系统的调度者、加工者。

在计算机应用迅速普及的今天，试题库管理软件并不少见。但要想找到一款适合大众、通用性强、简单方便的软件却不容易。事实上目前仍有很多人在用传统的手工方式出题、组卷、抄写，这不能不说是一种遗憾。

针对这种情况，我们要开发一套独具特色的试题库管理软件。它面向大众，所有操作都在 Office 环境中进行，符合人们习惯。可实现图、文、表混排，要有通用性。

本软件要具有以下特点：

(1) 直接利用 Office 平台。由于 Office 是人们最为熟悉、用户最为广泛的软件平台，用其内嵌的编程语言 VBA 进行二次开发得到的应用软件，既可以使大量繁琐、重复操作自动化，提高工作效率和应用水平，同时又不改变原有的界面风格、系统功能和操作方式。人们不必花时间去适应另外一种软件环境，学习另外一种操作方式，大大降低使用门槛，提高了软件的可用性。

(2) 拷贝即用，绿色软件。本试题库管理系统包含一个 Word 文档和一个 Excel 工作簿文件(均带有 VBA 程序)，只要将这两个文件复制到任何装有 Office 2010 的计算机中就可以直接使用，不用时可直接删除。不像一般软件那样包含大量系统文件，要进行安装和卸载。

(3) 可以管理多媒体试题库。试题、答案、试卷、参数全部在 Word 文档中，可以方便地处理文字、图形、表格、公式、符号，甚至声音、视频等信息，管理多媒体试题库。

(4) 合理设置试题参数，动态制订组卷策略，使题库和试卷科学、合理。

软件的基本功能包括：

(1) 题库维护。作为一个通用试题库管理系统，可以管理各种试题库。每一门课程的试题库为一个 Word 文档，其中包括若干道试题以及其答案。对每一道试题的参数、题干和答案，可直接在 Word 环境中进行增、删、改等操作。可随时检测是否有重复题。为醒目起见，系统可自动将试题和答案的参数涂上不同颜色。可对试题和答案的参数进行有效性检验。

(2) 信息统计。统计整个题库中各考点、各题型、各难度的试题数量、分数，总题量，总分数。指定组卷时各考点、各题型、各难度的试题的抽取数量后，系统可统计出抽取的总题数，总分数。

(3) 生成试卷。按照设定的组卷策略，即各考点、各题型、各难度的抽题数量，进行随机抽题，组成试卷文档和答案文档。

(4) 试卷加工。可以用 Word 本身的功能对试卷进行编辑、排版、打印等操作。

16.2 使用方式

使用这个题库软件，计算机系统中要装有 Word 2010 和 Excel2010。要允许使用“宏”，也就是要分别在 Word 和 Excel 中，设置安全级为“低”。

试题库管理系统包含“题库文档”和“主控文件”两个文件。题库文档用于保存某一门课程的全部试题、答案和参数。主控文件中包含该门课程的“试题分布表”、“试题抽取记录”和“系统使用说明”三个工作表。

每一门课程的题库系统都应包含上述两个文件。

1. 题库维护

打开“题库文档”，出现如图 16.1 所示的窗口界面。在文档最前面设置题库的标题，在表格中输入题型和内容说明信息。

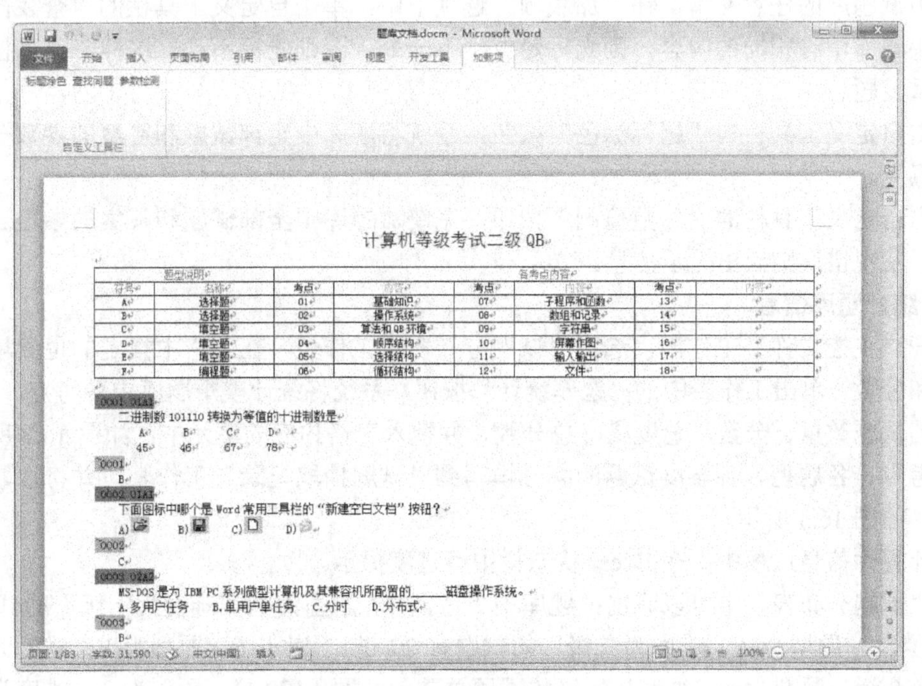

图 16.1 “题库文档”窗口界面

标题下面的说明信息是为了让使用者对整个题库的各种题型、各考点内容有一个总体的了解，以便在建立和修改试题时设置合适的参数。这一部分内容可多可少，形式不限。

接下来依次输入每一道试题和答案。通常答案紧靠试题之后。

每一道试题的格式如下：

`#### ZXN

---试题内容，长度不限，图、文、表等形式任意---

其中：

` 为试题开始标记(键盘上打字区左上角的字符)。

为 4 位编号(从 0001 开始，试题数量不超过 9999)。

Z 为“考点”(01～18，共 18 个考点)。

X 为“题型”码(A、B、C、D、E、F，共 6 种题型)。

N 为“难度”等级码(1、2、3，共 3 级难度)。

答案格式：

~####

---答案内容，长度不限，图、文、表等形式任意---

其中：

~ 为答案开始标记(键盘上打字区左上角的上挡字符)。

为答案的 4 位编号(与试题编号对应)。

试题和答案直接在 Word 中进行增添、删除、修改、格式控制、排版等操作。生成试卷时，格式与试题库中设置的完全相同。

在试题库的末尾用文本“`#### ####”作为结束标记。

选中试题库的任意文本，在“加载项”选项卡中，单击自定义工具栏的“查找同题”按钮，如果题库中有相同的内容，则光标定位到下一处，否则光标不动。这样，可以检测试题库中的重复题。

单击自定义工具栏的“题标涂色”按钮，系统将题库中全部试题和答案的参数分别涂上不同的颜色。

单击自定义工具栏的“参数检测”按钮，系统对题库中全部试题和答案的参数进行有效性检测，发现错误则给出提示信息。

2．统计题库信息

打开“主控文件”工作簿，选择“试题分布表”工作表，在表格中指定的位置填写各题型名称和分数，单击工作表中的“题库统计”按钮，系统将统计整个题库中各考点、各题型、各难度的试题数量、分数，总题量，总分数，并填入表格相应的单元中，如图 16.2 所示。同时将各考点、各题型、各难度试题的编号填写到“试题抽取记录”工作表，并将抽取次数全部清零，如图 16.3 所示。

统计题库信息过程中，在 Excel 状态栏中有进度提示。

从“试题分布表”中可以看出：题库中“考点 1、题型为 A、难度为一级”的试题有 63 道，“考点 1、题型为 A、难度为二级”的试题有 29 道，“考点 6、题型为 F、难度为二级”的试题有 3 道。题型为 A、难度为一级的试题总共 198 题，198 分，题型为 A、难度为二级的试题共 185 题，185 分，题型为 F、难度为二级的试题共 4 题，32 分。考点 1～考点 12 的题数分别为 122、139、16、121、40、112、41、36、72、10、4、5，分数分别为 145、169、16、147、80、234、72、62、121、19、6、11。总题数为 718，总分数为 1082。

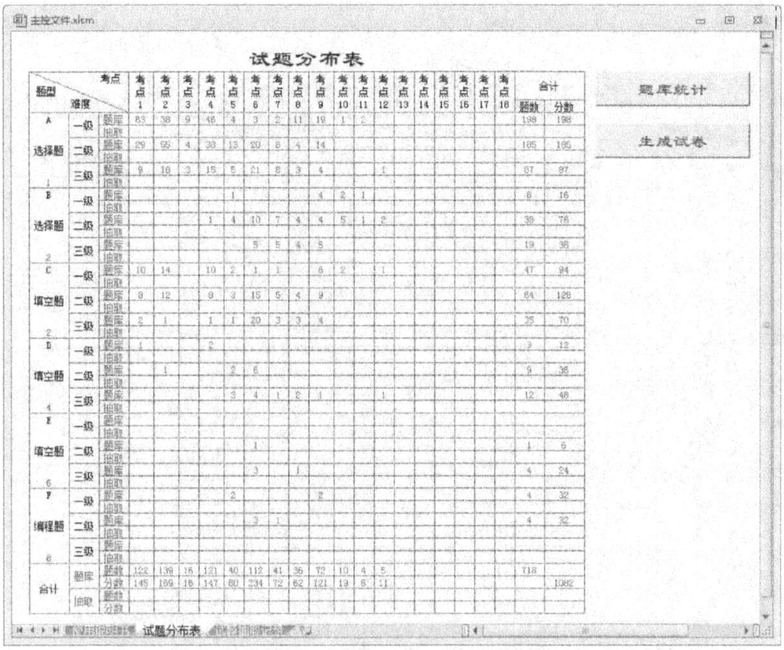

主控文件.xlsm

试题分布表

题型	难度		考点1	考点2	考点3	考点4	考点5	考点6	考点7	考点8	考点9	考点10	考点11	考点12	考点13	考点14	考点15	考点16	考点17	考点18	合计 题数	合计 分数
A 选择题 1	一级	题库	63	38	9	46	4	3	2	11	19	1	2								198	198
		抽取																				
	二级	题库	29	55	4	38	13	20	8	4	14										185	185
		抽取																				
	三级	题库	9	18	3	15	5	21	8	3	4			1							87	87
		抽取																				
B 选择题 2	一级	题库					1				4	2	1								8	16
		抽取																				
	二级	题库				1	4	10	7	4	4	5	1	2							38	76
		抽取																				
	三级	题库						5	5	4	5										19	38
		抽取																				
C 填空题 2	一级	题库	10	14		10	2	1	1		6	2		1							47	94
		抽取																				
	二级	题库	8	12		8	3	15	5	4	9										64	128
		抽取																				
	三级	题库	2	1		1	1	20	3	3	4										35	70
		抽取																				
D 填空题 4	一级	题库	1			2															3	12
		抽取																				
	二级	题库		1			2	6													9	36
		抽取																				
	三级	题库					3	4	1	2	1			1							12	48
		抽取																				
E 填空题 6	一级	题库																				
		抽取																				
	二级	题库						1													1	6
		抽取																				
	三级	题库						3		1											4	24
		抽取																				
F 编程题 8	一级	题库					2				2										4	32
		抽取																				
	二级	题库						3	1												4	32
		抽取																				
	三级	题库																				
		抽取																				
合计	题库	题数	122	139	16	121	40	112	41	36	72	10	4	5							718	
		分数	145	169	16	147	80	234	72	62	121	19	6	11								1082
	抽取	题数																				
		分数																				

题库统计

生成试卷

试题分布表

图 16.2 “主控文件”工作簿“试题分布表”工作表界面

主控文件.xlsm

试题抽取记录

考点号	题型	难度	试题编号	抽取次数	随机序号
1	A	1	0001	0	0
1	A	1	0002	0	0
2	A	2	0003	0	0
2	A	2	0004	0	0
2	A	1	0005	0	0
1	A	1	0006	0	0
2	A	1	0007	0	0
1	A	1	0008	0	0
1	A	1	0009	0	0
3	A	1	0010	0	0
4	A	1	0011	0	0
4	A	2	0012	0	0
4	A	3	0013	0	0
4	A	1	0014	0	0
6	A	2	0015	0	0
6	A	3	0016	0	0
7	A	2	0017	0	0
4	A	1	0018	0	0
8	A	1	0019	0	0
8	A	2	0020	0	0
9	A	2	0021	0	0
9	A	2	0022	0	0

试题抽取记录

图 16.3 “主控文件”工作簿“试题抽取记录”工作表界面

3. 设置和统计组卷信息

在得到试题分布信息后，可以在试题分布表相应的单元格中设置组卷时各考点、各题型、各难度抽取试题的数量，系统立即统计出欲抽取的各考点、各题型、各难度的试题数量、分数，总题量，总分数，并填入表格相应的单元中。如图 16.4 所示。

从“试题分布表”中可以看出：要在题库中抽取 2 道“考点 1、题型为 A、难度为一级”的试题，抽取 1 道“考点 2、题型为 A、难度为二级”的试题，抽取 1 道“考点 3、题型为 A、难度为三级”的试题，抽取 1 道“考点 5、题型为 F、难度为一级”的试题，抽取 1 道“考点 6、题型为 F、难度为二级”的试题。题型为 A、难度为一级的试题总共抽取 2 题，共 2 分，题型为 A、难度为二级的试题总共抽取 1 题，共 1 分，题型为 F、难度为二级的试题总共抽取 1 题，共 8 分。考点 1、2、3、5、6 抽取的题数分别为 2、1、1、1、1，分数分别为 2、1、1、8、8。抽取的总题数为 6，总分数为 20。

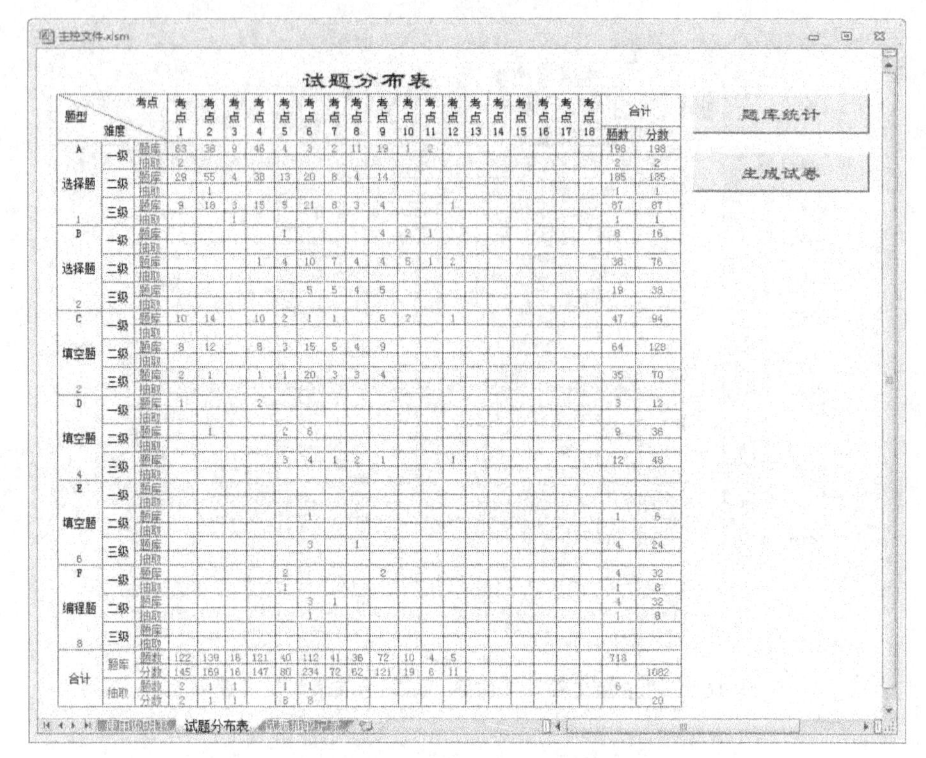

图 16.4　设置并统计组卷信息的试题分布表

4．生成试卷

在“试题分布表”工作表上单击“生成试卷”按钮，系统将按照指定的各考点、各题型、各难度的抽题数量，抽取试题和对应的答案，分别放到“试卷”和“答案”文档中。文件名以系统当前日期、时间为后缀，以便区分不同时刻生成的试卷和答案文档。“试卷”和“答案”文档如图 16.5 和图 16.6 所示。

生成试卷过程中，在 Excel 状态栏中有进度提示。

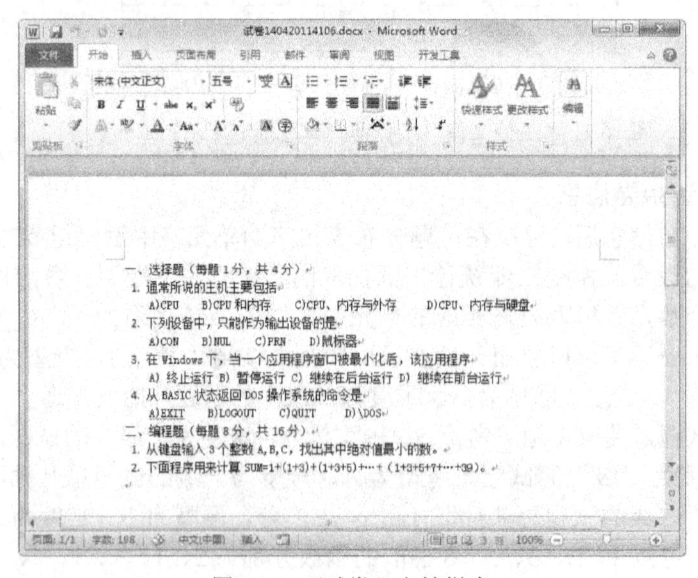

图 16.5　“试卷”文档样本

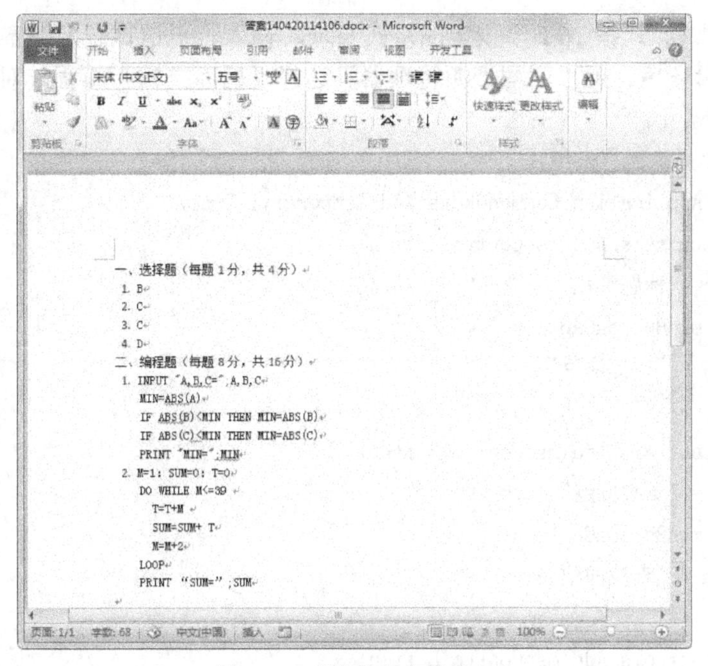

一、选择题（每题1分，共4分）

1. B
2. C
3. C
4. D

二、编程题（每题8分，共16分）

```
1. INPUT "A,B,C=",A,B,C
   MIN=ABS(A)
   IF ABS(B)<MIN THEN MIN=ABS(B)
   IF ABS(C)<MIN THEN MIN=ABS(C)
   PRINT "MIN=";MIN
2. M=1: SUM=0: T=0
   DO WHILE M<=39
     T=T+M
     SUM=SUM+ T
     M=M+2
   LOOP
   PRINT "SUM=";SUM
```

图 16.6 “答案”文档样本

题库中每道题的抽取次数被自动记录到“试题抽取记录”工作表中，如图 16.7 所示。组卷时按“抽取次数最小优先、相同者随机”的原则抽取试题。也就是，在满足考点、题型、难度条件的若干道题中，抽取次数最小优先，若抽取次数相同，则按随机序号抽题。

主控文件.xlsm

试题抽取记录

考点号	题型	难度	试题编号	抽取次数	随机序号
6	F	2	0525	1	3720
5	F	1	0527	1	2400
3	A	3	0541	1	1726
1	A	1	0569	1	755
1	A	1	0347	1	707
2	A	2	0407	1	28
4	A	2	0466	0	9991
1	C	1	0379	0	9980
6	C	2	0485	0	9980
9	C	1	0338	0	9970

图 16.7 第一次生成试卷后的“试题抽取记录”工作表

5．试卷加工

打开试卷或答案文档，用 Word 本身功能进行编辑、排版、格式控制，插入标题、页眉、页脚，打印输出等操作。

16.3 “题库文档”设计

前面提到过，整个题库系统包括一个 Word“题库文档”和一个 Excel“主控文件”。本节研究“题库文档”的设计方法。

建立一个 Word 文档，保存为“题库文档.docm”。根据需要设置纸张大小、页边距、字体、字号等。

打开“题库文档”，按 16.2 节规定的格式要求，输入若干道试题及答案。

进入 VB 编辑环境，用“工程资源管理器”选择“题库文档”工程，对当前文档的 Open 事件编写如下代码：

```
Private Sub Document_Open()
  Set tbar = Application.CommandBars.Add(Temporary:=True)
  With tbar.Controls.Add(msoControlButton)
    .Caption = "标题涂色"
    .Style = msoButtonCaption
    .OnAction = "题标涂色"
  End With
  With tbar.Controls.Add(msoControlButton)
    .Caption = "查找同题"
    .Style = msoButtonCaption
    .OnAction = "查找同题"
  End With
  With tbar.Controls.Add(msoControlButton)
    .Caption = "参数检测"
    .Style = msoButtonCaption
    .OnAction = "参数检测"
  End With
  tbar.Visible = True
End Sub
```

文档打开时，执行这段代码，创建一个临时自定义工具栏并使其可见，上面放“标题涂色”、“查找同题”和“参数检测”三个按钮，分别执行相应的子程序。

然后，插入“模块 1”，在“模块 1”中建立以下四个子程序。

1.“题标涂色”子程序

这个子程序用来给试题库中所有试题和答案的题标(也就是编号和参数部分)涂上颜色，这样使每道题、答案看起来醒目，界限分明。

其中，试题题标涂粉红色，答案题标青绿色。子程序“题标涂色”代码如下：

```
Sub 题标涂色()
  Call ts("`", wdPink)
  Call ts("~", wdTurquoise)
End Sub
```

由于对试题和答案题标的涂色方法相同，只是试题和答案的起始标志不同(分别是“`”和“~”)，填涂的颜色不同，所以可以用带有两个参数的子程序进行涂色操作。

2. ts 子程序

这个子程序进行涂色操作。参数 mark 和 x_color 分别表示起始标志和要填涂的颜色。程序从文件开头向下查找起始标志，如果找到的话，则选中当前行，填涂指定的颜色。再继续查找下一个起始标志，进行同样的处理，直至文件结尾。代码如下：

```
Sub ts(mark, x_color)
```

```
  Selection.HomeKey Unit:=wdStory                         '到文件头
  Selection.Find.Text = mark                              '指定要查找的字符
  fd = Selection.Find.Execute                             '进行查找
  Do While fd
    Selection.EndKey Unit:=wdLine, Extend:=wdExtend       '选中当前行
    Selection.Range.HighlightColorIndex = x_color         '涂色
    Selection.MoveRight Unit:=wdCharacter, Count:=1       '右移一个字符
    fd = Selection.Find.Execute                           '继续查找
Loop
  Selection.HomeKey Unit:=wdStory                         '光标定位到文件头
End Sub
```

3."查找同题"子程序

定义这个子程序的目的是为了检查题库中是否有重复出现的试题。在题库中选定任意一段文本，利用系统的环绕查找功能进行查找，如果找到相同的内容，光标将定位到相应的位置，如果没有重复内容，光标原地不动。子程序代码如下：

```
Sub 查找同题()
  tt = Selection.Text                   '选择的文本
  With Selection.Find
    .Text = tt                          '作为要查找的内容
    .Wrap = wdFindContinue              '环绕
    .Execute                            '执行查找
  End With
End Sub
```

4."参数检测"子程序

为了检测题库文档中试题和答案参数的有效性，我们编写一个"参数检测"子程序，具体代码如下：

```
Sub 参数检测()
  Dim tbh() As String                   '存放每道题的编号
  '检测试题编号和参数
  Selection.HomeKey Unit:=wdStory       '光标到文件头
  Selection.Find.Text = "`"             '查找"题标"
  fnd = Selection.Find.Execute          '执行查找
  k = 0                                 '题数计数器
  Do While fnd                          '如果找到，循环
    Selection.MoveRight Unit:=wdWord, Count:=1, Extend:=wdExtend '选中编号
    tt = Selection.Text                 '取出题编号
    If Len(tt) <> 6 Then MsgBox ("编号格式错！"): Exit Sub
    k = k + 1                           '题数计数
    ReDim Preserve tbh(k)               '重新定义数组，保留原有数据
    tbh(k) = Mid(tt, 2, 4)              '保存题编号
```

```
    Selection.MoveRight Unit:=wdCharacter, Count:=1             '右移光标
    Selection.MoveRight Unit:=wdWord, Count:=1, Extend:=wdExtend '选中参数
    tt = Selection.Text
    If Len(tt) <> 4 Then MsgBox ("参数格式错！"): Exit Sub
    If tt = "####" Then Exit Do          '遇到结束标记，结束循环
    zh = Val(Left(tt, 2))                '考点
    If Not (zh >= 1 And zh <= 18) Then MsgBox ("考点错！"): Exit Sub
    tx = Mid(tt, 3, 1)                   '题型
    If tx Like "[!A-F]" Then MsgBox ("题型错！"): Exit Sub
    nd = Val(Right(tt, 1))               '难度
    If Not (nd >= 1 And nd <= 3) Then MsgBox ("难度错！"): Exit Sub
    Selection.MoveRight Unit:=wdCharacter, Count:=1 '右移一个字符
    fnd = Selection.Find.Execute         '继续查找
  Loop
  k = k - 1                              '总题数(去掉结束标记题编号)
  '检测答案编号与试题的一致性
  Selection.HomeKey Unit:=wdStory        '光标到文件头
  Selection.Find.Text = "~"              '查找"题标"
  fnd = Selection.Find.Execute           '执行查找
  Do While fnd                           '如果找到，循环
    Selection.MoveRight Unit:=wdWord, Count:=1, Extend:=wdExtend '选中编号
    tt = Selection.Text                  '取出答案参数
    If Len(tt) <> 5 Then MsgBox ("编号格式错！"): Exit Sub
    dbh = Mid(tt, 2, 4)                  '取出答案编号
    For p = 1 To k                       '如果有对应的试题编号,则退出循环
      If tbh(p) = dbh Then tbh(p) = "": Exit For
    Next
    If p > k Then MsgBox ("无对应的试题编号！"): Exit Sub
    Selection.MoveRight Unit:=wdCharacter, Count:=1 '右移一个字符
    fnd = Selection.Find.Execute                    '继续查找
  Loop
  For p = 1 To k
    If tbh(p) <> "" Then
      MsgBox ("试题编号" & tbh(p) & "无对应的答案！")
      Exit Sub
    End If
  Next
  Selection.HomeKey Unit:=wdStory        '光标到文件头
  MsgBox ("参数完全正确！")
End Sub
```

这个子程序包括两部分：第一部分检测试题编号和参数的有效性，第二部分检测答案编号与试题编号的一致性。

程序中声明了一个动态数组 tbh，用来存放每道题的编号。

在检测试题编号和参数有效性过程中，对当前文档从头到尾进行扫描，判断每一道试题的编号格式、参数格式、考点、题型、难度是否正确。如果存在错误，则进行相应的提示并退出子程序。否则将试题编号保存到动态数组 tbh 中，并记录试题总数到变量 k 中。

在检测答案编号与试题编号的一致性时，也是对当前文档从头到尾进行扫描，判断每一答案编号格式是否正确。如果不正确，则进行提示并退出子程序，否则进行以下操作：

(1) 在数组 tbh 中查找是否存在与该答案编号相同的试题编号。如果存在，则清除数组中该试题编号，否则报告“无对应的试题编号！”。

(2) 检查数组 tbh 中是否存在未被清除的试题编号。如果存在，说明没有与该试题编号对应的答案编号，则给出提示信息。

16.4 “主控文件”设计

设计“主控文件”工作簿的主要目的是为了统计和显示题库信息、设置和统计组卷信息、记录题库中每一道题的抽取次数，以便根据这些信息从试题库中抽取试题，组成试卷。同时，系统的使用说明也放在这个工作簿中。

因此，在“主控文件”工作簿中，我们设计“试题分布表”、“试题抽取记录”和“使用说明书”三个工作表，并在工作簿中编写代码，实现“题库统计”、“组卷信息统计”和“生成试卷”等功能。

1.“试题分布表”工作表设计

在“主控文件”工作簿建立一个如图 16.8 所示的“试题分布表”工作表。

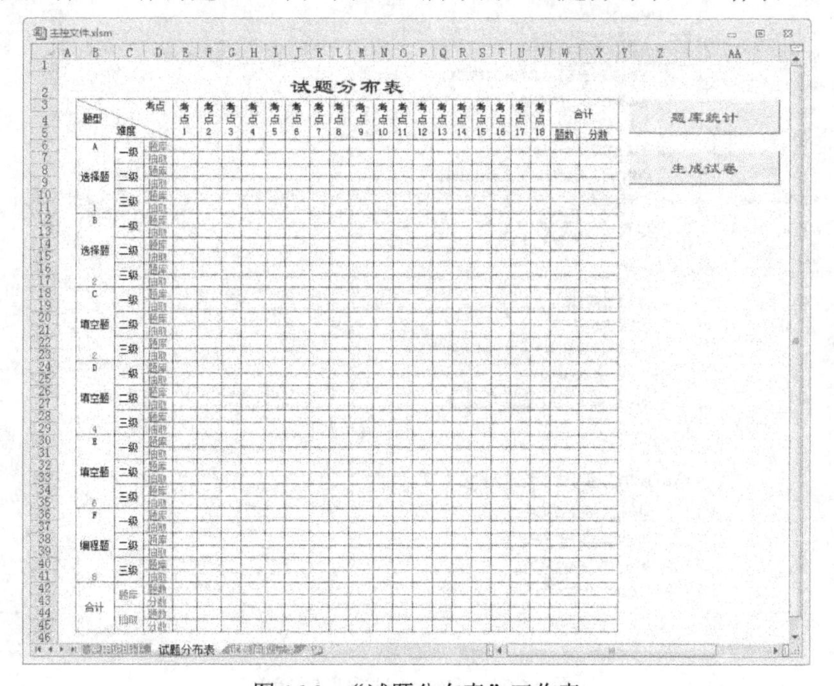

图 16.8 “试题分布表”工作表

该工作表用来设置各题型的名称和分数，显示题库中各个考点、各种题型、各级难度的试题数量，显示各种题型、各级难度的总题数和总分数，显示各考点的总题数和总分数。设置组卷时各考点、各题型、各难度抽取的试题数量，显示要抽取的各种题型、各级难度的总题数和总分数，显示要抽取的各考点总题数和总分数。

选中整个工作表，设置其背景颜色为“白色”。

表格标题设置为“隶书”、20 号字，表格内部文字设置为“宋体”、9 号字，表格边框设置为“虚线”。

在 W6 单元格输入公式“=SUM(E6:V6)”，并向下填充到 W44，然后删除 W43 单元格的公式。

在 X6 单元格输入公式“=W6*B$11”并向下填充到 X11。在 X12 单元格输入公式“=W12*B$17”并向下填充到 X17。在 X18 单元格输入公式“=W18*B$23”并向下填充到 X23。在 X24 单元格输入公式“=W24*B$29”并向下填充到 X29。在 X30 单元格输入公式“=W30*B$35”并向下填充到 X35。在 X36 单元格输入公式“=W36*B$41”并向下填充到 X41。

在 X43 单元格输入公式“=SUM(E43:V43)”，在 X45 单元格输入公式“=SUM(E45:V45)”。

设置表格中“题库”行的文字颜色为“粉红”，“抽取”行的文字颜色为“绿色”。

对 B 列的 7～10、13～16、19～22、25～28、31～34、37～40、42～45 行进行合并后居中控制。

在工作表上放置“题库统计”和“生成试卷”两个按钮(窗体控件)。

在 Excel 功能区中选择“文件”选项卡，然后选择“选项”命令。在如图 16.9 所示的“Excel 选项”对话框中单击“高级”类别，在“此工作表的显示选项”下，取消“显示行和列标题”复选项，隐藏当前工作表的行号和列标。

图 16.9　“Excel 选项”对话框

为了防止工作表的结构、界面被破坏，可以对工作表进行保护，但又要允许其中的一些区域内容可变。

因此，我们首先在“审阅”选项卡的“更改”组中，单击“允许用户编辑区域”命令，建立区域“E6:V45”和“B7:B11,B13:B17,B19:B23,B25:B29,B31:B35,B37:B41”为允许用户编辑区域。然后，在“审阅”选项卡的“更改”组中，单击“保护工作表”命令，对工作表进行保护，这里可以不设密码。

2．“试题抽取记录”和“使用说明书”工作表设计

在“主控文件”工作簿建立一个如图 16.10 所示的“试题抽取记录”工作表。

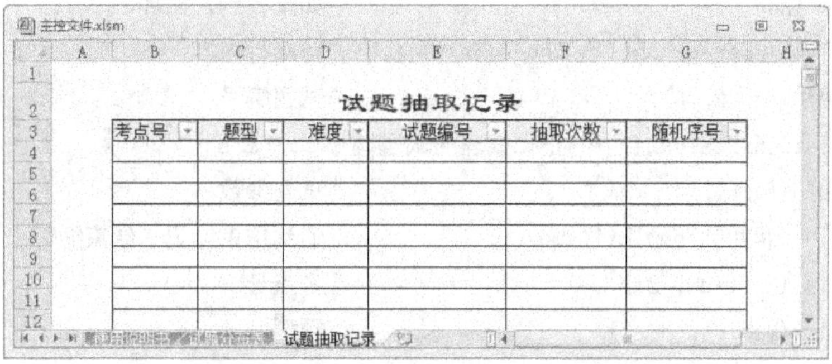

图 16.10　“试题抽取记录”工作表

该工作表用来保存题库中每一道题的“考点号”、“题型”、“难度”、“试题编号”、“抽取次数”和“随机序号”，以便在生成试卷时进行抽题控制。

选中整个工作表，设置其背景颜色为“白色”。

设置表格的标题、表头、边框后，选中表头区域“B3:G3”。在“开始”选项卡的“编辑”组中，单击“排序和筛选”下拉箭头，选中“筛选”项，启用 Excel 的筛选功能。

在“主控文件”工作表中，我们还设计一个“使用说明书”工作表，以便用户随时查阅。它相当于一个 Readme 文件，但放到工作簿中，减少了文件数量，使系统更加简洁，查阅也比较方便。该工作表的格式可随意设置，内容应简明扼要。为防止工作表的结构和内容被破坏，可对工作表进行保护。

3．题库信息统计

为了统计并显示出题库中各个考点、各种题型、各级难度的试题数量，各种题型、各级难度的总题数和总分数，各考点的总题数和总分数，我们在“主控文件”工程中插入一个模块，在模块中首先用下列语句声明全局变量：

```
Public wd As Word.Application    'Word 对象变量
Public th                        '试卷、答案同题型中的题号
Public Doc_sj As Object          '用来保存"试卷"文档对象
Public Doc_da As Object          '用来保存"答案"文档对象
```

然后在模块中建立“题库统计”子程序，该子程序通过“试题分布表”工作表上的“题库统计”按钮执行。代码如下：

```
Sub 题库统计()
  Application.StatusBar = "正在准备统计..."     '操作提示
  Range("E6:V45").ClearContents                 '清除当前工作表原有数据
```

```
    Sheets("试题抽取记录").Range("B4:G1048576").ClearContents '清"抽取记录"数据
    Set wd = CreateObject("Word.Application")       '建立 Word 应用程序对象
    wd.Documents.Open ThisWorkbook.Path & "\题库文档.docm"    '打开题库文档
    wd.Selection.HomeKey wdStory                     '光标到文件头
    hh = 4                                           '设置"抽取记录"目标起始行
    With wd.Selection
      .Find.Text = "`"                               '查找"题标"
      fnd = .Find.Execute                            '执行查找
      Do While fnd                                   '如果找到，循环
        fg = Trim(.Paragraphs(1).Range.Text)         '题标行内容
        bh = Mid(fg, 2, 4)                           '试题编号
        Application.StatusBar = "正在处理的试题编号..." & bh
        cs = Mid(fg, 7, 4)                           '试题参数
        If cs = "####" Then Exit Do                  '遇到结束标记，结束循环
        zh = Val(Left(cs, 2))                        '考点号
        tx = Asc(Mid(cs, 3, 1)) - 64                 '题型
        nd = Val(Right(cs, 1))                       '难度
        r = tx * 6 + (nd - 1) * 2                    '单元格行号
        c = zh + 4                                   '单元格列号
        Cells(r, c) = Cells(r, c) + 1                '累加题数
        Cells(42, zh + 4) = Cells(42, zh + 4) + 1 '题数合计
        Cells(43, zh + 4) = Cells(43, zh + 4) + Cells(tx * 6 + 5, 2) '分数合计
        With Sheets("试题抽取记录")
          .Cells(hh, 2) = zh                         '考点号
          .Cells(hh, 3) = Chr(tx + 64)               '题型
          .Cells(hh, 4) = nd                         '难度
          .Cells(hh, 5) = bh                         '试题编号
          .Cells(hh, 6) = 0                          '抽取次数
          .Cells(hh, 7) = 0                          '随机序号
        End With
        hh = hh + 1                                  '调整"抽取记录"工作表目标行
        fnd = .Find.Execute                          '继续查找
      Loop
    End With
    wd.Application.Quit                              '关闭题库文档
    Application.StatusBar = False                    '恢复系统状态栏
  End Sub
```

这个子程序首先在 Excel 状态栏中显示当前操作信息，清除当前工作表 E6:V45 区域的原有数据，清除“抽取记录”工作表 B4:G1048576 区域原有数据。

然后建立 Word 应用程序对象，用全局对象变量 wd 表示，打开“题库文档.docm”。

接下来用循环语句对题库文档从头到尾查找每一道题的题标“`”，取出试题编号、试题参数，进一步从试题参数中取出考点、题型(符号转换为数值)、难度，根据考点、题型、难度计算出单元格的行号、列号，直接在单元格中累加题数，同时累加42、43行的题数合计、分数合计，并且在“试题抽取记录”工作表中填写考点、题型、难度、试题编号、抽取次数、随机序号。在此过程中，通过状态栏显示当前正在处理的试题编号。循环直至遇到结束标记“####”为止。

最后，关闭题库文档，恢复状态栏。

4．组卷信息统计

在“试题分布表”工作表中得到了题库各考点、各题型、各难度的题数后，就可以制订组卷方案了。即指定各考点、各题型、各难度抽取的试题数量，作为组卷方案，为生成试卷做准备。

在单元格中输入或修改各考点、各题型、各难度抽取的试题数量，或者修改任意一种题型分数时，我们希望系统能自动、实时地显示将要抽取的总题数、总分数，以及各考点的总题数、总分数，各题型、各难度的总题数和总分数。

为此，我们对“试题分布表”工作表的Change事件编写如下代码：

```
Private Sub Worksheet_Change(ByVal Target As Range)
  r = Target.Row                                      '当前行
  c = Target.Column                                   '当前列
  If r < 7 Or r > 41 Or r Mod 2 = 0 Then Exit Sub     '行范围不符
  If c < 5 Or c > 22 Then Exit Sub                    '列范围不符
  If Target.Value > Target.Offset(-1, 0).Value Then
    MsgBox "题库里没有这么多题!": Exit Sub '抽取数大于题数
  End If
  zts = 0: zfs = 0                                    '考点题数、考点分数初值
  For r = 7 To 41 Step 2                              '按行循环
    zts = zts + Cells(r, c)                           '累加考点题数
    txf = Cells((r \ 6) * 6 + 5, 2)                   '该题型分数
    zfs = zfs + Cells(r, c) * txf                     '累加考点分数
  Next
  Cells(44, c) = zts                                  '填写考点题数
  Cells(45, c) = zfs                                  '填写考点分数
End Sub
```

当“试题分布表”工作表的任意单元格内容改变时，都会执行这段代码。它将刷新各考点总题数、总分数。由于在设计工作表结构时，已经填充了公式，所以要抽取的总题数、总分数，以及各题型、各难度的总题数和总分数也会自动刷新。

这段代码判断当前单元格地址，如果不是“抽取”行，或者不是考点1～18对应的列，则直接退出。如果要抽取的题数大于题库中已有的题数，则给出提示并退出。否则用循环程序计算并填写各考点总题数、总分数。

5．生成试卷

根据“试题分布表”记录的题库中各考点、各题型、各难度的试题数量和计划抽取的试

题数量，可以用下面的“生成试卷”子程序进行组卷，得到“试卷”文档和“答案”文档。该子程序通过“试题分布表”工作表上的“生成试卷”按钮执行。代码如下：

```
Sub 生成试卷()
  Application.StatusBar = "准备生成试卷和答案..."
  '建立Word应用程序对象，打开、建立文档
  Set wd = CreateObject("Word.Application")                '建立Word对象
  wd.Documents.Open ThisWorkbook.Path & "\题库文档.docm"  '打开题库文档
  Set Doc_sj = wd.Documents.Add                            '建立"试卷"文档
  Set Doc_da = wd.Documents.Add                            '建立"答案"文档
  '将随机序号填写到"抽取记录"工作表
  Randomize Timer
  With Sheets("试题抽取记录")
    hs = .Range("B4").End(xlDown).Row
    For k = 4 To hs
      .Cells(k, 7) = Int(Rnd * 10000)
    Next
  End With
  '生成试卷和答案文档
  s_th = "一二三四五六"                        '大题号字符串
  dt = 1                                       '大题号初值
  For tx = 1 To 6                              '按题型循环
    txzs = Cells(tx * 6 + 1, 23) + Cells(tx * 6 + 3, 23) + Cells(tx * 6 + 5, 23)
    txzf = Cells(tx * 6 + 1, 24) + Cells(tx * 6 + 3, 24) + Cells(tx * 6 + 5, 24)
    If txzs > 0 Then                           '该题型抽取题数大于零
      ss = Mid(s_th, dt, 1) & "、" & Cells(tx * 6 + 1, 2)
      ss = ss & "(每题" & Cells(tx * 6 + 5, 2) & "分，共" & txzf & "分)"
      wd.Windows(Doc_sj).Activate              '激活"试卷"文档
      wd.Selection.TypeText ss                 '添加题号和题标
      wd.Selection.TypeParagraph               '换行
      wd.Windows(Doc_da).Activate              '激活"答案"文档
      wd.Selection.TypeText ss                 '添加题号和题标
      wd.Selection.TypeParagraph               '换行
      th = 0                                   '同题型中的题号，全局变量
      For zh = 1 To 18                         '按考点号循环
        For nd = 1 To 3                        '按难度循环
          qts_n = Cells(tx * 6 + nd * 2 - 1, zh + 4)
          If qts_n > 0 Then                    '要提取的题数大于零
            msg = "生成...题型:" & Chr(64 + tx) & " 考点:" & zh & " 难度:" & nd
            Application.StatusBar = msg
            Call qt(qts_n, tx, zh, nd)         '提取满足条件的试题和答案
```

```
            End If
          Next
        Next
          dt = dt + 1                           '改变大题号
      End If
    Next
    '删除参数、保存文件、收尾
    Application.StatusBar = "正在删除“试卷”参数..."
    Call dele_c(Doc_sj, "`")                   '删除“试卷”参数
    Application.StatusBar = "正在删除“答案”参数..."
    Call dele_c(Doc_da, "~")                   '删除“答案”参数
    Application.StatusBar = "正在保存文件..."
    dt = Format(Now, "yymmddhhmmss")           '形成文件名后缀
    wd.Windows(Doc_sj).Activate                '激活试卷文档，以便按当前视图保存
    Doc_sj.SaveAs Filename:=ThisWorkbook.Path & "\试卷" & dt
    wd.Windows(Doc_da).Activate                '激活答案文档
    Doc_da.SaveAs Filename:=ThisWorkbook.Path & "\答案" & dt
    wd.Application.Quit                        '退出 Word 应用程序
    Set wd = Nothing                           '释放变量
    ActiveWorkbook.Save                        '保存当前工作簿
    Application.StatusBar = False              '恢复系统状态栏
    Application.Quit                           '退出 Excel 应用程序
End Sub
```

这个子程序包括以下几个部分：

(1) 在 Excel 状态栏中显示当前正在进行的操作。建立 Word 应用程序对象，用全局对象变量 wd 表示。打开“题库文档”。建立“试卷”和“答案”文档，分别用全局对象变量 Doc_sj 和 Doc_da 表示。

(2) 将随机序号填写到“试题抽取记录”工作表，为题库中每一道题填写一个四位数以内的随机整数。

(3) 生成试卷和答案文档。

用循环语句，对每一种题型，求出该题型计划抽取的总题数和总分数，如果该题型计划抽取的总题数大于零，则进行如下操作：

建立试卷的题号和题标、答案的题号和题标。在建立题号时从字符串“一二三四五六”中取出相应的大写数字。建立题标时从指定的单元格取出题型名、该题型每题的分数，利用先前计算出来的该题型的总分数。

对当前题型，按考点、难度顺序进行组卷。试题从 1 开始编号，用全局变量 th 计数。从指定的单元格可以分别取出当前题型各考点、各难度要抽取的试题数量送给变量 qts_n。如果要抽取的试题数量大于零，则调用子程序 qt，在题库中提取 qts_n 道满足条件的试题和对应的答案到“试卷”和“答案”文档。

(4) 删除“试卷”和“答案”参数。保存“试卷”和“答案”文档，文件名用年、月、日、

时、分、秒各两位作为后缀，以便区分不同时刻生成的文档。最后，退出 Word 应用程序，释放对象变量，保存当前工作簿，恢复状态栏，退出 Excel 应用程序。

在“生成试卷”子程序中，调用了子程序 qt 和 dele_c。下面分别介绍这两个子程序。

6. qt 子程序

在“生成试卷”子程序中，用语句

```
Call qt(qts_n, tx, zh, nd)
```

从题库中提取 qts_n 道满足条件的试题和对应得答案到“试卷”和“答案”文档。

子程序 qt 代码如下：

```
Sub qt(qts, tx, zh, nd)
  Set st = Sheets("试题抽取记录")                                   '工作表对象
  Set sc = Sheets("试题抽取记录").Range("B3")                       '工作表和区域对象
  sc.Sort Key1:=st.Range("F3"), Order1:=xlDescending, Key2:=st.Range("G3"), _
  Order2:=xlDescending, Header:=xlGuess                             '按抽取次数、随机序号排序
  sc.AutoFilter Field:=1, Criteria1:=zh                             '按考点号筛选
  sc.AutoFilter Field:=2, Criteria1:=Chr(64 + tx)                   '按题型筛选
  sc.AutoFilter Field:=3, Criteria1:=nd                             '按难度筛选
  p = sc.End(xlDown).Row                                            '求最大有效行号
  For k = 1 To qts
    bh = st.Cells(p, 5)                                             '取试题编号
    st.Cells(p, 6) = st.Cells(p, 6) + 1                             '累加抽取次数
    Do
      p = p - 1
    Loop Until st.Rows(p).RowHeight > 0                             '求上一有效行号
    wd.Windows("题库文档.docm").Activate
    wd.Selection.HomeKey wdStory                                    '光标到文件头
    wd.Selection.Find.Text = "`" & bh                               '指定要查找的试题编号
    wd.Selection.Find.Execute                                       '执行次查找
    wd.Selection.MoveEndUntil "`~", wdForward                       '扩展选中到标识符
    wd.Selection.Copy                                               '复制
    wd.Windows(Doc_sj).Activate                                     '激活"试卷"文档
    th = th + 1                                                     '调整同题型中的题号
    wd.Selection.TypeText Right(Str(th), 2) & "."                   '填写同题型题号
    wd.Selection.TypeParagraph                                      '换行
    wd.Selection.PasteAndFormat wdPasteDefault                      '带格式粘贴
    wd.Windows("题库文档.docm").Activate
    wd.Selection.HomeKey wdStory                                    '光标到文件头
    wd.Selection.Find.Text = "~" & bh                               '指定答案编号
    wd.Selection.Find.Execute                                       '执行次查找
    wd.Selection.MoveEndUntil "`~", wdForward                       '扩展选中到标识符
    wd.Selection.Copy                                               '复制
```

```
        wd.Windows(Doc_da).Activate                          '激活"答案"文档
        wd.Selection.TypeText Right(Str(th), 2) & "."        '填写同题型题号
        wd.Selection.TypeParagraph                           '换行
        wd.Selection.PasteAndFormat wdPasteDefault           '带格式粘贴
    Next
    st.ShowAllData                                           '取消 Excel 筛选
End Sub
```

这个子程序的 4 个参数 qts_n、tx、zh 和 nd 分别表示要抽取的试题数量、题型、考点和难度。

具体功能是：从题库文档中按“抽取次数最小优先、相同者随机”原则抽取 qts_n 道题型为 tx、考点为 zh、难度为 nd 的试题到“试卷”文档，对应的答案到“答案”文档，并填写抽取记录。

为简化代码，将“试题抽取记录”工作表用对象变量 st 表示，“试题抽取记录”工作表的 B3 单元格用对象变量 sc 表示。

程序首先对“试题抽取记录”工作表的数据按“抽取次数”和“随机序号”降序排列，并筛选出满足考点、题型、难度条件的记录。这样，在工作表中就只显示出满足条件的记录，抽取次数多的在前、少的在后，抽取次数相同者按随机序号排列。如果从后向前取若干条记录的“试题编号”进行抽题，正好符合“抽取次数最小优先、相同者随机”的原则。

接下来，进行 qts 次循环，从后向前取筛选出来的每条记录(行高度大于 0)的“试题编号”并累加“试题抽取记录”工作表的“抽取次数”，在“题库文档”中查找指定的试题编号，复制对应的试题和答案到“试卷”和“答案”文档。

在提取一道试题时，先选中从“`”到“~”(不包含“~”字符)的对象，复制到剪贴板，然后激活“试卷”文档，填写同题型题号并换行，再把剪贴板的内容带格式粘贴到“试卷”文档。提取答案的过程与提取试题类似。

最后，取消对“试题抽取记录”工作表数据的筛选，恢复全部记录。

7. dele_c 子程序

子程序 dele_c 有两个参数，lb 表示文档名(“试卷”或“答案”), mark 表示试题或答案题标的起始标记(“`”或“~”)。子程序的功能是删除文档 lb 中的题标。代码如下：

```
Sub dele_c(lb, mark)
    wd.Windows(lb).Activate                                  '选择文档
    wd.Selection.HomeKey Unit:=wdStory                       '到文件头
    wd.Selection.Find.Text = mark                            '指定要查找的字符
    fd = wd.Selection.Find.Execute                           '进行查找
    Do While fd
        wd.Selection.EndKey Unit:=wdLine, Extend:=wdExtend   '选中当前行
        wd.Selection.Delete Unit:=wdCharacter, Count:=1      '删除当前行
        Call dele_b                                          '删除无效空白
        fd = wd.Selection.Find.Execute                       '继续查找
    Loop
    wd.Selection.HomeKey Unit:=wdStory                       '到文件头
```

```
End Sub
```

在这段程序中，首先激活文档 lb，从头开始向下查找标记字符 mark。如果找到该字符，则选中当前行，删除当前行(即题标行)，调用子程序 dele_b，删除无效空白，达到简单排版的目的。然后继续向下查找，直至文档结尾。

8. dele_b 子程序

子程序“dele_b”的作用是删除“试题”或“答案”文档中题号与题干之间的无效空白，包括回车、空格、全角空格字符，只保留一个空格符，达到简单排版的目的。

子程序代码如下：

```
Sub dele_b()
  wd.Selection.MoveLeft Unit:=wdCharacter, Count:=1        '移到上一行尾
  wd.Selection.MoveRight Unit:=wdCharacter, Count:=1, Extend:=wdExtend
  zfm = Asc(wd.Selection.Text)
  k = 0
  Do While k <20 And (zfm = 13 Or zfm = 32 Or zfm = -24159)
    wd.Selection.Delete Unit:=wdCharacter, Count:=1        '删除空白字符
    wd.Selection.MoveRight Unit:=wdCharacter, Count:=1, Extend:=wdExtend
     zfm = Asc(wd.Selection.Text)
    k = k + 1
Loop
  wd.Selection.MoveLeft Unit:=wdCharacter, Count:=1        '左移一字符
  If k <20 Then
  wd.Selection.TypeText " "                                '插入一个空格
  End If
End Sub
```

这段程序在删除题标行后被执行，它首先将光标移动到题号行的末尾，向右选中一个字符，求出该字符的 ASC 码，然后重复进行下面操作：根据 ASC 码判断，如果是回车、空格和全角空格符，则删除该字符，再向右选中一个字符，求出该字符的 ASC 码。

一般来讲，这种重复操作，应该是遇到非“回车、空格和全角空格符”为止，但实践中发现，有时在删除空白字符时，系统会自动添加一个空格，这样会造成死循环。为了避免死循环，我们引入一个计数器 k，对循环次数进行控制，使循环最多不超过 20 次。

为使文档格式整齐，循环处理结束后，如果系统没有在题号与题干之间自动插入空格，则用程序插入一个空格。

本章涉及的主要技术包括：试题库的组织，多媒体试题和答案管理，试题参数的设定和使用，试题分布表的设计和使用，Word 与 Excel 的相互调用与控制，随机抽取试题的实现，Word 文档内容的选定与控制等。

上机实验题目

1. 给出如图 16.11 所示的“试题分布表”。请编写程序，根据“试题分布表”中各题型、各章、各难度的题数和各题型的分数，填写各章总题数、总分数，得到如图 16.12 所示的结果。

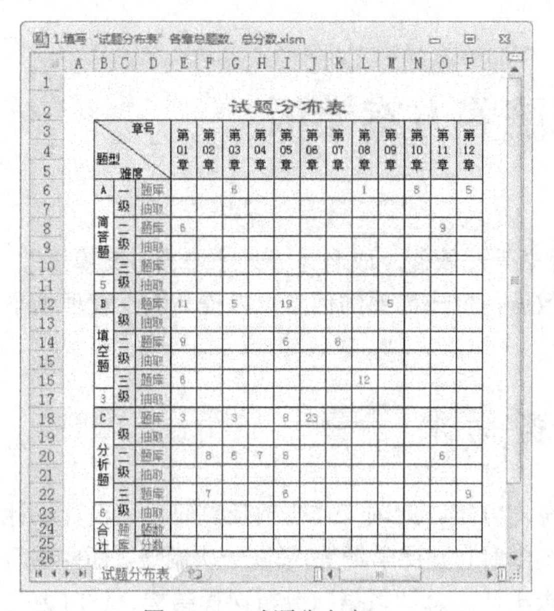

图 16.11　试题分布表

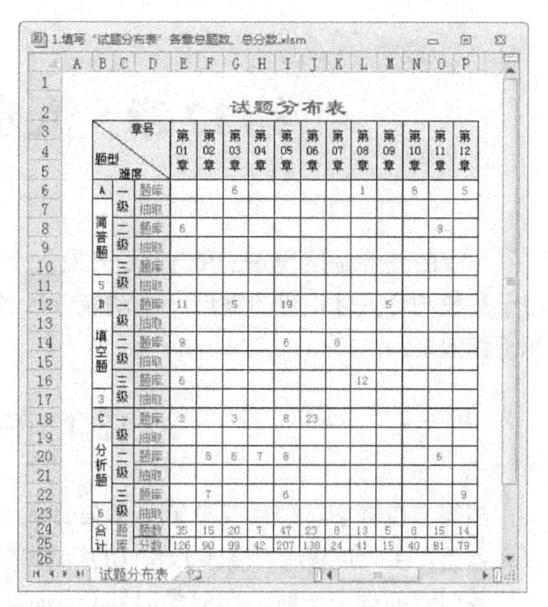

图 16.12　填写各章总题数、总分数后的试题分布表

2. 在如图 6.13 所示的 Excel 工作表中编写程序，根据“试题分布表”中各题型、各章、各难度要抽取的题数，在 Word 文档中生成试卷大小题标，得到如图 6.14 所示的结果。

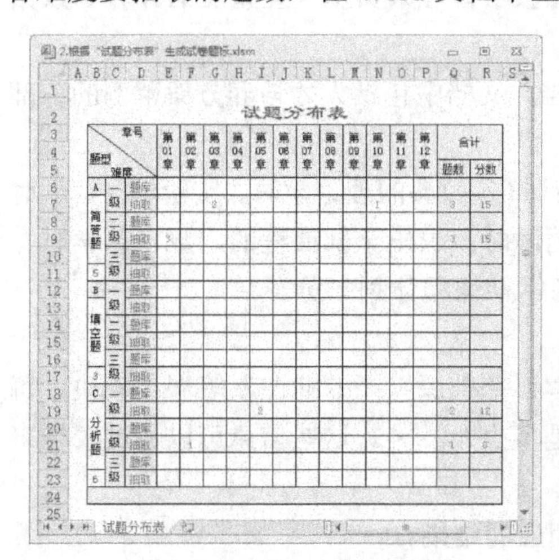

图 6.13　工作表结构与数据

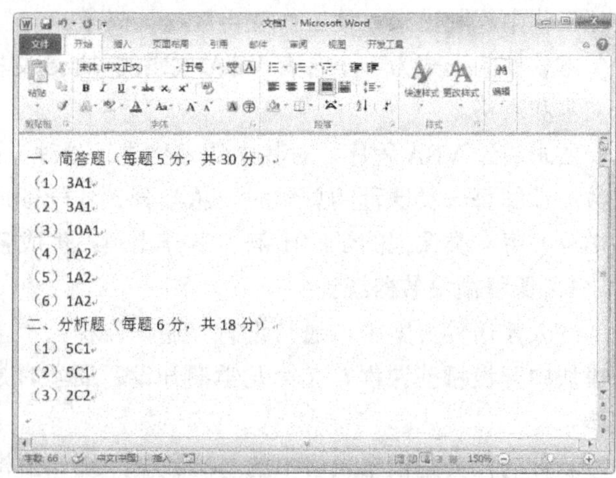

图 6.14　生成的 Word 文档结果

第 17 章　人才培养方案模板

本章的任务是用 Word 和 VBA 开发一个教学管理软件，取名为“人才培养方案模板”，用于高校制订人才培养方案时，自动统计各种数据，生成需要的信息，以提高教学管理水平和工作效率。

17.1　任务需求

高等学校教学单位经常要制订或修订人才培养方案。此项工作需要反复研讨、设计、计算和修改。在此过程中，基本数据(如某门课的周学时、开课学期等)每做一次调整，都要重新计算各门课的理论学时、实验学时和总学时，求小计、总计数据，分析课程结构、学时数是否合理，可谓牵一发动全身。

开发“人才培养方案模板”软件，目的是在制订或修改人才培养方案时，只需输入基本数据，系统自动统计各种结果，生成需要的表格，让教学管理人员从大量重复的计算和数据整理工作中解脱出来，使工作变得轻松、高效。

本软件的形式为一个含有 VBA 代码的 Word 文档，文档中包括人才培养方案范例的各部分文本和表格。

要求通过 VBA 程序，对其中的表格进行处理。计算各门课的理论学时、实验学时、学时总数；计算每一类课程的总学时、总学分、各学期周学时；求出全部课程的门数、总学时、总学分，每一类课程的学时比例、学分比例；生成各学期课程计划一览表。

1．课程模块数据统计

在人才培养方案中，通常设有“通识课程”、“学科基础课”、“专业课”等课程模块。每个模块中开设哪些课程？在第几学期开设？周学时是多少？……。这些信息可以通过表格来表达。

软件的任务是根据表格中的基础数据，统计出相应的结果。

(1) 针对如图 17.1 所示的“通识课程”表格和基础数据进行统计，得到如图 17.2 所示的结果。

在表格中，由人工设置必修、选修课程的名称、学分、考核方式，在对应开课学年、学期的周学时分配单元格中输入周学时数。周学时数中，“+”前面是理论学时、后面是实验学时，不带“+”的数是理论学时。

基本信息输入后，由程序自动计算并填写各门课的理论学时、实验学时、总学时，分别求出必修、选修课程的学时、学分、各学期周学时小计数据。

(2) 针对如图 17.3 所示的“学科基础课”表格和基础数据进行统计，得到如图 17.4 所示的结果。

（一）通识课程

课程类别	课程名称	学时总数	理论学时	实验学时	学分	各学期学时分配								考核方式
						第一学年		第二学年		第三学年		第四学年		
						第一学期	第二学期	第三学期	第四学期	第五学期	第六学期	第七学期	第八学期	
						15	18	18	18	18	18			
必修	军事理论与实践				2	2								考试
	思想道德修养与法律基础				3	2+1								考试
	中国近现代史纲要				2		2							考试
	马克思主义基本原理				3			2+1						考试
	大学外语Ⅰ				3	3+1								考试
	大学外语Ⅱ				4		3+1							考查
	大学外语Ⅲ				4			3+1						考试
	大学外语Ⅳ				4				3+1					考试
	大学生心理健康教育				2	1+1								考查
	大学体育Ⅰ				1	2								考试
	大学体育Ⅱ				1		2							考试
	大学体育Ⅲ				1			2						考试
	大学体育Ⅳ				1				2					考试
	小　计													
选修	大学语文				1		2							考查
	通识选修课1				1			2						考查
	通识选修课2				1				2					考查
	小　计													

图 17.1 “通识课程”表格和基础数据

（一）通识课程

课程类别	课程名称	学时总数	理论学时	实验学时	学分	各学期学时分配								考核方式
						第一学年		第二学年		第三学年		第四学年		
						第一学期	第二学期	第三学期	第四学期	第五学期	第六学期	第七学期	第八学期	
						15	18	18	18	18	18			
必修	军事理论与实践	30	30		2	2								考试
	思想道德修养与法律基础	45	30	15	3	2+1								考试
	中国近现代史纲要	36	36		2		2							考试
	马克思主义基本原理	54	36	18	3			2+1						考试
	大学外语Ⅰ	60	45	15	3	3+1								考试
	大学外语Ⅱ	72	54	18	4		3+1							考查
	大学外语Ⅲ	72	54	18	4			3+1						考试
	大学外语Ⅳ	72	54	18	4				3+1					考试
	大学生心理健康教育	30	15	15	2	1+1								考查
	大学体育Ⅰ	30	30		1	2								考试
	大学体育Ⅱ	36	36		1		2							考试
	大学体育Ⅲ	36	36		1			2						考试
	大学体育Ⅳ	36	36		1				2					考试
	小　计	**609**	**492**	**117**	**31**	**13**	**8**	**9**	**6**					
选修	大学语文	36	36		1		2							考查
	通识选修课1	36	36		1			2						考查
	通识选修课2	36	36		1				2					考查
	小　计	**108**	**108**		**3**		**2**	**2**	**2**					

图 17.2 “通识课程”统计结果

（二）学科基础课

课程类别	课程名称	学时总数	理论学时	实验学时	学分	各学期学时分配								考核方式
						第一学年		第二学年		第三学年		第四学年		
						第一学期	第二学期	第三学期	第四学期	第五学期	第六学期	第七学期	第八学期	
						15	16	16	15	16	16			
必修	高等数学				3.5	4								考试
	计算机导论				2	2+1								考查
	电路分析基础				3		3+1							考试
	小　计													
选修	学科基础选修课1				4	4+1								考试
	学科基础选修课2				2.5			3						考查
	学科基础选修课3				3			3+1						考试
	小　计													

图 17.3 “学科基础课”表格和基础数据

（二）学科基础课

课程类别	课程名称	学时总数	理论学时	实验学时	学分	各学期学时分配								考核方式
						第一学年		第二学年		第三学年		第四学年		
						第一学期	第二学期	第三学期	第四学期	第五学期	第六学期	第七学期	第八学期	
						15	16	16	15	16	16			
必修	高等数学	60	60		3.5	4								考试
	计算机导论	45	30	15	2	2+1								考查
	电路分析基础	64	48	16	3		3+1							考试
	小　计	**169**	**138**	**31**	**8.5**	**7**	**4**							
选修	学科基础选修课 1	75	60	15	4	4+1								考试
	学科基础选修课 2	48	48		2.5			3						考查
	学科基础选修课 3	64	48	16	3			3+1						考试
	小　计	**187**	**156**	**31**	**9.5**	**5**		**7**						

图 17.4 “学科基础课”统计结果

(3) 针对如图 17.5 所示的“专业课”表格和基础数据进行统计，得到如图 17.6 所示的结果。

（三）专业课

课程类别	课程名称	学时总数	理论学时	实验学时	学分	各学期学时分配								考核方式
						第一学年		第二学年		第三学年		第四学年		
						第一学期	第二学期	第三学期	第四学期	第五学期	第六学期	第七学期	第八学期	
						15	16	16	15	16	16			
必修	Linux 应用编程				2.5		2+1							考试
	微型计算机原理				2			2+1						考试
	面向对象程序设计				3.5			3+1						考试
	数字电路				2				2+1					考试
	软件工程导论				3				3+1					考查
	信号与系统				2.5				3					考试
	单片机原理及应用				2				2+1					考试
	传感器与接口技术				2.5					2+1				考试
	通信原理				2.5					2+1				考试
	ARM 处理器编程				2.5					2+1				考查
	嵌入式操作系统				2.5					2+1				考试
	软件测试				3						3+1			考试
	软件项目管理				3						3+1			考试
	小　计													
选修	专业选修课 1				3		3+1							考查
	专业选修课 2				3				3+1					考查
	专业选修课 3				2.5					2+1				考查
	专业选修课 4				3						3+1			考试
	小　计													

图 17.5 “专业程”表格和基础数据

（三）专业课

课程类别	课程名称	学时总数	理论学时	实验学时	学分	各学期学时分配								考核方式
						第一学年		第二学年		第三学年		第四学年		
						第一学期	第二学期	第三学期	第四学期	第五学期	第六学期	第七学期	第八学期	
						15	16	16	15	16	16			
必修	Linux 应用编程	48	32	16	2.5		2+1							考试
	微型计算机原理	48	32	16	2			2+1						考试
	面向对象程序设计	64	48	16	3.5			3+1						考试
	数字电路	45	30	15	2				2+1					考试
	软件工程导论	60	45	15	3				3+1					考查
	信号与系统	45	45		2.5				3					考试
	单片机原理及应用	45	30	15	2				2+1					考试
	传感器与接口技术	48	32	16	2.5					2+1				考试
	通信原理	48	32	16	2.5					2+1				考试
	ARM 处理器编程	48	32	16	2.5					2+1				考查
	嵌入式操作系统	48	32	16	2.5					2+1				考试
	软件测试	64	48	16	3						3+1			考试
	软件项目管理	64	48	16	3						3+1			考试
	小　计	**675**	**486**	**189**	**33.5**		**3**	**7**	**13**	**12**	**8**			
选修	专业选修课 1	64	48	16	3		3+1							考查
	专业选修课 2	60	45	15	3				3+1					考查
	专业选修课 3	48	32	16	2.5					2+1				考查
	专业选修课 4	64	48	16	3						3+1			考试
	小　计	**236**	**173**	**63**	**11.5**		**4**		**4**	**3**	**4**			

图 17.6 “专业程”统计结果

2. 课程结构比例数据生成

在人才培养方案范例中，设计一个如图 17.7 所示的表格，用来填写各类课程结构比例数据。

在已经得到各课程模块统计数据的基础上，通过程序，得到如图 17.8 所示的结果。

课程模块	类别	门数	学分	比例	学时	比例
通识课程	必修					
	选修					
学科基础课程	必修					
	选修					
专业课程	必修					
	选修					
总计	—					

图 17.7 “课程结构比例”表格框架

课程模块	类别	门数	学分	比例	学时	比例
通识课程	必修	13	31	32.0%	609	30.7%
	选修	3	3	3.1%	108	5.4%
学科基础课程	必修	3	8.5	8.8%	169	8.5%
	选修	3	9.5	9.8%	187	9.4%
专业课程	必修	13	33.5	34.5%	675	34.0%
	选修	4	11.5	11.9%	236	11.9%
总计	—	**39**	**97**	**100%**	**1984**	**100%**

图 17.8 “课程结构比例”数据

3. 生成各学期课程计划一览表

在各课程模块数据的基础上，通过程序，自动生成如图 17.9 所示的各学期课程计划一览表。

学期	课程名称	学分	总学时	理论学时	实（践）验学时	周学时	考核方式
1	军事理论与实践	2	30	30		2	考试
1	思想道德修养与法律基础	3	45	30	15	2+1	考试
1	大学外语Ⅰ	3	60	45	15	3+1	考试
1	大学生心理健康教育	2	30	15	15	1+1	考查
1	大学体育Ⅰ	1	30	30		2	考试
1	高等数学	3.5	60	60		4	考试
1	计算机导论	2	45	30	15	2+1	考查
1	学科基础选修课 1	4	75	60	15	4+1	考试
小计	**8 门课**	**20.5**	**375**	**300**	**75**	**25**	**考试课 6 门**
2	中国近现代史纲要	2	36	36		2	考试
2	大学外语Ⅱ	4	72	54	18	3+1	考查
2	大学体育Ⅱ	1	36	36		2	考试
2	大学语文	1	36	36		2	考查
2	电路分析基础	3	64	48	16	3+1	考试
2	Linux 应用编程	2.5	48	32	16	2+1	考试
2	专业选修课 1	3	64	48	16	3+1	考查
小计	**7 门课**	**16.5**	**356**	**290**	**66**	**21**	**考试课 4 门**
3	马克思主义基本原理	3	54	36	18	2+1	考试
3	大学外语Ⅲ	4	72	54	18	3+1	考试
3	大学体育Ⅲ	1	36	36		2	考试
3	通识选修课 1	1	36	36		2	考查
3	学科基础选修课 2	2.5	48	48		3	考查
3	学科基础选修课 3	3	64	48	16	3+1	考试
3	微型计算机原理	2	48	32	16	2+1	考试
3	面向对象程序设计	3.5	64	48	16	3+1	考试
小计	**8 门课**	**20**	**422**	**338**	**84**	**25**	**考试课 6 门**
4	大学外语Ⅳ	4	72	54	18	3+1	考试
4	大学体育Ⅳ	1	36	36		2	考试
4	通识选修课 2	1	36	36		2	考查
4	数字电路	2	45	30	15	2+1	考试
4	软件工程导论	3	60	45	15	3+1	考查
4	信号与系统	2.5	45	45		3	考试
4	单片机原理及应用	2	45	30	15	2+1	考试
4	专业选修课 2	3	60	45	15	3+1	考查
小计	**8 门课**	**18.5**	**399**	**321**	**78**	**25**	**考试课 5 门**
5	传感器与接口技术	2.5	48	32	16	2+1	考试
5	通信原理	2.5	48	32	16	2+1	考试
5	ARM 处理器编程	2.5	48	32	16	2+1	考查
5	嵌入式操作系统	2.5	48	32	16	2+1	考试
5	专业选修课 3	2.5	48	32	16	2+1	考查
小计	**5 门课**	**12.5**	**240**	**160**	**80**	**15**	**考试课 3 门**
6	软件测试	3	64	48	16	3+1	考试
6	软件项目管理	3	64	48	16	3+1	考试
6	专业选修课 4	3	64	48	16	3+1	考试
小计	**3 门课**	**9**	**192**	**144**	**48**	**12**	**考试课 3 门**

图 17.9 各学期课程计划一览表

4．清除生成的结果数据

软件还要提供清除各个表格统计和生成的结果数据功能，使模板恢复到原始状态。

17.2 程序设计

前面提到过，本软件的形式为含有 VBA 代码的 Word 文档，文档中包括人才培养方案范例的各部分文本和表格。

我们把文件命名为“人才培养方案模板.docm”。

下面进行程序设计。

1．自定义工具栏

打开“人才培养方案模板.docm”，进入 VB 编辑环境，对当前文档的 Open 事件编写如下代码：

```
Private Sub Document_Open()
  Set tbar = Application.CommandBars.Add(, , , True)
  tbar.Visible = True
  With tbar.Controls.Add(Type:=msoControlButton)
    .Caption = "生成结果数据"
    .Style = msoButtonCaption
    .OnAction = "生成"
  End With
  With tbar.Controls.Add(Type:=msoControlButton)
    .Caption = "清除生成结果"
    .Style = msoButtonCaption
    .OnAction = "清除"
  End With
End Sub
```

打开该文档时，通过这段程序创建一个临时自定义工具栏并使其可见，上面放“生成结果数据”和“清除生成结果”两个按钮，指定要执行的子程序分别为“生成”和“清除”。

2．“生成”子程序

插入一个模块。在模块中用以下语句进行变量声明。

```
Public tb As Object
Public ar(6, 3) As Single
Public xb As Integer
Public ks As Integer
```

其中，tb 为表格对象变量，用于表示当前正在处理的表格。ar 为 6 行 3 列的单精度二维数组，用来存放 3 个课程模块共 6 个小计的课程门数、学分、学时。xb 作为数组 ar 的行下标。ks 为课程计数器。

在模块中编写一个子程序“生成”，代码如下：

```
Sub 生成()
```

```
  Erase ar                                          '数组清零
  xb = 0                                            '数组下标置初值
  For Each tb In ActiveDocument.Tables              '遍历每一个表格
    mk = Replace(tb.Cell(1, 1), " ", "")            '取出第一个单元格内容
    mk = Replace(mk, Chr(13), "")                   '替换回车符
    If InStr(mk, "课程类别") Then                    '通识、学科基础、专业课程
      Call 课程设置
    ElseIf InStr(mk, "课程模块") Then                '课程类别和结构比例表
      Call 结构比例
    ElseIf InStr(mk, "学期") Then                    '各学期课程计划表
      Call 课程一览
      Exit For
    End If
  Next
  Selection.EndKey Unit:=wdStory                    '光标定位到文件尾
End Sub
```

该子程序与自定义工具栏的“生成结果数据”按钮对应。它首先将数组 ar 清零，数组下标 xb 置初值 0。

然后，用 For Each 循环语句遍历当前 Word 文档的每一个表格，根据表格中第一个单元格内容，判断是哪一个表，决定相应的处理，相当于进行任务分解。

如果表格是“通识课程”、“学科基础课”和“专业课”，则调用“课程设置”子程序进行数据统计。

如果表格式“课程结构比例”，则调用“结构比例”进行数据统计。

如果表格是“各学期课程计划一览表”，则调用“课程一览”生成表格数据。

最后，将光标定位到文件末尾。

3．“课程设置”子程序

“课程设置”子程序，用于对“通识课程”、“学科基础课”和“专业课”表格，根据周学时和授课周数求每门课的“学时总数”、“理论学时”、“实验学时”和“小计”行数据。代码如下：

```
Sub 课程设置()
  Dim xj(3 To 14) As Single                 '用于存放小计行、3～14 列数据
  rm = tb.Rows.Count                        '表格行数
  For n = 5 To rm                           '按行扫描
    v_b = tb.Cell(n, 2)                     '课程名称
    v_b = Replace(v_b, " ", "")             '去掉空格
    If InStr(v_b, "小计") = 0 Then           '不是"小计"行
      ks = ks + 1                           '课程计数
      For k = 7 To 14                       '从 1 到 8 学期循环
        v_zxs = tb.Cell(n, k)               '取出"周学时"单元格内容
        v_zs = Val(tb.Cell(4, k))           '从第 4 行取出授课周数
```

```
        p = InStr(v_zxs, "+")                 '确定"+"号位置
        If p = 0 Then p = Len(v_zxs)          '无"+"号，将p置为串长度
        js = Val(v_zxs)                       '取出n行"理论学时"
        sy = Val(Mid(v_zxs, p + 1))           '取出n行"实验学时"
        xs_j = xs_j + js * v_zs               '累加n行"理论学时"
        xs_s = xs_s + sy * v_zs               '累加n行"实验学时"
        xj(k) = xj(k) + js + sy               '累加k列周学时
      Next
      tb.Cell(n, 3) = xs_j + xs_s             '填n行"学时总数"
      tb.Cell(n, 4) = xs_j                    '填n行"理论学时"
      If xs_s = 0 Then xs_s = ""              '零值改为空串
      tb.Cell(n, 5) = xs_s                    '填n行"实验学时"
      xj(3) = xj(3) + Val(tb.Cell(n, 3))      '累加3列"学时总数"
      xj(4) = xj(4) + Val(tb.Cell(n, 4))      '累加4列"理论学时"
      xj(5) = xj(5) + Val(tb.Cell(n, 5))      '累加5列"实验学时"
      xj(6) = xj(6) + Val(tb.Cell(n, 6))      '累加6列"学分"
      xs_j = 0: xs_s = 0                      '清"理论"、"实验"学时变量
    Else                                      '是"小计"行
      xb = xb + 1                             '修改下标
      ar(xb, 1) = ks: ks = 0                  '保存课程门数、计数器清零
      ar(xb, 2) = xj(6)                       '保存学分
      ar(xb, 3) = xj(3)                       '保存学时
      For k = 3 To 14
        If xj(k) > 0 Then
          tb.Cell(n, k) = xj(k)               '填小计行数据
          xj(k) = 0                           '清数组元素值
        End If
      Next
    End If
  Next
End Sub
```

在这个子程序中，定义了一个数组 xj(3 To 14)，用于存放“小计”行 3～14 列的数据。用 For 循环语句，对当前工作表从第 5 行开始的每一行数据进行以下操作：

取出第 2 列单元格内容并去掉空格，送给变量 v_b。

如果 v_b 的值不是“小计”，则将 1～8 学期(对应于 7～14 列)的周学时分别取出来，并分别取出该列第 4 行的授课周数。周学时与授课周数相乘得到课程学时，累加后填写到该课程的“学时总数”、“理论学时”、“实验学时”单元格，同时累加到数组 xj 相应的下标变量中。

如果 v_b 的值是“小计”，则先保存该课程类别的课程门数、学分、学时到全局数组 ar，

以便“结构比例”子程序引用。再填写“小计”行数据，也就是将数组 xj 内容填写到“小计”行的 3～14 列。同时，清除数组 xj 原有内容，为统计其他类别课程做好准备。

在进行课程学时计算时，如果周学时仅为一个数，则为理论学时。如果周学时中含有“+”号，则“+”号左边的数值为理论学时，右边的数值为实验学时。

4．“结构比例”子程序

“结构比例”子程序根据“通识课程”、“学科基础课”和“专业课”表格的数据和全局数组 ar 的值，求出各课程模块、各类别的课程门数、学分、学时和比例，填入“课程结构比例”表格。代码如下：

```
Sub 结构比例()
  '填写课程门数、学分、学时
  For r = 2 To 7
    tb.Cell(r, 3) = ar(r - 1, 1)
    tb.Cell(r, 4) = ar(r - 1, 2)
    tb.Cell(r, 6) = ar(r - 1, 3)
  Next
  '求总课程门数、学分、学时
  tb.Cell(8, 3).Formula Formula:="=Sum(Above)"
  tb.Cell(8, 4).Formula Formula:="=Sum(Above)"
  tb.Cell(8, 6).Formula Formula:="=Sum(Above)"
  '填写学分比例、学时比例
  For r = 2 To 7
    bl = Round(Val(tb.Cell(r, 4)) / Val(tb.Cell(8, 4)), 3)
    tb.Cell(r, 5) = Format(bl, "0.0%")
    bl = Round(Val(tb.Cell(r, 6)) / Val(tb.Cell(8, 6)), 3)
    tb.Cell(r, 7) = Format(bl, "0.0%")
  Next
  tb.Cell(8, 5).Select
  Selection.InsertFormula Formula:="=Sum(Above)*100", NumberFormat:="0%"
  tb.Cell(8, 7).Select
  Selection.InsertFormula Formula:="=Sum(Above)*100", NumberFormat:="0%"
End Sub
```

该子程序包括三部分：

(1) 填写各课程模块、各类别的课程门数、学分、学时。方法是用 For 循环语句，把全局数组 ar 中 6 行 3 列元素的值，填入表格的对应单元格。

(2) 求课程门数、学分、学时总计。方法是用 VBA 程序在单元格中直接插入 Sum 函数进行数据求和。

(3) 求各课程模块、各类别课程的学分比例、学时比例。先用循环语句填写表格中 2～7 行第 5 列、第 7 列的数据，格式为百分比、1 位小数。再通过 Sum 函数填写表格中第 8 行对应的数据，格式为百分比整数。

5.“课程一览”子程序

“课程一览”子程序用来从“通识课程”、“学科基础课”和“专业课”表格中，按开课学期提取课程及其相关信息，生成“各学期课程计划一览表”。代码如下：

```
Sub 课程一览()
  '提取各学期课程信息
  k = 2                                           '目标行号初值
  For p = 1 To 6                                  '学期 1 到 6 循环
    For m = 1 To 3                                '遍历前 3 个表格
      Set shr = ActiveDocument.Tables(m)          '设置表格对象变量
      hs = shr.Rows.Count                         '表格行数
      For n = 5 To hs                             '逐行扫描
        kcm = shr.Cell(n, 2)                      '取出课程名
        kcm = Replace(kcm, " ", "")               '去掉空格
        kcm = Left(kcm, Len(kcm) - 2)             '去掉 2 个无效字符
        zxs = Trim(shr.Cell(n, p + 6))            '第 p 学期单元格
        zxs = Left(zxs, Len(zxs) - 2)             '去掉 2 个无效字符
        If kcm <> "小计" And Len(zxs) > 0 Then    '非"小计"行、不空
          tb.Rows.Add.Range.Font.Bold = False     '表格尾加一行、取消粗体
          tb.Cell(k, 1) = p                       '填写学期
          tb.Cell(k, 2) = kcm                     '填写课程名
          tb.Cell(k, 3) = Val(shr.Cell(n, 6))     '填写学分
          tb.Cell(k, 4) = Val(shr.Cell(n, 3))     '填写总学时
          tb.Cell(k, 5) = Val(shr.Cell(n, 4))     '填写"理论学时"
          sy = Val(shr.Cell(n, 5))                '取出"实验学时"
          If sy > 0 Then tb.Cell(k, 6) = sy       '填写"实验学时"
          tb.Cell(k, 7) = zxs                     '填写"周学时"
          kh = shr.Cell(n, 15)                    '取出"考核方式"
          kh = Left(kh, Len(kh) - 2)              '去掉 2 个无效字符
          If kh <> "考试" Then kh = "    " & kh   '非"考试"，加空格
          tb.Cell(k, 8) = kh                      '填写"考核方式"
          k = k + 1                               '调整目标行号
        End If
      Next n
    Next m
    tb.Rows.Add.Range.Font.Bold = True            '表格尾加一行、置粗体
    tb.Cell(k, 1) = "小计"                        '预留"小计"行
    k = k + 1                                     '调整目标行号
  Next p
  '填写"小计"行数据
```

```
  Dim rb(2 To 8) As Single                                   '存放"小计"行数据
  hs = tb.Rows.Count                                         '表格行数
  For n = 2 To hs                                            '逐行扫描
    val_b = tb.Cell(n, 1)                                    '取出A列单元格内容
    If InStr(val_b, "小计") = 0 Then                          '不是"小计"行
      rb(2) = rb(2) + 1                                      '累加课程门数
      For x = 3 To 6
        rb(x) = rb(x) + Val(tb.Cell(n, x))                   '累加学分、学时
      Next
      v_xs = tb.Cell(n, 7)                                   '取出周学时
      p = InStr(v_xs, "+")                                   '确定"+"号位置
      If p = 0 Then p = Len(v_xs)                            '无"+"号
      rb(7) = rb(7) + Val(v_xs) + Val(Mid(v_xs, p + 1))      '累加"周学时"
      v_kh = tb.Cell(n, 8)                                   '取出考核方式
      If InStr(v_kh, "考试") Then rb(8) = rb(8) + 1           '累加考试课门数
    Else                                                     '是"小计"行
      tb.Cell(n, 2) = rb(2) & "门课"                          '填写课程门数
      For x = 3 To 7
        tb.Cell(n, x) = rb(x)                                '填写学分、学时
      Next
      tb.Cell(n, 8) = "考试课" & rb(8) & "门"                  '填写考试课门数
      Erase rb                                               '数组清零
    End If
  Next
End Sub
```

这个子程序包括两部分。

(1) 提取各学期课程信息。

按1～6学期，从“通识课程”、“学科基础课”和“专业课”3个表格中，提取每门课的课程名称、学分、总学时、理论学时、实验学时、周学时、考核方式，在“各学期课程计划一览表”这个表格的末尾添加一行、取消粗体，把上述内容填入表格。每学期最后再添加一行，用来填写“小计”数据。

程序为三层循环结构，分别按学期、表格、行循环。对于每个学期，都要扫描3张表格的每一行数据。如果对应的单元格不空，并且不是“小计”行，则填写学期、课程名称、学分、总学时、理论学时、实验学时、周学时、考核方式。

为便于区分“考试”、“考查”课，我们在“考查”两个字的前面添加2个全角空格，然后填入表格的第8列单元格。

(2) 填写“小计”行数据。

先声明一个数组rb，用于存放“小计”行2～8列数据。

然后，从“各学期课程计划一览表”这个表格第2行到最后一行，逐行判断处理。

如果不是“小计”行，则累加课程门数、学分、总学时、理论学时、实验学时、周学时、考试课门数到数组 rb。

如果是“小计”行，则将数组 rb 的内容依次填入对应的单元格，并将数组 rb 清零，为累加下一个“小计”数据做准备。

由于表格第 7 列单元格的内容可能是包含“+”号的字符串，所以需要分别求出“+”号左、右的数值，累加下表变量 rb(7)中，作为该学期的周学时小计。

6.“清除”子程序

这个子程序与自定义工具栏的“清除生成结果”按钮对应，用来清除各个表格中由程序生成的结果数据。代码如下：

```
Sub 清除()
 For Each tb In ActiveDocument.Tables                    '遍历每一个表格
   rm = tb.Rows.Count                                    '表格行数
   cm = tb.Columns.Count                                 '表格列数
   mk = Replace(tb.Cell(1, 1), " ", "")                  '取出第一个单元格内容
   mk = Replace(mk, Chr(13), "")                         '替换回车符
   If InStr(mk, "课程类别") Then                         '通识、学科基础、专业课程
     For n = 5 To rm                                     '按行扫描
       v_b = tb.Cell(n, 2)                               '课程名称
       v_b = Replace(v_b, " ", "")                       '去掉空格
       If InStr(v_b, "小计") Then                        '是“小计”行
         For k = 3 To 14
           tb.Cell(n, k) = ""                            '清小计行数据
         Next
       Else                                              '不是“小计”行
         tb.Cell(n, 3) = ""                              '清“学时总数”
         tb.Cell(n, 4) = ""                              '清“理论学时”
         tb.Cell(n, 5) = ""                              '清“实验学时”
       End If
     Next
   ElseIf InStr(mk, "课程模块") Then                     '课程类别和结构比例表
     ActiveDocument.Range(tb.Cell(2, 3).Range.Start, _
     tb.Cell(8, 7).Range.End).Delete
   ElseIf InStr(mk, "学期") Then                         '各学期课程计划表
     For r = rm To 2 Step -1
       tb.Rows(r).Delete                                 '删除第 r 行
     Next
   End If
 Next
 Selection.EndKey Unit:=wdStory                          '光标定位到文件尾
```

```
End Sub
```

这个子程序用 For Each 语句，遍历当前文档的每一个表格，根据不同的表格进行不同处理。

如果是“通识课程”、“学科基础课”和“专业课”表格，则用 For 循环语句从第 5 行到最后一个行进行扫描。若是“小计”行，则清除该行 3～14 列单元格内容。若不是“小计”行，则清除该行 3～5 列单元格内容。

如果是“课程结构比例”表格，则删除从 2 行 3 列，到 8 行 7 列区域的内容。

如果是“各学期课程计划一览表”这个表格，则删除第 2 行以后的所有行。

最后，光标定位到文件尾。

上机实验题目

1. 在 Word 文档中，给出如图 17.10 所示的“教学活动时间安排”表格，请编写程序，填写最后一行和最后一列的“总计”数据，得到如图 17.11 所示的结果。

学年 学期 周数 项目	第一学年		第二学年		第三学年		第四学年		总计
	第一学期	第二学期	第三学期	第四学期	第五学期	第六学期	第七学期	第八学期	
授课	15	18	16	16	16	16			
考试	2	2	2	2	2	2	2	2	
入学教育、军事训练	3								
专业培训与实习							18	8	
毕业论文与设计								8	
金工实习			2						
专题实践课程				2	2	2			
机动								2	
寒假	6		6		6		6		
暑假		6		6		6		6	
总计									

图 17.10 “教学活动时间安排”表格和基本数据

学年 学期 周数 项目	第一学年		第二学年		第三学年		第四学年		总计
	第一学期	第二学期	第三学期	第四学期	第五学期	第六学期	第七学期	第八学期	
授课	15	18	16	16	16	16			**97**
考试	2	2	2	2	2	2	2	2	**16**
入学教育、军事训练	3								**3**
专业培训与实习							18	8	**26**
毕业论文与设计								8	**8**
金工实习			2						**2**
专题实践课程				2	2	2			**6**
机动								2	**2**
寒假	6		6		6		6		**48**
暑假		6		6		6		6	
总计	**52**		**52**		**52**		**52**		**208**

图 17.11 程序运行后得到的结果

2. 在 Word 文档中，给出如图 17.12 所示的“实践性课程”表格，请编写程序，填写“宗周数”列、“小计”行数据，得到如图 17.13 所示的结果。

课程类别	课程名称	总周数	学分	开课学期								考核方式
				第一学年		第二学年		第三学年		第四学年		
				第一学期	第二学期	第三学期	第四学期	第五学期	第六学期	第七学期	第八学期	
专题实践课程	专业见习		2			2 周						考试
	课程设计		2				2 周	2 周	2 周			考试
	企业实训		2							8 周		考查
	小　计											
其他	专业实习		18							8 周	10 周	考试
	毕业设计与论文		6							2 周	6 周	考试
	入学教育与军事训练		2	3 周								---
	小　计											

图 17.12　“实践性课程”表格和基本数据

课程类别	课程名称	总周数	学分	开课学期								考核方式
				第一学年		第二学年		第三学年		第四学年		
				第一学期	第二学期	第三学期	第四学期	第五学期	第六学期	第七学期	第八学期	
专题实践课程	专业见习	**2 周**	2			2 周						考试
	课程设计	**6 周**	2				2 周	2 周	2 周			考试
	企业实训	**8 周**	2							8 周		考查
	小　计	**16 周**	**6**			**2 周**	**2 周**	**2 周**	**2 周**	**8 周**		
其他	专业实习	**18 周**	18							8 周	10 周	考试
	毕业设计与论文	**8 周**	6							2 周	6 周	考试
	入学教育与军事训练	**3 周**	2	3 周								---
	小　计	**29 周**	**26**	**3 周**						**10周**	**16周**	

图 17.13　程序运行后得到的结果

参 考 文 献

[1] 罗刚君.Excel VBA 程序开发自学宝典. 2 版. 北京：电子工业出版社，2011.

[2] Excel Home.Word 实战技巧精粹.北京：人民邮电出版社，2010.

[3] Excel Home.Excel 2007 实战技巧精粹.北京：人民邮电出版社，2010.

[4] Kathleen McGrath Paul Stubbszhuangbility 著.VSTO 开发者指南.李永伦译.北京：机械工业出版社，2009.

[5] Excel Home.Excel 应用大全.北京：人民邮电出版社，2008.

[6] [日]Project-A & Dekiru 系列编辑部著.办公宝典——Excel 2003/2002/2000 VBA 大全.彭彬,等译.北京：人民邮电出版社，2007.

[7] 郑宇军，等.新一代.NET Office 开发指南——Excel 篇.北京：清华大学出版社，2006.

[8] [美]Bill Jelen Tracy Syrstad 著.巧学巧用 Excel 2003 VBA 与宏（中文版）.王军,等译.北京：电子工业出版社，2005.

[9] 李政，等.VBA 应用基础与实例教程. 2 版.北京：国防工业出版社，2009.

[10] 李政，等.VBA 应用基础与实例教程. 2 版. —上机实验指导.北京：国防工业出版社，2009.

[11] 李政，等.Excel 高级应用案例教程.北京：清华大学出版社，2010.

[12] 李政,等.VBA 应用案例教程.北京：国防工业出版社，2012.

参考文献